石油高职教育“工学结合”教材

油气长距离管道输送

潘晓梅　主编

石油工业出版社

内 容 提 要

本书共分为六个教学情境，主要介绍了油气管道系统流程图的识读、油品的等温管道输送和加热管道输送、油品的顺序输送以及天然气管道输送的参数调控、设备运行管理，同时还介绍了油气输送管道的检测与维修方法、管道的风险管理以及完整性管理的相关内容。

本书既可以作为油气储运技术专业的高职高专院校的教学用书，也可以作为从事油气管道输送工作的技术人员和操作人员的参考用书。

图书在版编目(CIP)数据

油气长距离管道输送/潘晓梅主编. — 北京：石油工业出版社，2017.12

石油高职教育"工学结合"教材

ISBN 978-7-5183-2267-1

Ⅰ.①油… Ⅱ.①潘… Ⅲ.①油气运输-长输管道-管道工程-高等职业教育-教材 Ⅳ.TE973

中国版本图书馆CIP数据核字(2017)第282466号

出版发行：石油工业出版社

(北京市朝阳区安定门外安华里2区1号楼 100011)

网 址：www.petropub.com

编辑部：(010)64250091

图书营销中心：(010)64523633

经 销：全国新华书店

排 版：北京密东文创科技有限公司

印 刷：北京中石油彩色印刷有限责任公司

2017年12月第1版 2017年12月第1次印刷

787毫米×1092毫米 开本：1/16 印张：13.75

字数：352千字

定价：30.00元

(如出现印装质量问题，我社图书营销中心负责调换)

前　言

近年来,伴随着我国油气消费和进口量的增长,油气管网规模不断扩大,建设和运营水平大幅提升,基本适应经济社会发展对生产消费、资源输送的要求。截至2015年年底,中国的原油、成品油、天然气主干管道里程分别达到2.7×10^4km、2.1×10^4km、6.4×10^4km。

根据2017年7月国家发改委、国家能源局制定的《中长期油气管网规划》,到2020年,全国油气管网规模将达到16.9×10^4km,其中原油、成品油、天然气管道里程分别为3.2×10^4km、3.3×10^4km、10.4×10^4km,储运能力明显增强。到2025年,中国油气管网规模将达到24×10^4km,网络覆盖进一步扩大,结构更加优化,储存和运输能力大幅提升。全国省区市成品油、天然气主干管网全部连通,100万人口以上的城市成品油管道基本接入,50万人口以上的城市天然气管道基本接入。本规划是我国油气管网中长期空间布局规划,是推进油气管网建设的重要依据,同时,也为油气储运技术专业的发展再次迎来新契机。

高等职业院校的油气储运技术专业主要是面向油气集输、油气管道输送、油气储存与销售、燃气输配领域的生产、建设、管理、服务第一线,培养德、智、体、美全面发展,掌握工艺技术与生产设备操作、场站运营与安全管理、设备设施维护维修等基本知识,具备较强的生产工艺控制、设备操作维护、生产运营管理等专业能力的技术技能人才。而油气长距离管道输送是油气储运技术专业的一门专业核心课程,对油气储运技术专业的人才培养目标有重要的支撑作用。

本书在内容的选取上基本满足了高职高专院校理实一体化教学的需求,选取的例题和典型案例都比较有代表性且适用于教学,有利于对学生实践应用能力的训练。同时,为兼顾对学生自学能力的培养,还将油气管道输送的新技术、新方法等引入知识拓展供学生课后阅读学习。

本书由大庆职业学院潘晓梅主编,其中学习情境一和学习情境四的项目三、项目四由大庆职业学院彭朋编写,学习情境二和学习情境四的项目一、项目二由大庆职业学院潘晓梅编写,学习情境三由大庆职业学院董霞编写,学习情境五由大庆职业学院王娜编写,学习情境六由大庆油田第二采油厂第五作业区袁鹏编写。全书由大庆职业学院姜继水教授主审。

由于编者水平有限,书中难免存在错误和不足之处,真诚地希望读者批评指正。

编　者

2017年8月5日

目　录

学习情境一　油气管道系统流程图的识读与绘制

管道输送是石油工业中应用最广泛的运输方式之一。目前一些发达国家的原油管输量可占其总输量的80%以上,成品油长距离运输基本实现了管道化,天然气管输量占其总输量的95%。迄今为止,全世界油气管道干线长度已超过 200×10^4km,其中输油干线约占30%。截至2015年年底,我国建成的油气管道的总长度已突破 11.2×10^4km,形成了横跨东西、纵贯南北、覆盖全国、连通海外的油气管网格局。随着中国经济的持续快速发展和能源结构的改变,石油、天然气、成品油运输管道建设速度将进一步加快。

本学习情境主要介绍油气管道系统输油站、输气站的工艺流程图的识读与绘制。

项目一　输油站工艺流程图的识读与绘制

知识目标

(1)了解油气管道输送的特点、类型。

(2)熟悉长距离输油管道系统的组成及输送工艺。

(3)掌握输油站工艺流程的识读方法。

技能目标

(1)能够识读并绘制输油站总体工艺流程图。

(2)能够识读并绘制输油站单体工艺流程图。

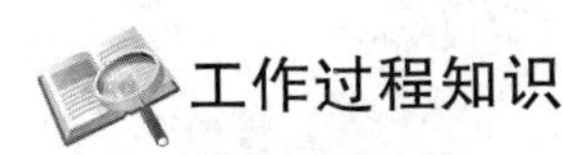

工作过程知识

一、油气管道输送的特点

近年来,油气管道输送在世界范围内,特别是在经济比较发达的油气生产与消费大国得到了快速发展。与铁路、公路、水路等运输方式相比,管道输送有着不可比拟的优越性。

1. 输送量大,可以连续输送

表1-1列出了不同管径和压力时,管道输送量的参考数据。在管径不变的情况下,提高输送压力,输油量还可以增大。

表1-1　输油管道在不同管径和压力条件下的输送量

公称直径,mm	500	700	900	1000	1200
输送压力,MPa	5.4~6.5	5.0~6.0	4.6~5.6	4.6~5.6	4.4~5.4
年输量,10^4t	800	2000	3600	5000	8000

以公称直径为900mm,年输量为 3600×10^4t 的输油管道为例,若采用铁路油罐车运输相

同的油品,以每列火车带40个油罐、每个油罐装油50t计算,则每年需要18000列火车,即不到半小时就有一列火车出站。可以想象,这将是一个多么庞大的铁路运输系统。

2. 输送成本低,损耗率低

输送损耗率是指输送过程中,油品的损耗占输送油品总量的百分数。管道、铁路、水运以及公路的运输成本与油品损耗率的统计对比数据见表1-2。从表中可知,管道输送的油品损耗率最低,运送成本略高于水运。

表1-2 我国四种方式运输油品的成本与损耗率对比表

运输方式	管道	铁路	水运	公路
成本,元/(t·km)	0.008	0.01	0.007	0.156
损耗率,%	0.25	0.71	0.45	0.45

3. 占地少,对环境影响小

管道大部分都是埋地敷设的,施工过程中临时占用的土地,在投产后有90%可以耕种,永久占地只有铁路的1/9。在施工、运行过程中对环境的影响也较小。

4. 运行平稳,安全可靠

管道运行,受环境、气候、人为等因素的影响较小,运行平稳,安全可靠。

当然,由于天然气的密度小、难以大量储存,在确定长距离输气管道的建设方案时,需同时考虑气源的建设和用户市场的开发,使其输送量与天然气用户的用量基本平衡。从经济方面考虑,对一定直径的管道,都有一定的经济输量范围,输量高于或低于此数值都会使运输成本增加。为了使管道具有较高的运行效益,应使管道的运行输量尽可能接近设计输量。但从安全性上考虑,管道的最大的输送量又会受到输油泵的性能、管道强度等因素的限制。另外,管道输送具有单向、定点、品种相对单一的缺点,不如车、船运输灵活多样。

二、油气输送管道的类型及组成

1. 油气输送管道的类型

(1)按经营方式,油气输送管道可分为两大类。一类是企业内部的输油管道,如油气田内部连接油井与计量站、联合站的集输管道,炼油厂内部的管道等。这类管道一般距离较短,不是独立经营系统。另一类是长距离油气输送管道,如鲁宁输油管道、西气东输管道等。这类管道的输送量一般较大,距离较长,可达数千公里,有各种辅助配套工程,是独立经营系统。

(2)按输送介质的类型,油气输送管道可分为原油输送管道、成品油输送管道、天然气输送管道及油气混输管道。

(3)按输送介质的性质,油气输送管道可分为低凝、低黏油品输送管道和高凝、高黏油品输送管道。

(4)按输送方式,油气输送管道可分为加热输送管道和等温输送管道。

(5)按管道所处的位置,油气输送管道可分为陆上输送管道和海底输送管道。

(6)按管道敷设方式,油气输送管道可分为埋地敷设管道和架空敷设管道。

2. 输油管道系统的组成

一条长距离输油管道少则几百千米,多则数千千米,甚至上万千米。为了克服油流阻力以及提供油流沿管线坡度举升的能量，在管道沿线需设置若干个泵站给油流加压。若对高凝原油采用加热输送时，还需设置加热站（或热泵站）给油流加热。在管道沿线上每隔一定距离还要设中间截断阀，以便发生事故或检修时关断。沿线还有保护地下管道免受腐蚀的阴极保护站等辅助设施。此外，为了实现全线集中控制，管道的自动化程度都很高，所以沿线还设有通信线路或信号发射与接收设备。因此，长距离输油管道一般由管道系统、辅助配套系统以及输油站等组成。具体构成如图 1－1 所示。

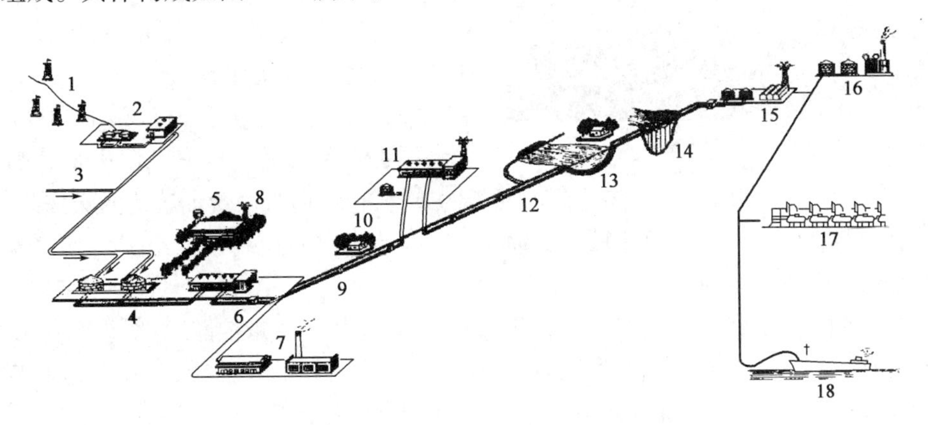

图 1－1　长距离输油管道系统构成

1—井场；2—转油站；3—油田来油管道；4—首站罐区和泵房；5—全线调度中心；6—清管器发放室；7—首站的锅炉房、机修厂等辅助设施；8—微波通讯塔；9—线路阀室；10—管道维修人员住所；11—中间输油站；12—穿越铁路；13—穿越河流的弯管；14—跨越工程；15—末站；16—炼厂；17—火车装油栈桥；18—油轮装油码头

输油站的主要功能是为油品加压、加热，主要由输油泵房、加热系统、总阀室、清管器收发室、计量间、油罐区、站控室等组成。输油站通常又可分为首站、中间站和末站。输油管道的起点输油站称为首站；为管路沿途补充能量的输油站称为中间站；输油管道终点设置的输油站称为末站，其任务是接收来油和向用户输转。

输油站位置应在线路走向内，在进行水力、热力计算的基础上，根据工艺要求来确定。在符合工艺要求的前提下，可以做适当的调整，以选择最合适的站址。选择站址的原则主要有：

（1）应满足管道工程线路的走向和路由的要求，满足工艺设计的要求。

（2）应符合国家现行的有关安全防火、环境保护、劳动卫生等法律、法规的要求。满足与居民点、工矿企业、铁路、公路等安全距离的相关规定。

（3）站场应选在地势较平坦、开阔的地方，应避开不良的水文、地质条件，避开可能受到洪水、泥石流、塌陷、潮水及涌浪等威胁的地带。

（4）站场应选在交通、供电、供水、排水和职工生活等均较方便的地方。

三、输油站的分区和组成

输油站一般包括生产区和生活区两部分。生产区内又分为主要生产区和辅助生产区，图 1－2为某输油站的航拍照片。

1. 主要生产区

（1）输油泵房——这是全站的核心部分，其作用是供给管路中油品的压能。输油泵房内设有输油泵机组，及其相应的润滑油、冷却水、污油收集等辅助系统。以前的泵机组均安装在

图 1-2　输油站

室内。目前先进的泵机组具有全天候防护能力，能适应气温变化及风雨、沙尘的条件，可以露天布置。

(2) 加热系统——包括加热油品的直接加热系统和间接加热系统，由加热炉和换热器组成。加热炉是热油管道输送的主要设备之一。它的作用是供给管路中油品的热能，以降低输送油品的黏度，减少能量损失。

(3) 总阀室——它是输油站的“咽喉”，油品进出都要流经这里。其主要作用是控制和切换流程。主要由汇管和阀门组成。随着阀门质量的改善，也已由室内逐渐改为露天安装。

(4) 清管器收发室——它是由收发球筒、阀组以及相应的控制系统组成。其主要作用是进行收发球，确保清管顺利进行。

(5) 计量间——其内设有流量计及标定装置，主要作用是计量油品，一般设在首末站。

(6) 油罐区——一般在输油管线的首末站，设有较大容积的储油罐，其作用是调节收发油量的不平衡及计量油品。中间站中，一般只有较小容量的储油罐 1 ~ 2 个，主要起缓冲作用，也可用作事故处理。当采取“从泵到泵”密闭输送时，只作为事故处理用。

(7) 站控室——它是输油站的监控中心，是站控系统与中心控制室的联系枢纽。自控系统的远程终端、可编程控制器等主要控制设备都设在这里。现代化的输油管道站场内一切设备的操作几乎都可以在站控室和中心控制室进行，有的甚至在上千公里之外的总控室里进行。

(8) 油品预处理设施——多设于首站，包括原油热处理、加添加剂、原油脱水等设施。

2. 辅助生产区

(1) 供电系统——设有变电所、配电间，有的输油站还设有发电间，其作用是保证输油站各系统的高低压用电。

(2) 供热系统——包括锅炉房、燃料油系统、热力管网等，其作用是为站内储油罐、伴热管路和雾化火嘴提供蒸汽热量以及生活用热。有的输油站没有锅炉，而在加热炉内设热水炉或用热媒炉换热系统代替锅炉供热。

(3) 供排水系统——包括水井、高位水罐、循环水池、水泵、供排水管网及软化水装置等，其作用是供全站的生产、生活及消防用水。有的站还设有污水处理装置（中间站不设）。

(4) 通信系统——为输油管道的自控系统、生产调度、日常运行管理和巡线抢修等提供通信的设备，有微波塔、通信机房等，包括电信调度室、通讯值班室。

(5) 供风系统——设有空气压缩机等，提供的高压空气可用来扫线，还可作为气动仪表及气动阀门的动力。

(6) 阴极保护设施——主要设有完整的阴极保护装置，其作用是防止或减少管道的电化学腐蚀。

(7) 消防设施——包括消防泵房、消防设施等。

(8) 机修间、油品化验室、阴极保护间、车库、办公室等。

上述设施可单独安置，也可几项合并于一个建筑物内。根据需要还可将某些项目（如供电、供热系统）和主要作业区的设施放在一起，以保障安全、便于管理、节省空间。

四、输油站单体流程

输油站内通常由进出站控制区、油罐区、计量间、输油泵房、加热炉（换热器）等几个主要的单体流程构成，如图1－3所示。

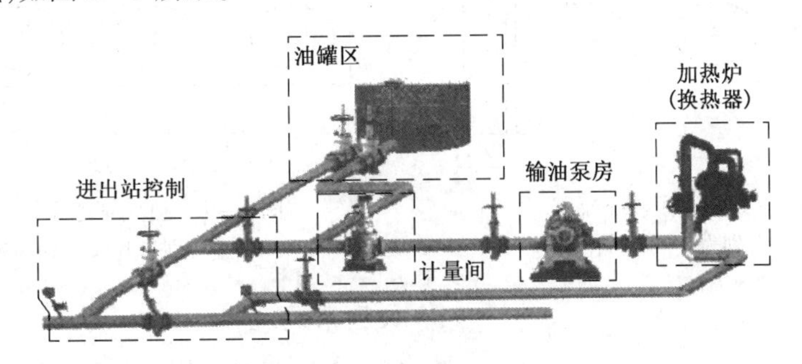

图1－3　简单输油站的构成

1. 计量间流程

长距离输油管道在首、末站进站处或分输站及注入站，都使用流量计交接计量系统，记录油品流量大小并进行流量累加。一般采用“两用一备”或“三用一备”，其后通常接有流量标定系统或移动式体积管，如图1－4、图1－5所示。

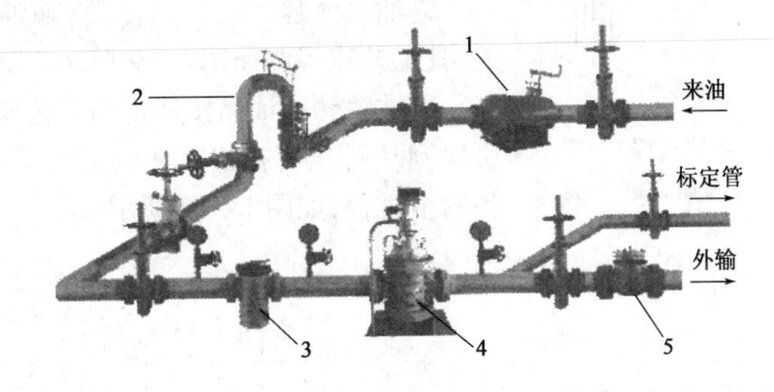

图1－4　计量间流程示例

1—消气器；2—含水分析仪；3—过滤器；4—流量计；5—止回阀

2. 油罐区工艺流程

油罐区流程有三种形式：单管系统流程、独立管道系统流程和双管系统流程。

1）单管系统流程

阀门集中于阀室，矿区来油可进入任一油罐，同时也可以从任一油罐出油，如图1－6所示。

2）独立管道系统流程

每个油罐都有一根单独管道进入阀室，布置清晰，专管专用，如图1－7所示。当其中某一油罐检修时，其他油罐仍可正常运行，缺点是管材消耗大。

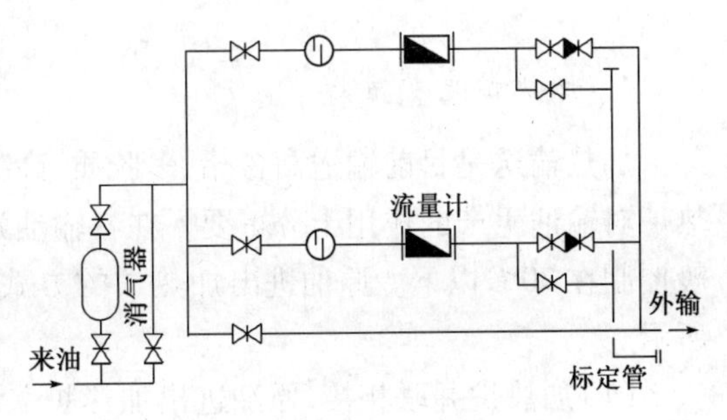

图1－5　计量间流程示意图

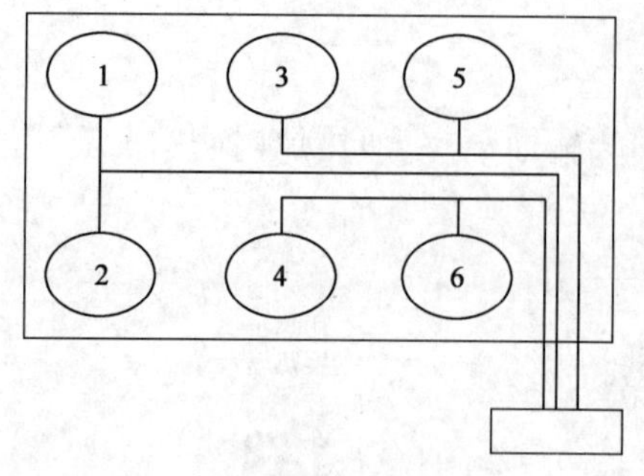

图 1-6 单管系统流程
1~6 分别为 1~6 号储油罐

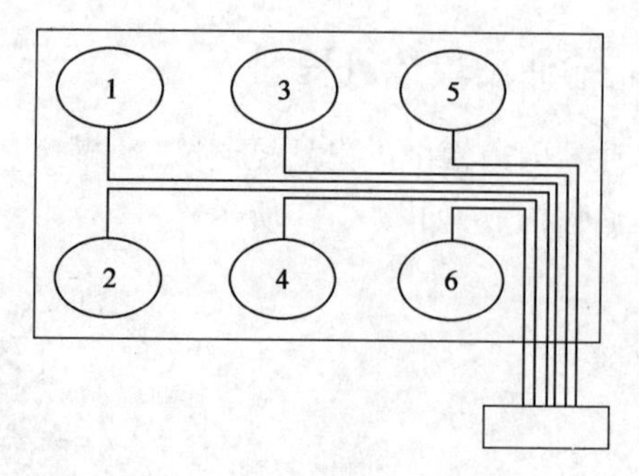

图 1-7 独立管道系统流程
1~6 分别为 1~6 号储油罐

3）双管系统流程

每个油罐设两根油管，可同时进油和外输油，互相不干扰，如图 1-8 所示。

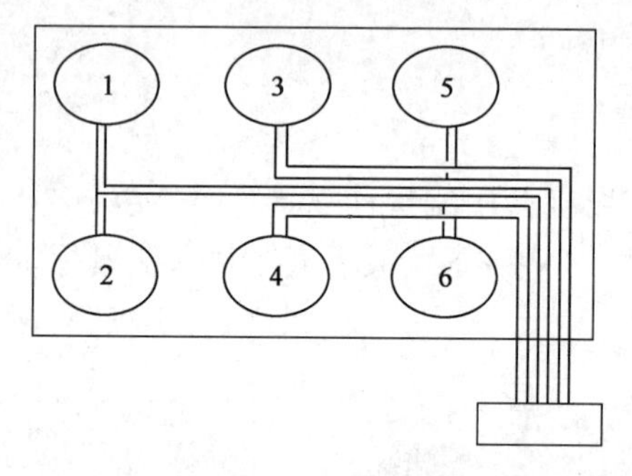

图 1-8 双管系统流程
1~6 分别为 1~6 号储油罐

3. 输油泵房流程

输油站内消耗电力最大的设备是输油泵。目前，国内长距离输油管道均采用离心式输油泵。

输油泵流程主要由过滤器、输油泵和止回阀等组成，其工艺流程图如图 1-9 所示。输油泵房的工艺流程是指被输转的油品按特定的工艺要求从吸入管进入泵房到从排出管排出泵房，其间流经泵房内管道和设备的全过程，如图 1-10 所示。

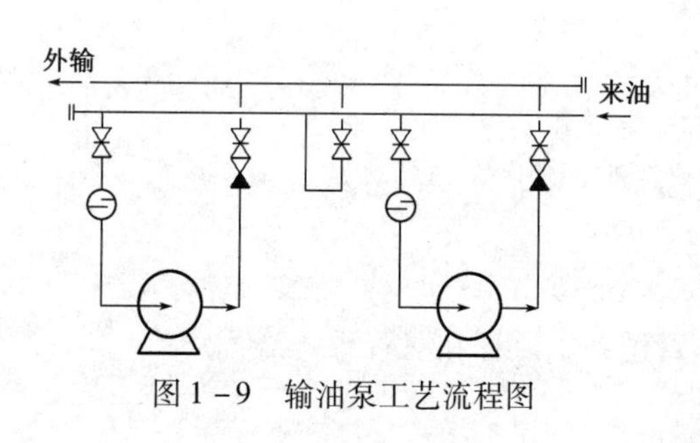

图 1-9 输油泵工艺流程图

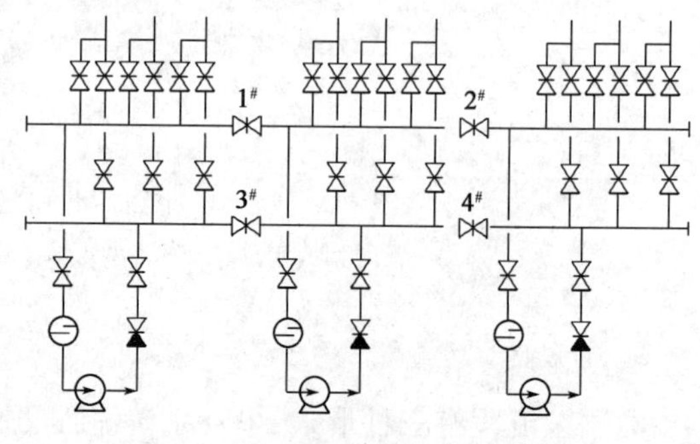

图 1-10 输油泵房工艺流程图
1#~4# 为闸阀

4. 加热炉工艺流程

加热输送是目前输送高含蜡、多胶质、高凝点的原油普遍采用的方法。在加热输送中，加热炉对输油生产的作用十分重要。在各输油站，加热炉都采用并联运行，加热后的原油温度一般控制在 70℃以下。原油进出加热炉的方式有单进单出、双进双出和双进单出，如图 1-11 所示。

（1）加热炉并联相接，原油进出加热炉采取双进单出方式，原油进出加热炉的流程为：来油→1#阀→2#、3#阀→加热炉→4#阀→外输。

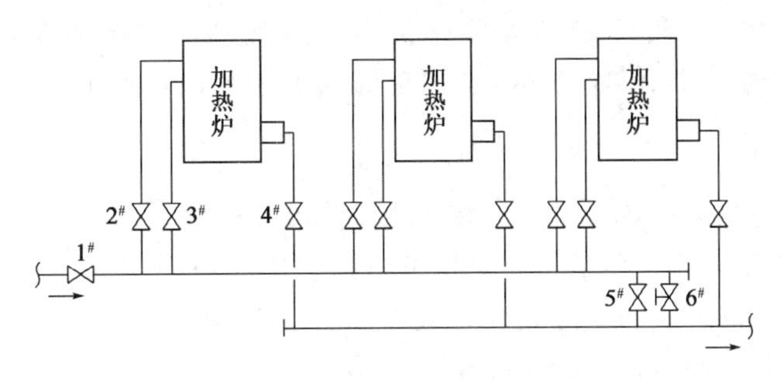

图 1 – 11　某中间站加热炉工艺流程
1# ~ 6# 为闸阀

(2)采用两个进口阀保证两组炉管不致产生“偏流”;设置一个出口阀,使操作简便又节约资金。

(3)5#、6# 阀为冷热油掺和阀,5# 阀为手动阀,6# 阀为自动阀,热油和部分冷油经此阀进行掺和,既保证所需的原油出站温度,又可减少炉子的压降。

5. 换热器工艺流程

把一种流体的热量传给另一种流体的换热设备统称为换热器,换热器一般用热蒸汽作为携热介质将原油加热。在输油生产中,首先将热媒加热,加热后的热媒和冷的原油一起流经换热器,热媒将热量传给原油,对原油进行加热。更多的输油站利用锅炉里的蒸汽通过换热器给原油换热。换热器的结构形式很多,输油站常用管壳式换热器(又称列管间壁式换热器)。在换热器中,原油走管程,从下方进入,上部返出;热蒸汽走壳程,从上部进入,在与原油换热冷凝为热水后,从壳体下部排出,如图 1 – 12 所示。

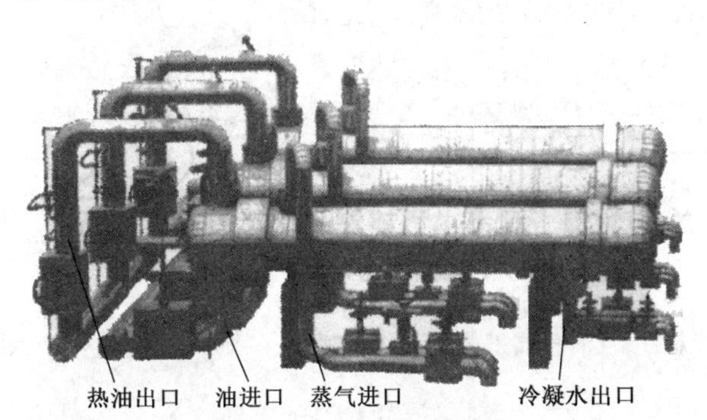

图 1 – 12　换热器装置图

换热器多采用三级联装,其工艺流程如图 1 – 13 所示。在运行时,可采用串联方式或并联方式。串联方式可以使原油的受热温度比较高,并联方式可以使原油的流量比较大。

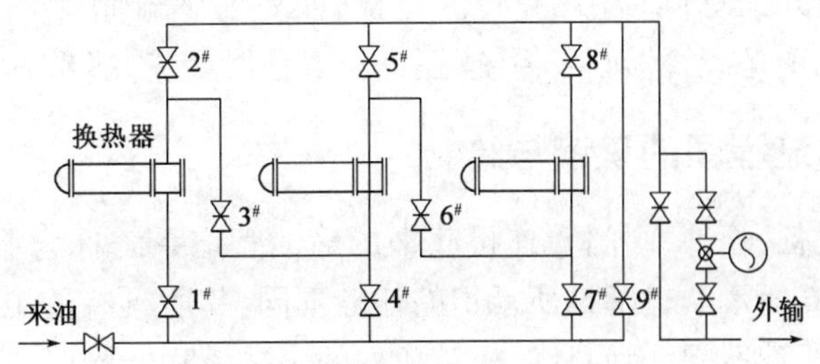

图 1 – 13　换热器工艺流程图
1# ~ 9# 为阀门

并联方式：开$1^{\#}$阀、$2^{\#}$阀、$4^{\#}$阀、$5^{\#}$阀、$7^{\#}$阀和$8^{\#}$阀，关闭旁通$3^{\#}$阀、$6^{\#}$阀、$9^{\#}$阀。

串联方式：开$1^{\#}$阀、$3^{\#}$阀、$6^{\#}$阀、$8^{\#}$阀，关闭$2^{\#}$阀、$4^{\#}$阀、$5^{\#}$阀、$7^{\#}$阀、$9^{\#}$阀。

6. 管道清管流程

在原油管道输送过程中，因原油中的蜡析出并附着在管壁上，从而使管道输送能力下降的现象在输油过程中普遍存在。清管是保证输油管道长期高效、安全运行的基本措施之一。为了清除管内壁的积蜡和杂质，长输管道大多数输油站都安装了管道清管系统。管道清管系统包括收、发、转清管器三个流程。

1）收清管器流程

正常输油时，上站来油经$4^{\#}$球阀进站。收清管器时，打开$2^{\#}$、$10^{\#}$球阀，逐渐关闭$4^{\#}$球阀。清管器到收筒后，先打开$4^{\#}$球阀，后逐渐关闭$2^{\#}$、$10^{\#}$球阀，恢复正常输油。排除清管器收筒内存油，打开收筒盲板取出清管器。

2）发清管器流程

正常输油时，原油经$9^{\#}$阀出站。发清管器时，打开快速盲板，将清管器放入清管器发筒内，关好盲板后，打开$7^{\#}$、$8^{\#}$球阀，逐渐关闭$9^{\#}$球阀，清管器就被油流带走。清管器发出后，打开$9^{\#}$球阀，逐渐关闭$8^{\#}$、$7^{\#}$球阀，恢复正常输油。具体的收、发清管器工艺流程如图1－14所示。

3）转清管器流程

并不是每个中间站都设有清管器收发系统，有时只要能通过或暂停即可，而不需要重新装取清管器。图1－15为某中间站转清管器工艺流程。

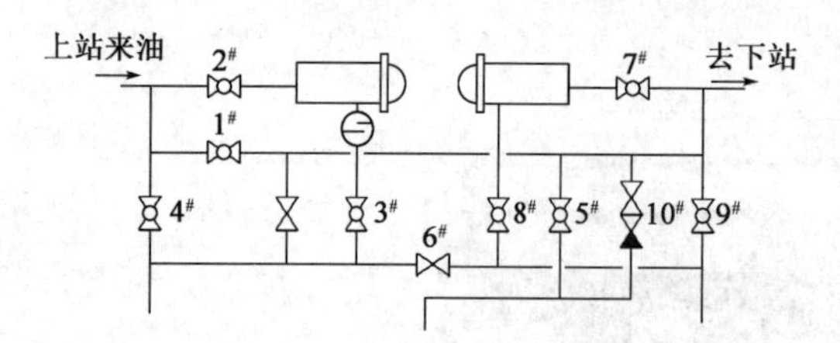

图1－14　某输油站清管器收、发清管器工艺流程

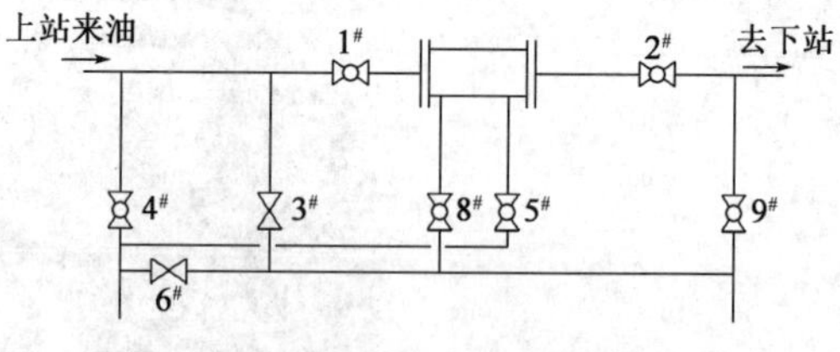

图1－15　某中间站转清管器工艺流程

接收清管器：打开$1^{\#}$、$5^{\#}$球阀，逐渐关$4^{\#}$球阀，上站油流经$1^{\#}$、$5^{\#}$球阀将清管器带入转发装置，清管器进筒后，先开$4^{\#}$球阀，后关闭$1^{\#}$、$5^{\#}$球阀。

转送清管器：打开$8^{\#}$、$2^{\#}$球阀，逐渐关$9^{\#}$球阀，本站油流通过$8^{\#}$球阀、转球筒、$2^{\#}$阀出站，转发清管器结束后，先全开$9^{\#}$球阀，后关闭$8^{\#}$、$2^{\#}$球阀，恢复正常输油。

对输油站来说，无论是清管器收发系统，还是转清管器系统，都要确保输油畅通无阻。

五、输油站总体流程图的识读与绘制

在输油站内，把设备、管件、阀门等连接起来的输油管道系统称为输油站工艺流程（简称工艺流程），如图1－16所示。输油站所承担的任务不同，其所具有的工艺流程也不同。站内各个设备因所承担的任务不同，因而具有相对独立的工艺流程。同时，它们又是相互关联的，并共同构成输油站的总体工艺流程。

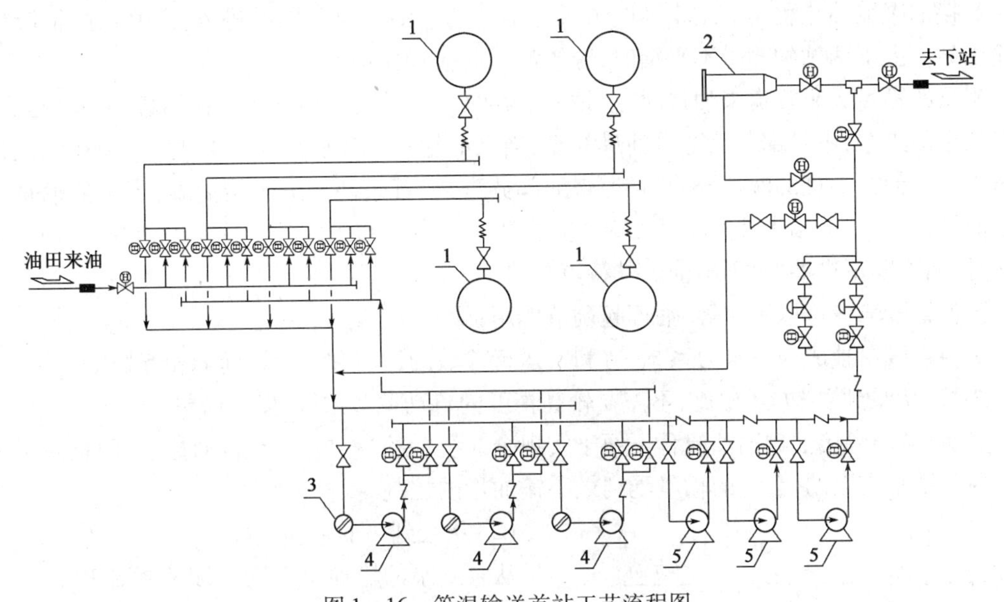

图 1－16　等温输送首站工艺流程图

1—储罐;2—清管器发送筒;3—过滤器;4—给油泵;5—外输主泵

1. 首站

首站位于管道起点,其任务是接收油田集输联合站或炼油厂油品车间或港口油轮等处的来油,经加压或加温后向下一站输送。首站通常具有较多的储油设备:加压、加热设备,完善的计量设施和清管器收发设施等。首站的操作包括接收来油、计量、站内循环或倒罐、正输、向来油处反输、加热、收发清管器等操作,流程较复杂。等温输送首站典型工艺流程图如图 1－16 所示。

2. 中间站

油品在沿管道的输送过程中,由于摩擦、散热、地形变化等原因,其压力和温度都逐渐下降。当压力和温度降到某一数值时,为了使油品继续向前输送,必须设置中间站,为油品增压、升温。单独增压的称为中间泵站;单独升温的称为中间加热站;既增压又升温的称为热泵站。根据功能的不同,中间站通常设有加压、加热设施,一定的储油罐,清管器收发设施等。中间站间应设有越站流程。

中间站工艺流程随输油方式(密闭输送、旁接油罐)、输油泵类型(串、并联泵)、加热方式(直接、间接加热)而不同。

1) 中间泵站的流程

中间泵站的流程通常分为旁接油罐输油流程和从泵到泵输油流程两种。

(1)旁接油罐输油流程。

如图 1－17 所示,这种流程在中间站输油泵的吸入管并联着一个储油罐,称为旁接油罐。旁接油罐起着暂时调节两站间输量差额的作用。工作时,旁接油罐的进(出)口阀门常开。

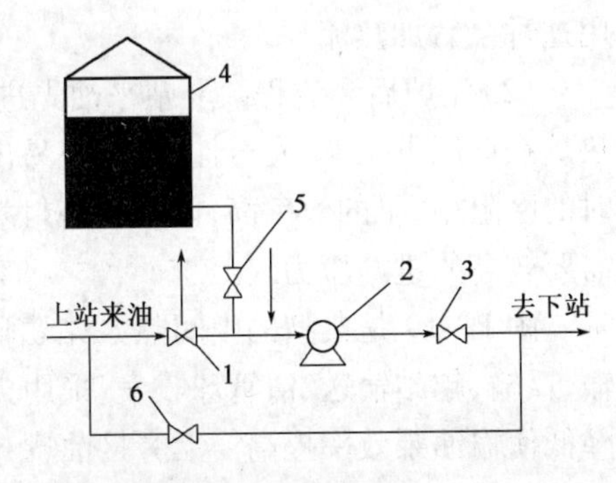

图 1－17　旁接油罐输油流程

1—进站阀;2—输油泵;3—出站阀;4—旁接油罐;5—旁接油罐进(出)油阀;6—越站旁通阀

旁接油罐输油流程是上站来油既可进入泵站的输油泵也可同时进入油罐的输油流程，当本输油站与上下两站的输量不平衡时，旁接油罐起缓冲作用。

当泵的输量大于管道来油量时，上站来油在泵入口处的压力低于旁接油罐的液柱压力，管道来油全部进泵，不足部分从旁接油罐补充；当泵的输量小于管道来油量时，来油在泵入口处的压力高于旁接油罐的液柱压力，管道来油部分进泵，其余部分进旁接油罐；当泵的输量与管道来油量相等时，上站来油在中间站泵入口处的压力与旁接油罐的液柱压力相等，来油全部进泵，旁接油罐既不进油，也不出油。其特点是：

①各管段输量可以不相等，油罐起调节作用；

②各管段单独成为一水力系统，有利于运行参数的调节和减少站间的相互影响；

③与“从泵到泵”方式相比，不需要较高精度的自动调节系统，操作简单。

然而，采用旁接油罐输油流程不便于实现全线统一的参数调节和自动控制，而且由于旁接油罐的容量是有限的，全线的输量受到最小输油量的控制。

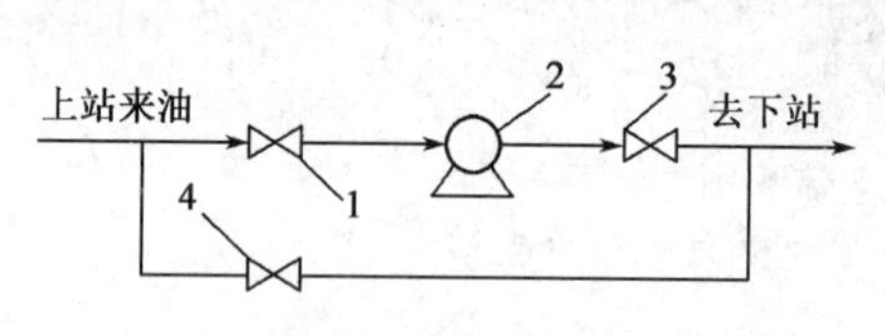

图 1－18　从泵到泵的输油流程
1—进站阀；2—输油泵；3—出站阀；
4—越站旁通阀

(2)从泵到泵的输油流程。

从泵到泵的输油也称为密闭输送流程。在这种输油流程中，中间站不设供缓冲用的油罐，上站来油全部直接进泵，如图 1－18 所示。其特点是：

①减少中间站的轻质油蒸发损耗；

②全线各站依次密闭相连，输量相等，能量叠加，构成统一的水力系统，可充分利用上站余压，减少节流损失，它要求各站必须有可靠的自动调节和保护装置；

③工艺流程简单。

2）中间热泵站的流程

油品通过中间热泵站的流程通常有先泵后炉和先炉后泵两种：

(1)先泵后炉流程。上站来油先进输油泵加压，后进加热炉加热。这种流程的特点是：泵的吸入管要短得多，有利于泵的正常工作，需要的进站压力比较低；泵在较低的温度下工作，密闭效果好，密封材料的使用寿命长，但进泵油温较低，通过泵时的摩阻大，降低了泵的效率，尤其是温度对黏度有显著影响的原油；由于加热设备承受高压，除增加了钢材消耗和投资外，还带来安全隐患。由于我国早期多数输油站采用旁接油罐输油流程，为了便于操作管理，普遍采用这种泵后加热流程。

(2)先炉后泵流程。上站来油先进加热炉加热，后进输油泵加压。这种流程的特点是：加热炉在低压下工作，安全性较好，但易出现炉管偏流；进输油泵的油品温度高，黏度小，通过泵时的摩阻小，泵的效率高，但泵的密封效果差，密封材料使用寿命短；为了保证泵的吸入性能，需要较高的进站压力。

图 1－19 是典型的中间热泵站密闭输送工艺流程。采用串联泵、间接加热，可以实现正输、反输、越站输送、清管球收发，采用先炉后泵流程，加热系统在低压下工作，原油加热后黏度降低使输油泵效率提高。无旁接油罐，储罐为加热炉的燃料油罐，兼作泄放油罐，节约了成本，原油蒸发损耗降低。

中间热泵站旁接油罐工艺流程，采用并联泵、直接加热，可以实现正输、反输、越站输送、清管球通过、站内循环，采用先泵后炉流程，储罐为旁接油罐，如图 1－20 所示。

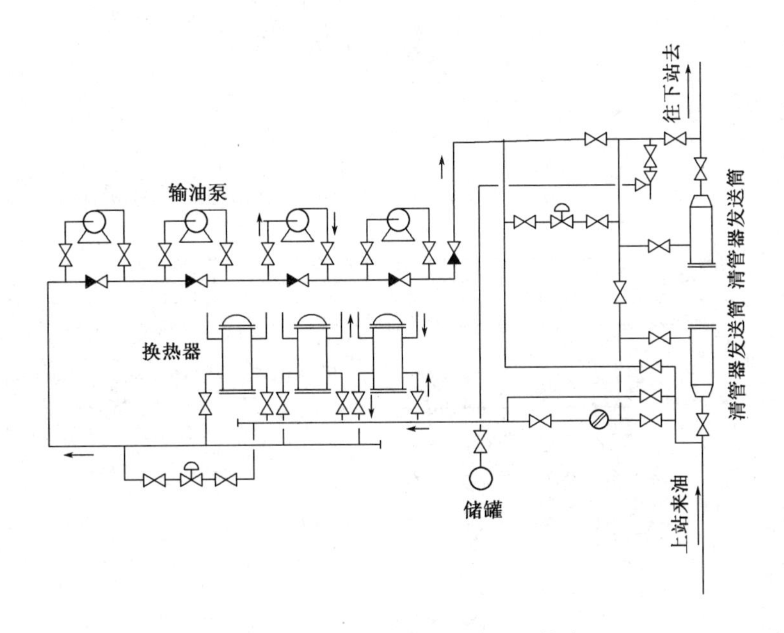

图 1-19　中间热泵站密闭输送工艺流程

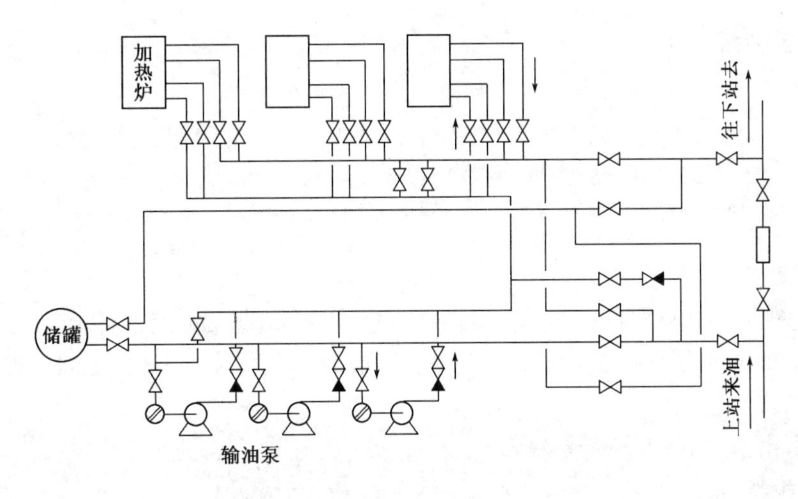

图 1-20　中间热泵站旁接油罐工艺流程

3. 末站

末站往往是炼厂油库,或转运油库,或两者兼有。如果是水陆转运油库,流程比较复杂。炼厂油库流程比较简单。末站输油有两个特点:一是要计量收油和发油,所以有计量装置;二是作为管线的终点,要有一定的储油能力,因此,末站需设有足够容量的储油罐。

末站一般设有四种流程:收油、发油(包括装车、装船及管线转输)、倒罐、收发清管器。正常生产时采用收油和发油流程,并要进行计量;倒罐流程一般在站内活动管线等情况下采用,而收发清管器流程则是在清管时才采用。图 1-21 为单一油品末站典型工艺流程图。

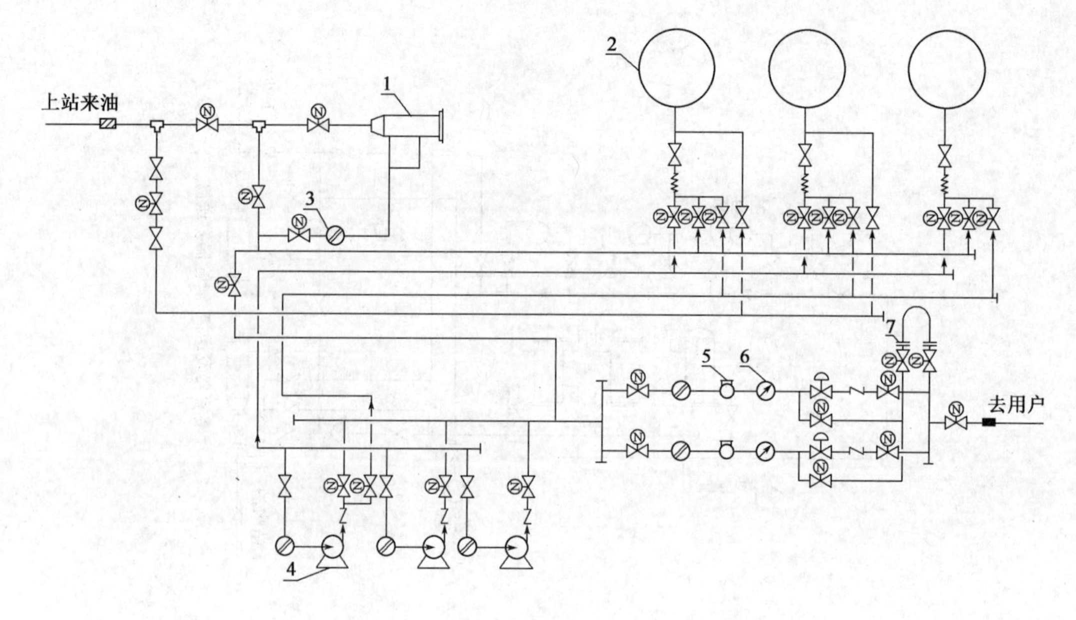

图 1－21　单一油品末站典型工艺流程图

1—清管器接收筒；2—储罐；3—过滤器；4—输油泵；5—消气器；6—流量计；7—标准体积管

技能训练

技能训练 1　输油首站工艺流程图的绘制

一、准备工作

（1）工具、用具、材料准备：300mm 三角尺 1 套，300mm 直尺 1 把，绘图仪 1 套，A4 绘图纸 1 张，600mm × 900mm 绘图板 1 块，2B 铅笔 1 支，绘图笔 1 套，橡皮 1 块，小刀 1 把，50mm 毛刷 1 把。

（2）劳保用品准备齐全，穿戴整齐。

二、操作步骤

（1）根据输油首站工艺流程的大小和绘图比例选择图幅（本操作选择 A4 图纸）。

（2）把切好的图纸固定在绘图板上。

（3）用铅笔画出工艺流程图的边框，以边框到图纸各边留 15mm 为准。

（4）在图纸上边留出 25 ~ 100mm 的流程图名称位置。

（5）在图纸的下边根据需要留出 100mm 左右的标题栏和管线及图件的标注栏。

（6）绘制输油首站工艺流程图草图，如图 1－16 所示：

①先用铅笔大致按比例布局立卧式计量分离器、油井等各种设备在图中的位置，再按图例画出设备图样；

②用实线画出管线走向，并与各设备连接成工艺流程图；

③在管线的适当位置上按图例画出管件图，如阀门、过滤缸、计量仪表等；

④检查草图布局是否合理，是否符合工艺实际管线，交叉是否有错。

(7)检查无误后用碳素绘图笔描图。注意选择的绘图线条的粗细要和设备管线的主次相符合。

(8)用细绘图笔在管线上规范画出走向,在设备上填写名称,采用切割法对管线和管件进行排序编号。

(9)依据管线编号在标注栏内填写管线编号、名称及规格、单位数量等,必要时填写管径和标高。

(10)在标题栏内填写相关内容。

(11)清理图样。用橡皮擦去底图中铅笔部分和图面上不清洁的地方,用毛刷刷净图面上的杂物。

(12)清洁收回工具、用具。

三、技术要求

(1)绘制工艺流程图时,应注意各设备的轮廓、大小、相对位置应尽量做到与现场相对应。

(2)设备和主要管线用粗实线,次要或辅助管线用细实线。

(3)每条管线都要标明编号、管径及流向。

(4)绘图时避免管线与管线、管线与设备之间发生重叠。

(5)在图样上管线发生交叉而实际并不相碰时,一般采用"竖断横不断、主线不断"的原则。

(6)工艺流程图上主要管件要用细实线画出。相同管件在图上应一致,排列整齐。

(7)在图上有多台相同设备时要进行编号。

技能训练2　工艺流程图的识读

识读工艺流程图时,应按以下步骤进行:

(1)阅读设计说明书,清点图样。看图时要根据设计图样目录,清点图样是否齐全,认真阅读设计说明书,逐条领会设计意图、技术规范和施工技术要求、生产过程中的工艺参数和操作要求。

(2)看懂绘制工艺流程常用图例表。在图例表中认真阅读工艺流程的名称、绘制时间、绘制比例、绘制人、图样数量、图幅大小等。

(3)看工艺流程中布置设备的数量、主要管线的走向。从设备说明中了解设备的型号及主要技术参数。从管线标注中看明白管线的规格作用和标高。

(4)结合设计说明书看工艺流程图和管网系统图,了解设计依据,清楚生产过程中各项工艺参数、经济指标的调节和控制要求,掌握工艺管路走向、设备管路性能和技术规范以及安装标准和技术要求。

(5)看图时要细心,先看总流程图,再看局部说明的工艺流程图。各种图样要相互参照,配合使用。

(6)看管线时要从头到尾按顺序看完,弄清来龙去脉后再看另一条管线。要分清主管路与支管路的关系,发现疑点要记录清楚,便于提出问题和整改。最后看次要、辅助管线,了解其作用和性能。

(7)图样看完后要重新装好,妥善分类保管。

项目二　输气站工艺流程图的识读与绘制

知识目标

(1)熟悉输气站的工艺流程图。

(2)掌握工艺流程图的绘制方法。

技能目标

(1)能识读输气站工艺流程图。

(2)能绘制输气站工艺流程图。

工作过程知识

在输气站内,把设备、管件、阀门等连接起来的输气管路系统,称为输气站工艺流程。工艺流程展示了输送气体的来龙去脉。将工艺流程图绘制成图即为工艺流程图,它是工艺设计的依据。

一、输气站的分类与功能

输气站是长距离输气管道重要组成部分之一,主要功能是接收天然气、计量、给管道天然气调压、增压、分输、发送和接收清管器等。

按所处位置的不同,输气站又可分为:输气首站、输气末站和中间站(中间站又分为压气站、分输站、清管站等)三大类型及一些附属站场(如储气库、阀室、阴极保护站等),其主要功能如图 1-22 所示。

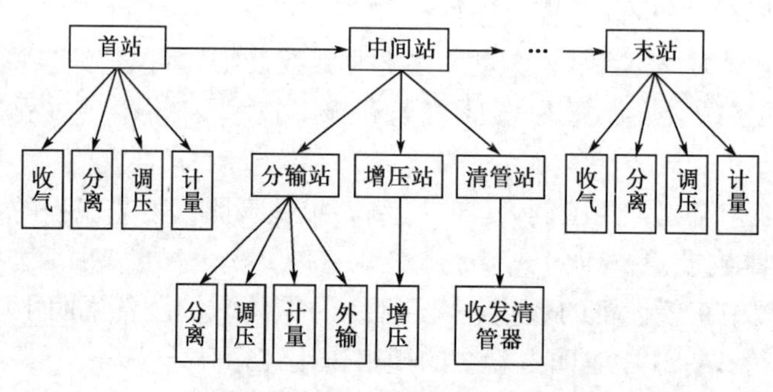

图 1-22　输气各站主要功能

二、输气站的分区及主要设施

输气站的生产区分为主要作业区和辅助作业系统。输气站主要作业区包括以下区域:

(1)压缩机车间——全站的核心,设有若干压缩机—原动机机组,以及主要机组的辅助装置。

(2)净化除尘区——设在首站、末站和中间分输站,主要有净化除尘设备。

(3)调压计量控制室——主要有调压阀、流量计及标定装置等。

(4)清管器收发区——主要有清管器收发筒。

(5)空气冷却装置——作用是使出站温度不超过管道防腐层允许的最高温度或提高输气能力。

(6)循环阀组、截断阀组——全站变换流程的操作中枢。

输气站辅助作业系统包括各自独立的密封油系统、润滑油系统、燃料气系统、启动气系统、供配电系统、通信系统以及保护压气站和输气系统正常运行的自动检测与控制系统和消防系统。

三、输气站的作用及工艺流程

1. 输气首站工艺流程

输气管道系统上第一个输气站通常建于气田附近,它是输气管道系统的起点,又称为首站。

如果气田的地层压力足够大,首站不设增压设备,而是靠气井余压将天然气输送至第二站,该段管道的工作压力就是管道强度允许下的压力。不需加压、不建压缩机车间的输气站实质上是一个调压计量站。长距离输气管道首站工艺流程如图 1 - 23 所示。

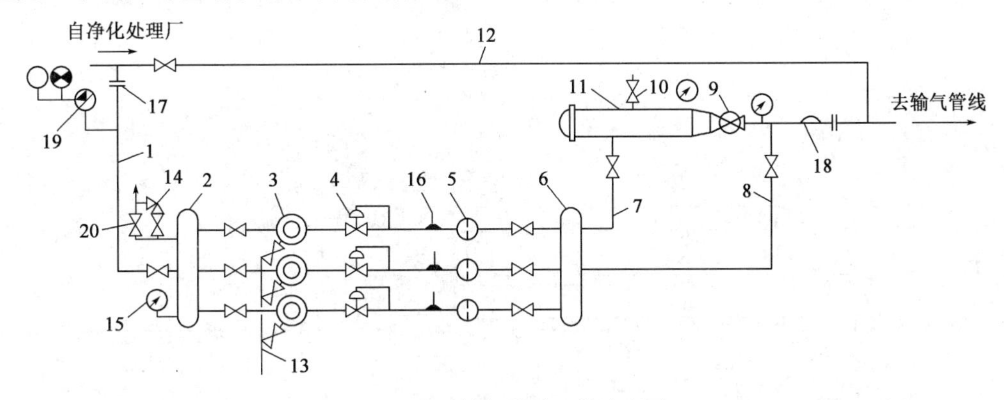

图 1 - 23　输气首站工艺流程图

1—进气管;2,6—汇气管;3—分离器;4—压力调节器;5—孔板计量装置;7—清管用旁通管;8—外输气管线;9—球阀;10—放空管;11—清管球发送装置;12—越站旁通管;13—分离器排污总管;14—安全阀;15—压力表;16—温度计;17—绝缘法兰;18—清管器通过指示灯;19—电接点压力表(带声光信号);20—放空阀

2. 输气中间站工艺流程

在首站和末站之间建的输气站称为中间压气站,它的位置和站间距由工艺计算决定,站间距一般为 110 ~ 150km。根据功能不同,输气管道的中间站可分为分输站、增压站、清管站等。增压站通常总是和清管站合建,除增压外,它还要完成清管作业。首站、末站或支线上的压气站还有高压计量的功能。

1)分输站工艺流程

分输站的主要功能是将干线来气分离(干燥、除尘)、调压、计量后分输给沿线用户,其工艺流程如图 1 - 24 所示。

2)增压站工艺流程

增压站的主要功能是将上站来气增压后送回管道,使其继续向前输送,其工艺流程如图 1 - 25所示。

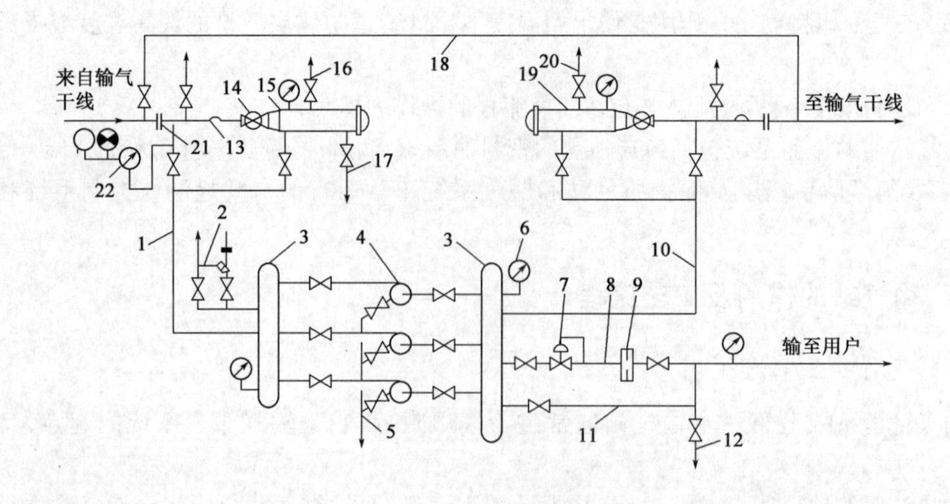

图 1-24　分输站工艺流程图

1—进气管;2—安全阀;3—汇气管;4—分离器;5—分离器排污总管;6—压力表;7—压力调节器;8—温度计;9—节流装置;10—正常外输气管;11—用户旁通管;12—用户支线放空管;13—清管球通过指示器;14—球阀;15—清管球接收装置;16,20—放空管;17—排污管;18—越站旁通管;19—清管球发送装置;21—绝缘法兰;22—电接点压力表

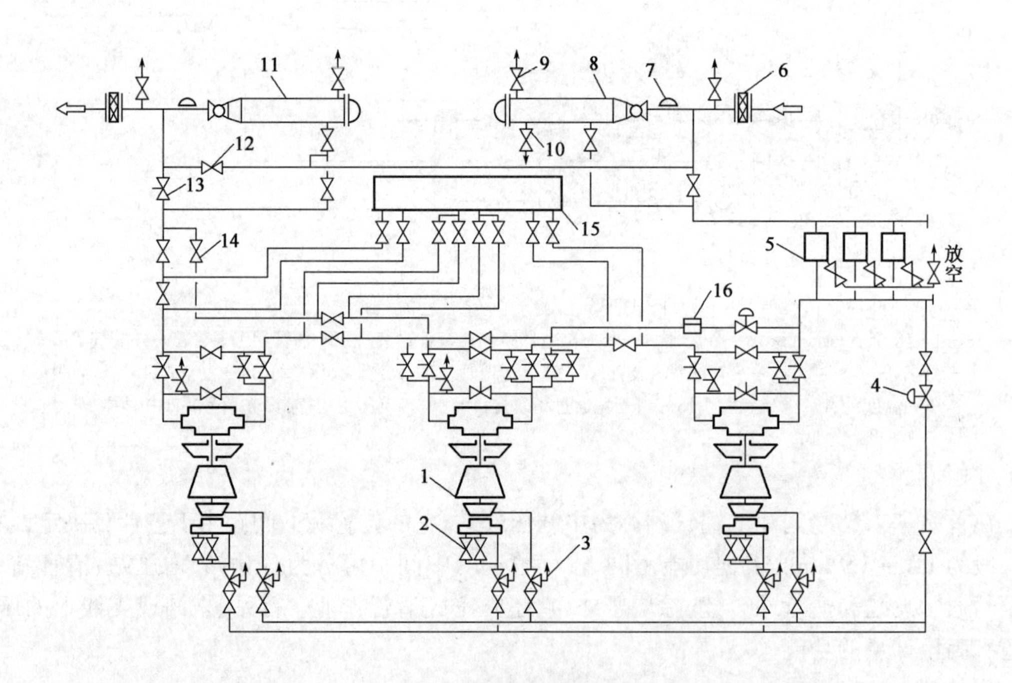

图 1-25　增压站工艺流程图

1—压缩机组;2—压缩机进口阀;3—安全放空阀;4—压力调节装置;5—分离器;6—绝缘法兰;7—清管器通过指示器;8—清管器接收装置;9—放空阀;10—排污阀;11—清管器发送装置;12—越站旁通阀;13—遥控阀;14—单向阀;15—气体冷却装置;16—流量调节装置

3) 清管站工艺流程图

清管站的主要功能是接收和发送清管器,其工艺流程如图 1-26 所示。

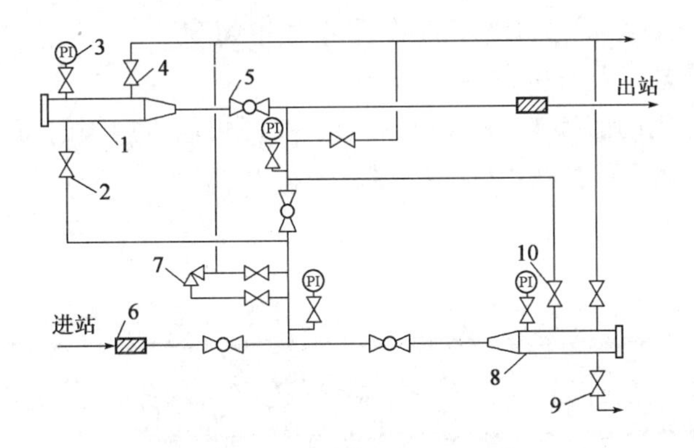

图 1－26　清管站工艺流程图

1—清管器发送装置；2—清管器发送旁通阀；3—压力表；4—放空阀；5—球阀；6—绝缘法兰；7—安全阀；8—清管器接收装置；9—排污阀；10—清管器接收旁通阀

3. 末站工艺流程图

输气管道系统最后一个输气站，即干线管道的终点，通常称为末站。其主要功能是接收管道来气、分离、调压、计量后送入用户配气站，其工艺流程如图 1－27 所示。

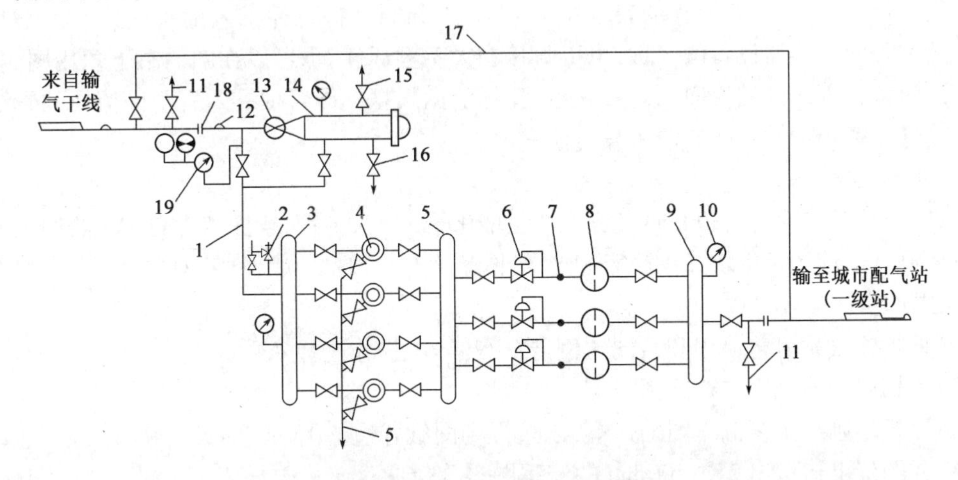

图 1－27　输气末站工艺流程图

1—进气管；2—安全阀；3，9—汇气管；4—除尘器；5—除尘器排污管；6—压力调节器；7—温度计；8—节流装置；10—压力表；11—干线放空管；12—清管球通过指示器；13—球阀；14—清管球接收装置；15—放空管；16—排污管；17—越站旁通管；18—绝缘法兰；19—电接点压力表

四、确定输气站工艺流程的原则

制定和规划工艺流程要符合以下原则：

（1）满足输送工艺及各生产环节（试运投产、正常输气等）的要求。输气站的主要操作包括：①接收来气与分输；②分离过滤与排污；③调压与计量；④收发清管器；⑤增压与正常输送；⑥安全泄放与排空；⑦紧急截断。

（2）便于事故处理和维修。长输管线由于其管线长、点多、连续性强，所以输气站的突然停电、管道穿孔或破裂、紧急放空和定期检修、阀门的更换等，都是输气生产中经常遇到的，流程的安排要方便这类事故的处理。例如，考虑到事故处理时的紧急截断与放空，根据沿线人员密集情况在主要地段设置必要的自动紧急截断阀、放空阀等。

(3)采用先进工艺技术及设备,提高输气水平。

(4)在符合以上原则的前提下,流程应尽量简单,尽可能少用阀门、管件,管线尽量短、直、整齐,充分发挥设备性能,节约投资、减少经营费用。

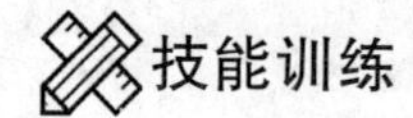

技能训练1 输气站工艺流程图的识读

识读输气站工艺流程图步骤详见项目一“输油站工艺流程图的识读与绘制”。

技能训练2 输气站工艺流程图的绘制

绘制输气站工艺流程图时,可按站平面布置的大体位置将各种工艺设备布置好,然后按正常生产工艺流程、辅助工艺流程的要求用管道、管件和阀件将各种工艺设备连接起来,即为输气站工艺流程图。容器设备的名称,可以直接在设备旁标注,也可以在图的右下角用图例的形式表示。流体在管线内的流向用箭头表示,流体流向根据不同管理方式有不同流向的管线,在管线上或管线旁用不同方向的箭头表示流向。

一、准备工作

工具、用具、材料准备:300mm 三角尺1套,300mm 直尺1把,绘图仪1套,A4 绘图纸1张,600mm × 900mm 绘图板1块,2B 铅笔1支,绘图笔1套,橡皮1块,小刀1把,50mm 毛刷1把。

二、操作步骤

(1)根据输气站工艺流程和绘图比例选择图幅(本操作选择 A4 图纸)。

(2)把切好的图纸固定在绘图板上。

(3)用铅笔画出工艺流程图的边框,以边框到图纸各边留 15mm 为准。

(4)在图纸上边留出 25 ~ 100mm 的流程图名称位置。

(5)在图纸的下边根据需要留出 150mm 左右的工艺流程图的标题栏和管线及管件的标注栏。

(6)绘制输气站工艺流程图草图:

①先用铅笔大致按比例布局清管器、压缩机等各种设备在图中的位置,再按表示图例画出设备图样;

②用实线画出管线走向,并与各设备连接成工艺流程图;

③在管线的适当位置上按图例画出管件图 ,如阀门、计量仪表等;

④检查草图布局是否合理,是否符合工艺实际管线,交叉是否有错。

(7)检查无误后用碳素绘图笔描图。注意选择的绘图线条的粗细要和设备管线的主次相符合。

(8)用细绘图笔在管线上规范画出走向,在设备上填写名称,采用切割法对管线和管件进行排序编号。

(9)依据管线编号在标注栏内填写管线编号、名称及规格、单位数量等，必要时填写出管径和标高。

(10)在标题栏内填写相关内容。

(11)清理图样。用橡皮擦去底图中铅笔部分和图面上不清洁的地方，用毛刷刷净图面上的杂物。

(12)清洁收回工具、用具。

三、技术要求

参照项目一输油站工艺流程图绘制的技术要求。

知识拓展

一、规划设计工艺流程的原则

(1)满足输送工艺及各生产环节(试运投产、正常输油、停输再启动等)的要求。输油的主要操作包括:①来油计量;②正输;③反输;④越站输送,包括全越站、压力越站、热力越站;⑤收发清管器;⑥站内循环或倒罐;⑦停输再启动。

以上操作并不是每条输油管道或每个输油站都需要的,应根据具体情况选择。例如反输是为了投产前预热管道,或者末站储罐已满,首站油源不足,被迫交替正、反输以维持热油管道最低输量。站内循环主要用于投产前输油泵机组试运转及加热炉烘炉,若在泵出厂前已经做好了测试工作,在加热炉采用新型衬里材料的条件下,中间站的站内循环可以取消,以简化流程。若中间站不取出清管器,可不设清管器收发流程,改为清管器通过流程。

(2)中间站的工艺流程要和所采用的输送方式相适应。目前中间输油站采用的流程有"旁接油罐"和"从泵到泵"两种。"从泵到泵"密闭输油方式,由于它本身的特点,可以去掉中间的储油罐,不应规划为站内循环流程。

(3)便于事故处理和维修。长输管线由于其线长、点多、连续性强,因此输油站的突然停电、管道穿孔或破裂、加热炉紧急放空和定期检修、阀门的更换等,在输油生产中并非罕见。流程的安排要方便这类事故的处理。例如,考虑到事故处理时的放空、扫线、凝油顶挤等操作,应设置必要的截断阀、放空阀、扫线阀及顶挤泵等。

(4)采用先进工艺技术及设备,提高输油水平。

在符合以上原则的前提下,流程应尽量简单,尽可能少用阀门、管件、管线尽量短、直、整齐,充分发挥设备性能,节约投资、减少经营费用。

二、输油工艺流程操作原则

(1)长输管道工艺流程的操作与切换,由调度统一指挥。除特殊紧急情况(如已经发生火灾、炸管、凝管等重大事故),未经调度人员同意,不得擅自改变操作。

(2)流程切换前公司(处)输油调度必须通知全线各站调度,各站调度再通知有关岗位,各岗位做好切换流程准备工作并确定无误之后方可进行。

(3)具有高、低压衔接部位的流程,操作时必须先导通低压部位,后导通高压部位。反之,先切断高压、后切断低压。

(4)倒流程操作开关阀门时,必须缓开缓关,以防发生"水击现象"损坏管道或设备。在向无压或从未升过压的管段升压时,更应缓开阀门,至压力平衡后,方可正常开大。对于两端压差较大的闸板阀,可用阀体上的旁通阀调压。风动阀、液压球阀和平板阀操作时,必须全开或全关,手动阀开完后,要将手轮倒回半圈至一圈。

(5)流程切换,不得造成本站或下站加热炉突然停流。如果涉及进炉油量减少或停流时,必须在加热炉压火或停炉后方可切换。具体要求如下:

①正常流程切换时,应考虑到可能发生的流量变化,加热炉需提前压火,正反流程切换时,待炉膛温度降到工艺流程规定参数时,方可进行。

②正常倒全越站流程时,加热炉应提前停炉,待炉膛温度降到100℃后进行。紧急状况下倒全越站流程时,紧急停炉后不准关进、出炉阀门(包括进炉预热的燃料油管线阀门),同时略开进罐阀,导通进罐流程。

③事故停炉,如必须关进、出炉阀门时,应先打开紧急放空阀门,避免炉管内死油受热膨胀引起爆管或结焦。

④在改为站内循环流程前,加热炉应及时压火或停炉,防止油温超过油罐允许温度。

⑤正反输流程交替运行时,加热炉应提前压火或停炉,防止进炉温度高,造成出炉油温超高。

⑥加热炉停运后,在重新点炉时,要确认各个部位炉管的油流畅通后,方可点火。

(6)加热炉在最低通过量状态下运行时,应严格执行下列规定:

①出炉温度不得高于规定值(≤75℃);

②火焰不得舔炉管;

③各站调度向公司(处)输油调度汇报该炉运行情况。

(7)流程操作的切换,应防止管道系统压力突然升高或降低。避免造成管道超压或输油泵过载。如有较大波动时,应事先通知上、下站及本站有关岗位做好泄压准备。具体要求如下:

①密闭输油时,由正输流程切换压力越站或全越站流程前,上一站必须先将出站压力降到允许出站压力值的一半左右,以防出站压力超过管线工作压力。下一站适当根据进站压力相应降低排量,以防进站压力降到最小压力造成甩泵。

②密闭输油时,由压力越站或全越站切换为正输流程前,上一站输油泵的运行电流应控制在最大允许电流值的80%~85%之间。运行拖泵的上一站要降20~25转的转数,下一站应相应降低机泵排量,以防中间站启泵运行前,全线运行参数调整,造成上站电机或拖泵超负荷运转以及下站进站压力降低而甩泵。

③对于并联旁接油罐运行方式,在由压力越站或全越站流程切换为正输流程时,为防止泵出口高压油与上站来油顶撞发生水击现象,在向下一站外输时,应先适当导通进罐流程。

④旁接油罐运行时,应尽可能做到输油泵排量和系统来油相平衡,由正输流程切换为压力越站或全越站流程时,下一站输油泵要及时降量,防止油罐抽空。反之,下站输油泵要及时提量,防止冒罐。

⑤由其他流程倒为站内循环流程时,应先压低输油量,防止输油泵扬程下降而流量猛增,致使造成电机过载。

⑥在发现管道突然超压时,应立即向油罐泄压,同时报告上级调度并及时查找原因。

(8)输油泵机组的启停,将直接影响管道系统压力的变化。切换时应提前向输油调度汇报。待输油调度与上、下站做好联系,并通知后方可进行泵的切换。泵的切换程序,一般是"先启后停"。在管道系统接近最大工作压力或供电系统达到最大极限时,也可"先停后启"。不论采取哪种切换方式,都应做好启运泵和欲停泵之间的排量调节,以保证出站压力不致突增、突降。

(9)由正输流程改反输流程时,反输首站(即正输末站)应储备不少于最小反输总量的原油。反输出站油温应能保证下站进站油温的要求。反输必须在上级调度的统一指挥下进行。在各站加热炉压火降温后,首站开始停泵,各中间泵站应按正输方向自上而下,依次改站内循环流程。末站反输开始后,反输流程导通后,末站开始反输;也可提前停加热炉,然后自首站开始顺序停泵,改反输流程后启运反输。

正输流程倒为全越站流程时,应先停炉再停泵。反之,由全越站流程倒为正输流程时,则应先启泵再点炉。

(10)在倒清管流程时,要认真做好一切准备工作,并严格遵守清管操作规程,防止清管器在管道中受阻(卡球)或丢失。

(11)在倒"泵到泵"流程前,必须确保高低压泄压阀门完好,并且正在投入使用。

(12)对长期或一段时间内(尤其是冬季)不投入运行的管道,为防止管内原油冻凝,应进行扫线或定期活动管线,对不能扫线或定期活动的管线要按时投用电伴热。

(13)凡泵站设有高压泄压阀门的应长期投用。各输油泵入口阀要保持常开。运行泵入口压力,应按 Q/SY 28—2002《原油管道密闭输油工艺操作规程》设定,并保持一定值。

(14)指示仪表必须灵活好用,指示正确,一旦失灵要及时更换,禁止在无保护、无指示的情况下进行操作。

(15)在泵站与输油调度通信中断时,应立即打开电台,同时泵站调度要主动与上下站进行联系,维持生产。此时若上站失去联系,应严密监视罐位,防止冒罐和抽空,根据本站罐位调节输油量,并严密监视进出站压力,以防进站压力过低,造成甩泵或防止下一站发生故障造成本站出站压力升高。若上、下站都失去联系,则要在监视罐位的同时,严格监视本站出站压力,防止下一站发生故障,造成本站出站超压。在通信中断时,不允许启停设备或倒换流程。

(16)在流程切换前,应根据具体情况编写操作方案或进行模拟操作。流程切换前必须填写操作票,在实际操作时应有专人监护。

课后练习

1. 简述油气管道输送的特点。
2. 按输送介质的不同,油气输送管道可分为哪几类?
3. 按经营方式的不同,油气输送管道可分为哪两大类?
4. 长距离输油管道一般由哪几大部分组成?
5. 输油站的主要功能是什么?
6. 输油站根据相对位置不同可分为哪几个站? 其任务分别是什么?
7. 油品通过中间泵站的流程分别哪两种? 特点分别是什么? 画出各自的流程图。
8. 油品通过中间热泵站的流程有哪两种?
9. 输油站一般包括哪两部分? 主要生产区都包括哪些部分?
10. 什么是换热器?
11. 输油站确定工艺流程的原则是什么?
12. 流程切换操作应注意哪些问题?
13. 识读常温输送首站流程图。
14. 绘制输油管道清管流程图。

学习情境二 油品等温管道输送

输送轻质成品油或低黏、低凝原油的长输管道，沿线不需要加热，油品从首站进入管道，输送一定距离后，管道内的油温就会等于管道埋深处的地温。由于在距离不是很长的情况下，某地区的环境温度在同一时间内可以认为是相同的，故称为等温输油管道。

本学习情境主要包括等温输送管道的工艺计算、运行管理以及常见事故分析及处理。

项目一 输油管道泵站的配置

通过等温输油管道的工艺计算，主要解决油品在管道流动过程中能量损耗与供给的平衡问题。工艺计算的主要内容包括管道的压降计算、输油泵机组的选择及沿线布置、工艺参数校核等。

任务1 等温输油管道的基础参数整理

知识目标

熟悉等温输油管道的输量、温度、黏度、埋深等基础参数。

技能目标

(1)会整理等温输油管道的基础资料。

(2)能够根据资料，绘制管道纵断面图。

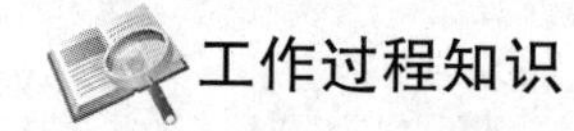

工作过程知识

一般来说，在进行工艺计算时，首先要对计算所需的基础资料进行整理。

一、输量换算

工艺计算时，一般以设计任务书给定的最大输量作为依据。设计任务书中通常给出的是管道全年应完成的质量输送量，首先需将其换算成输送温度下的体积流量，其换算公式如下：

$$Q=\frac{G}{\rho\times 350\times 24\times 3600} \tag{2-1}$$

式中 G——设计任务书中给出的质量输送量，t/a；

Q——体积流量，m^3/s；

ρ——计算温度下的油品密度，t/m^3。

GB 50253—2014《输油管道工程设计规范》中规定，在进行长距离等温输油管道的工艺计算时，考虑到管道维修及事故等因素，年输油天数按350天计算。

二、温度计算

温度是确定油品黏度、密度等参数的依据。等温输油管道的输送温度等于管道敷设处的环境温度。根据 GB 50253—2014《输油管道工程设计规范》中的规定,在进行长距离等温输油管道的工艺计算时,取管道中心处的年最冷月平均环境温度作为计算温度。对于埋地敷设的管道,取管道中心处的年最冷月平均地温作为计算温度;对于架空敷设的管道,取管道中心处的年最冷月平均气温作为计算温度。以上数据通常从当地气象资料中获取。

三、管道埋深的确定

等温输油管道的埋深的确定一般需考虑两个方面的因素:一是管道埋深应尽可能在冻土层以下,地下水位以上;二是管道埋设的覆土厚度应能保护管道不受上方机械载荷的破坏。按此原则,高寒地区的管道通常主要以冻土层的厚度确定埋深;高地下水位地区的管道通常主要以地下水位的深度确定埋深;一般地区的管道通常要考虑机械保护作用来确定埋深。管道埋深一般为 1.0 ~ 1.5m,最小不低于 0.8m。

四、油品密度

密度是指单位容积内所含物质的量,其常用单位为 kg/m^3。原油的密度随温度的变化而变化。我国将 20℃时的密度称为标准密度。原油的标准密度大多为 700 ~ 1000kg/m^3。GB 50350—2015《油田油气集输设计规范》中规定,标准密度小于 865kg/m^3 的原油称为轻质原油;标准密度为 865 ~ 916 kg/m^3 的原油称为中质原油;标准密度大于 916 kg/m^3 的原油称为重质原油。

在进行工艺计算时,需要将油品的标准密度利用式(2-2)换算为计算温度下的密度:

$$\rho_t = \rho_{20} - \xi(t - 20) \tag{2-2}$$

式中 t——计算温度,℃;

ρ_t——计算温度下的油品密度,kg/m^3;

ρ_{20}——油品在标准大气压下,20℃时的密度,kg/m^3;

ξ——油品的温度系数,$kg/(m^3 \cdot ℃)$。

ξ 可以从相关手册中查得,也可以按下式计算:

$$\xi = 1.825 - 0.001315\rho_{20} \tag{2-3}$$

五、油品黏度

黏度是表征流体相对运动时,流动难易程度的参数。黏度越大,流体的流动阻力越大,流动时的能量损耗越大。以动力学量纲表示的黏度为动力黏度,其物理单位为泊(P),国际单位为 Pa·s,1Pa·s = 10P。为了应用方便,在进行工艺计算时,经常采用运动黏度 ν,它是流体动力黏度 μ 与其密度 ρ 的比值,其国际单位是 m^2/s,物理单位是斯(沱,S),$1m^2/s = 10^4S$。

不同原油的黏度差别很大,如青海冷湖原油常温下的黏度只有 1.7mm^2/s,大庆原油 50℃时的黏度在 20mm^2/s 左右,胜利孤岛原油 50℃时的黏度在 300mm^2/s 左右;稠油的黏度可达到 10000mm^2/s,特稠油的黏度可达到 50000mm^2/s。

油品的黏度随温度的变化而变化,不同温度下的油品黏度可由实验测得,也可应用公式法和黏温曲线法得到。

1. 公式法

（1）双对数形式的黏温关系式：

$$\lg\lg(\nu+0.8)=a+b\lg(t+273) \tag{2-4}$$

式中 t——油品的温度，℃；

ν——油品在温度 t℃时的运动黏度，mm^2/s；

a,b——待定常数（可以将两个已知温度下的油品黏度代入上式，联立方程组求得）。

（2）指数形式的黏温关系式：

$$\nu_t=\nu_0 e^{-u(t-t_0)} \tag{2-5}$$

式中 t_0——已知黏度的油品温度，℃；

t——未知黏度的油品温度，℃；

ν_t,ν_0——油品分别在温度 t 和 t_0 时的运动黏度，mm^2/s；

u——黏温指数（可将两个已知温度下的油品黏度代入上式求得），$℃^{-1}$。

2. 黏温曲线法

可以通过实验测得某种油品在不同温度下的黏度值。在直角坐标系中，以横坐标表示油品温度，纵坐标表示油品黏度，绘制出黏温曲线。工艺计算时，可在曲线上直接查得任意温度下的油品黏度。

【例 2-1】 某油品的黏温关系实验数据见表 2-1，分别利用公式法和黏温曲线法确定该油品在 45℃和 65℃时的运动黏度。

表 2-1　某油品黏温关系实验数据

温度，℃	40	50	60	70	80
黏度，mm^2/s	375	225	150	125	100

解法 1　用双对数形式的黏温关系式求解。

将 40℃和 50℃下对应的油品黏度代入双对数形式的黏温关系式，得

$$\begin{cases}\lg\lg(375+0.8)=a+b\lg(40+273)\\ \lg\lg(225+0.8)=a+b\lg(50+273)\end{cases}$$

整理，得

$$\begin{cases}a+2.496b=0.411\\ a+2.509b=0.372\end{cases}$$

联立解得：$a=7.899$，$b=-3$，将 a，b 的值代入双对数形式的黏温关系式，得

$$\lg\lg(\nu+0.8)=7.899-3\lg(t+273)$$

利用上式，计算 45℃和 65℃时油品的运动黏度。

由 $\lg\lg(\nu_{45}+0.8)=7.899-3\lg(45+273)$ 解得：$\nu_{45}=292mm^2/s$；

由 $\lg\lg(\nu_{65}+0.8)=7.899-3\lg(65+273)$ 解得：$\nu_{65}=112mm^2/s$。

解法 2　用指数形式的黏温关系式求解。

将 40℃和 50℃对应的油品黏度代入指数形式的黏温关系式，得

$$375=225e^{-u(40-50)}$$

整理得：$e^{10u}=1.667$

解得：$u=0.0511$。

将 u 和40℃下油品的黏度值代入指数形式的黏温关系式，得 $\nu_t=375e^{-0.0511(t-40)}$，计算45℃和65℃时油品的运动黏度，有

$$\begin{cases}\nu_{45}=375e^{-0.0511(45-40)}=290(mm^2/s)\\ \nu_{65}=375e^{-0.0511(65-40)}=105(mm^2/s)\end{cases}$$

解法3 用黏温曲线法求解。

根据已知的油品实验的黏度数据（表2－1），做出黏温曲线，如图2－1所示。由图2－1可查得 $\nu_{45}=295mm^2/s$，$\nu_{65}=130mm^2/s$。

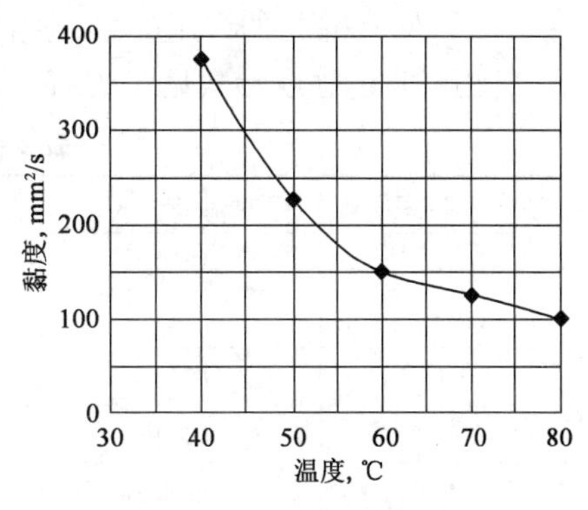

图2－1　某油品的黏温曲线

六、管道设计

1. 管材选取

在选用油气输送管道的管材时，一要注意管材的标准，二要注意管材的承压和管壁粗糙度。

1）钢管的常用标准

钢管标准规定了钢管用钢、屈服强度、伸长率、公差等一系列技术条件，它是工程选管的依据。油气输送管道常用管材标准见表2－2。

表2－2　油气输送管道常用管材标准

	无缝钢管	直缝钢管	螺旋缝钢管
中国	GB/T 8163	GB/T 9711	
美国	API SPEC 5L		
日本	JIS G3454		
德国	DIN629	DIN17172	
俄罗斯	rOCT8731－8734	rOCT20295	
国际	ISO 3183		

2）管材承压

在相同的管径和壁厚情况下，不同管材的承压能力不同。管道的承压能力决定了泵站的最高出站压力。管道的管材、管径、壁厚、承压等参数之间的关系如下：

$$\delta \frac{pD}{2[\sigma]\eta} \tag{2-6}$$

式中　δ——钢管壁厚，mm；

p——管道承压，MPa；

D——钢管外径，mm；

η——焊缝系数（直缝焊取 $\eta=0.8$；螺旋双面焊取 $\eta=0.9$；螺旋单面焊取 $\eta=0.7$）。

$[\sigma]$——管材的许用应力(通常取材料屈服应力的 0.6～0.72 倍),MPa。

常用管材的强度参数见表 2－3。

表 2－3　常用管材的强度参数

国家标准(GB)	国际标准(ISO)	美国标准(API)	屈服强度,kpsi/MPa	应用举例
Q210	L210	A	30/207	矿区低压集油气管线
Q245	L245	B	35/241	矿区低压集油气管线,4MPa
Q290	L290	X42	42/290	输油气管道,5MPa
Q320	L320	X46	46/317	输油管道,6.3MPa
Q360	L360	X52	52/359	输气管道支线,6.3MPa
Q390	L390	X56	56/386	输油管道,7MPa
Q415	L415	X60	60/414	输油气管道,7MPa
Q450	L450	X65	65/448	成品油输送管道,8MPa
Q485	L485	X70	70/483	西气东输一线,10MPa
—	L415	X80	80/552	西气东输二线,12MPa

3)管壁粗糙度

不同管材内壁的粗糙程度不同,摩阻也不同。管道的粗糙程度一般用绝对粗糙度的当量平均值表示,称为绝对当量粗糙度,通常用字母 e 表示,其数值与管材、管径、制管方法、腐蚀程度等因素有关。国内在进行管道设计时,一般无缝钢管取 $e=0.06$mm;对于螺旋缝焊接钢管,当公称直径为 250～350mm 时,$e=0.125$mm;当公称直径大于 400mm 时,$e=0.10$mm。其他类型管道绝对当量粗糙度的取值可参考表 2－4。

表 2－4　不同管道的绝对当量粗糙度

管道种类	绝对当量粗糙度 e,mm	管道种类	绝对当量粗糙度 e,mm
使用几年后的无缝钢管	0.2	镀锌钢管	0.15
轻度腐蚀的焊接钢管	0.15	铸铁管	0.26
中度腐蚀的焊接钢管	0.5	熟铁管	0.0457
腐蚀较重的焊接钢管	1.0	水泥管	3.0
严重腐蚀的焊接钢管	3.0	玻璃管	0.0015

管道内壁的粗糙度对流体流动的影响不仅与其绝对当量粗糙度有关,还和管径的大小有关。因此,在工程应用中,还常用到相对当量粗糙度的概念,其表达式如下:

$$\varepsilon=\frac{2e}{d} \tag{2-7}$$

式中　ε——管道内壁相对当量粗糙度,无量纲;

e——管道内壁绝对当量粗糙度,mm;

d——管道内径,mm。

2. 管径确定

在进行输油管道的工艺计算时,管径一般根据任务输量和经济流速确定,其计算公式如下:

$$d=\sqrt{\frac{4Q}{\pi v}} \tag{2-8}$$

式中 d——管道内径,m;

Q——管道的任务输量,m^3/s;

v——管道的经济流速,m/s。

在相同的任务输量下,选用的管径越大,建设投资越大,但流速小,流动阻力小,运行的动力费用低;反之,选用的管径越小,建设投资越小,但流速大,流动阻力大,运行的动力费用高。另外,管道的流速大,对静电保护、调节控制、安全措施等技术都相应有较高的要求。

经济流速是综合考虑管道的建设投资、运行费用、技术水平等多方面的因素而选择的最经济的油品流动速度。一般来说,管径越大,经济流速取值越大;输送介质的黏度越大,经济流速取值越小。经济流速是输油管道工艺计算的重要参数。国内含蜡原油的输送管道,管径为300~700mm时,一般经济流速取1.5~2.5m/s,成品油输送管道的经济流速一般取2.0m/s。国内长距离输油管道经济流速参考值见表2-5。

表2-5 国内长距离输油管道经济流速参考值

管径,mm	219	273	325	377
经济流速,m/s	1.0	1.0	1.1	1.1
管径,mm	426	530	630	720
经济流速,m/s	1.2	1.3	1.4	1.6
管径,mm	820	920	1020	1220
经济流速,m/s	1.9	2.1	2.3	2.7

3. 管道纵断面图的绘制

管道纵断面图是在直角坐标系下,绘制的表示管道长度与沿线高程变化的图形,如图2-2所示。其相应的测量数据见表2-6和表2-7,它是管道工艺计算与管道施工的重要依据。

表2-6 管道1沿线地形的测量数据

测量点的横坐标, km	0	9.9	19.8	29.7	39.6	49.5	59.4	69.3
绘制纵断面图时的横坐标, km	0	10	20	30	40	50	60	70
对应点的海拔高度,m	75	100	125	150	175	150	125	100

表2-7 管道2沿线地形的测量数据

测量点的横坐标,m	0	917	1912	2866	3861	4850	5830	6798
绘制纵断面图时的横坐标,km	0	1	2	3	4	5	6	7
对应点的海拔高度,m	75	400	500	200	300	150	350	200

管道纵断面图中的横坐标表示管道离开起点的长度,常用的比例为1∶10000到1∶100000;纵坐标表示管道对应里程处的海拔高度,常用的比例为1∶500到1∶1000。

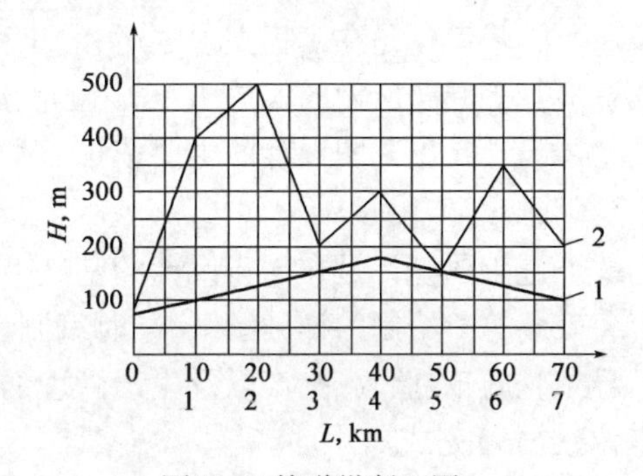

图2-2 管道纵断面图
1—管道1纵断面线(地形平坦);
2—管道2纵断面线(地形起伏)

在理解管道纵断面图时需要注意的是:纵断面图上的起伏情况与管路的实际地形并不相同;纵断面图上折线的长度并不等于管道的实际长度,横坐标数值才是管道的实际长度。根据管道沿线地形的起伏程度不同,绘制管道纵断面图的方法有两种:一是在地形比较平坦的地段,横坐标值(管道实长)取各测量点横坐标值的1.01 ~ 1.03倍,纵坐标值取测量点对应的海拔高度值;二是在地形起伏比较大的地段,分别以测量点的横坐标值和测量点对应的海拔高度值为直角三角形的两条直角边做出直角三角形,取直角三角形的斜边长为绘制纵断面图时的横坐标值(管道实长),纵坐标值取测量点对应的海拔高度值。

技能训练2-1

已知某输油管道,任务年输量500×10^4t;输送油品的密度$\rho_{20}=850\text{kg/m}^3$;输送油品的黏度$\nu_{20}=10\text{mm}^2/\text{s}$, $\nu_{10}=15\text{mm}^2/\text{s}$;管道敷设地区的年最低月平均地温为1℃;管道最高输送压力为8MPa;管道沿线地形测量数据见表2-8。

表2-8 某输油管道的沿线地形

距离,km	0	50	100	200	300	350
标高,m	50	100	300	200	400	150

(1)确定以下参数:①流量;②温度;③密度;④黏度;⑤经济流速;⑥管径;⑦管材;⑧壁厚。

(2)绘制管道纵断面图。

知识拓展

工程设计任务书

一、设计阶段的划分

输油管道的工艺计算属于工程设计的内容。一项工程设计一般应包括可行性研究、初步设计和施工图设计三个阶段,在相关的图纸、资料中分别用01、02、03表示。

1. 可行性研究

可行性研究也称方案设计,通常是由建设单位(甲方)委托有相应资质的设计单位(公司)或咨询公司(乙方)完成。乙方接受任务后,要根据甲方的要求,对欲建设工程资源条件、市场需求、建设规模、技术条件、能源供应、投资估算、经济效益等问题进行调查研究,分析比较与预测,并写出详细的工程可行性研究报告提供给甲方。工程可行性研究报告是甲方工程立项决策的重要依据。

2. 初步设计

初步设计是在工程立项之后,对工程的工艺参数确定、设备选型、站场布置、配套工程、投资概算等问题所做的实施方案。通常由建设单位委托有相应资质的设计单位(公司)完成。初步设计是施工图设计的主要依据。

3. 施工图设计

施工图设计是在初步设计的基础上,针对工程的总平面布置、工艺流程设计、站场建设、设备安装等所绘制的详细图纸,同时编制设备、材料的详细清单以及工程施工预算。施工图是指导工程施工、验收、投产以及生产管理的重要文件,通常由建设单位委托有相应资质的设计单位(公司)完成。

二、设计任务书

设计任务书由甲方下达给乙方。设计阶段不同,设计任务书的内容也不同。可行性研究的任务书通常对管道的输送能力、起止点、输送压力等内容提出要求。初步设计任务书通常根据可行性研究阶段确定的内容提出要求。施工图设计任务书通常根据初步设计阶段确定的内容提出要求。

任务 2　等温输油管道的压降计算

知识目标

掌握等温输油管道的沿程压降、局部压降、位差压降的计算。

技能目标

(1)能够确定输油管道沿线的翻越点。
(2)能够计算输油管道的压降。

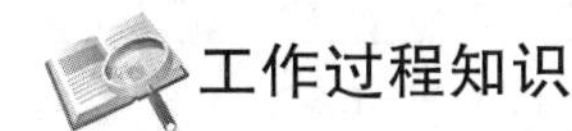

工作过程知识

油品在管道流动过程中形成的压降,包括三部分:一是油品沿管道流动的过程中,由于油品与管壁,以及油品不同流层之间的内摩擦引起的压降,称为沿程压降;二是油品流过设备、管阀件等引起的压降,称为局部压降;三是管道敷设高度增加引起的压降,称为位差压降。油品在管道中的压降习惯上称为管道摩阻。

一、沿程压降的计算

1. 达西公式

按 GB 50253—2014《输油管道工程设计规范》规定,输油管道的沿程压降用达西公式计算,其公式如下:

$$h_L = \lambda \frac{L}{d} \frac{v^2}{2g} \tag{2-9}$$

式中　h_L——输油管道的沿程压降,m;
λ——输油管道沿程摩阻系数,无量纲;
L——输油管道长度,m;
d——输油管道内径,mm;
v——油品在管道中的流动速度,m/s;
g——重力加速度,m/s^2。

利用达西公式计算输油管道沿程压降的关键是确定沿程摩阻系数。实验证明,输油管道的沿程摩阻系数主要受流动状态和管内壁粗糙度的影响。

2. 流态划分

油品在管道中的流动状态简称流态。通常将流态划分为层流和紊流两大类型。根据紊流程度的不同,紊流又划分为水力光滑区、混合摩擦区、完全粗糙区等。流态划分的依据是雷诺数(Re),雷诺数是油品流动的惯性力与黏滞力的比值。惯性力大时,雷诺数大,流动状态趋于紊流;黏滞力大时,雷诺数小,流动状态趋于层流。输油管道雷诺数的计算公式如下:

$$Re = \frac{vd}{\nu} \tag{2-10}$$

式中 Re——输油管道的雷诺数,无量纲;

d——输油管道内径,m;

v——油品在管道中的流动速度,m/s;

ν——油品的运动黏度,m^2/s。

雷诺数的不同取值范围内所对应的沿程摩阻系数的计算公式见表2-9。这部分内容的详细阐述可查阅《工程流体力学(第二版)》(孟士杰等,石油工业出版社)。

表2-9 输油管道流态划分及其沿程摩阻系数

流态		雷诺数的取值范围	沿程摩阻系数
层流		$Re < 2000$	$\lambda = \frac{64}{Re}$
紊流	水力光滑区Ⅰ	$3000 < Re < \frac{59.5}{\varepsilon^{7/8}}$	$\lambda = \frac{0.3164}{Re^{0.25}}$
	水力光滑区Ⅱ	$10^5 \leqslant Re \leqslant \frac{59.5}{\varepsilon^{7/8}}$	$\frac{1}{\sqrt{\lambda}} = 1.8Re - 1.53$
	混合摩擦区	$\frac{59.5}{\varepsilon^{7/8}} < Re < \frac{665 - 765\lg\varepsilon}{\varepsilon}$	$\frac{1}{\sqrt{\lambda}} = -1.8\lg\left[\frac{6.8}{Re} + \left(\frac{\varepsilon}{7.4}\right)^{1.11}\right]$
	完全粗糙区	$Re \geqslant \frac{665 - 765\lg\varepsilon}{\varepsilon}$	$\lambda = \frac{1}{(1.74 - 2\lg\varepsilon)^2}$

3. 列宾宗公式

在应用达西公式计算输油管道沿程压降时,必须首先计算出沿程阻力系数。显然,沿程阻力系数的确定是比较麻烦的。为了计算方便,将对应流态的沿程摩阻系数计算公式,见表2-9,并将流速与流量的关系式代入式(2-9),整理后即可得到计算输油管道沿程压降的列宾宗公式:

$$h_L = \beta \frac{Q^{2-m} \nu^m L}{d^{5-m}} \tag{2-11}$$

式中 h_L——输油管道的沿程压降,m;

β——与输油管道流动状态有关的系数;

m——与输油管道流动状态有关的常数,无量纲;

Q——管道输送量,m^3/s;

L——计算段输油管道的长度,m;

d——计算段输油管道的内径,m;

ν——油品的运动黏度,m^2/s。

β 和 m 在不同流态时的取值见表2-10。

表2-10 在不同流态时的 β,m 值

流态		β	m
层流		4.15	1
紊流	水力光滑区	0.0246	0.25
	混合摩擦区	$0.0802 \times 10^{0.127\lg(\varepsilon/2) - 0.627}$	0.123
	完全粗糙区	0.0826	0

从表 2 - 10 中可以看出，当流态为层流、水力光滑区、混合摩擦区以及完全粗糙区时，m 的取值从 1、0.25、0.123，直至 0；输量、管径对沿程压降的影响越来越大；黏度对沿程压降的影响则越来越小。

4. 水力坡降与水力坡降线

单位管道长度上的沿程压降称为水力坡降，其计算公式如下：

$$i=\frac{h_L}{L}=\lambda\frac{1}{d}\frac{v^2}{2g}\text{或}\ i=\frac{h_L}{L}=\beta\frac{Q^{2-m}\nu^m}{d^{5-m}} \tag{2-12}$$

式中　i——水力坡降，m/m。

以水力坡降的负值为斜率的直线称为水力坡降线，如图 2 - 3 中的直线 2。水力坡降线的绘制方法为：先按照管道纵断面图纵、横坐标的比例，平行于横坐标画出线段 ab（一般取 ab 的长度为 10 的整数倍）。再由 a 点向上平行于纵坐标做线段 ac，使线段 ac 的长度等于 ab 管段上的沿程压降。最后连接 cb，得到水力坡降直角三角形，其斜边 cb 即为管段的水力坡降线。

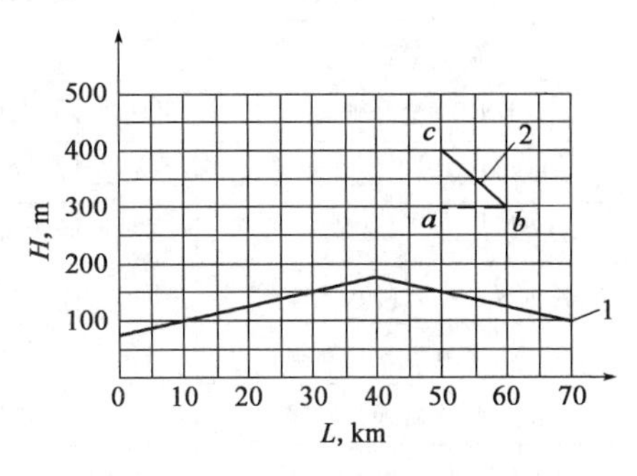

图 2 - 3　输油管道的水力坡降线

1—管道纵断面线；2—水力坡降线

二、局部压降的计算

在进行长距离输油管道的工艺计算时，通常将局部压降分为干线管道的局部压降和站内局部压降两种情况进行计算。

1. 干线管道局部压降的计算

在长距离输油管道中，干线管道的局部压降主要发生在线路截断阀、管道转弯处等，其值通常都较小，一般不单独计算，而是根据管道沿线地形起伏情况，取管道干线长度 1% ~2% 作为沿线局部压降的附加长度，加在管道沿程压降的计算长度上一并计算。通常在地形比较平坦的地段取局部压降的附加长度为沿程压降计算长度的 1%，在地形起伏比较大的地段取 2%，其他地段可在 1% ~ 2% 之间取值。

2. 站内局部压降的计算

站内的设备、管阀件较多，其局部压降通常是根据局部压降件的实际情况计算。液体流过局部压降件时的流动状态十分复杂，理论计算一个局部管件的压降是相当困难的。在实际应用中，通常是先通过实验，测得某个局部管件通过一定流量时的压降，再根据选用的计算公式，反算该局部管件的局部摩阻系数或当量长度，计算公式如下：

$$\xi=\frac{2gh_j}{v^2} \tag{2-13}$$

或

$$L_d=\frac{2gdh_j}{\lambda v^2} \tag{2-14}$$

式中　ξ——局部压降件的摩阻系数，无量纲；

h_j——实验条件下流体通过局部管件的压降，m；

L_d——局部管件的当量长度，m；

v——实验介质在管道中的流速，m/s；

d——管道的内径,m;

λ——沿程摩阻系数,m。

输油管道常见局部压降件的当量长度和摩阻系数见表2-11。

表2-11 输油管道常见局部压降件的当量长度 $2L_d/d$ 和摩阻系数 ξ

局部压降件	$2L_d/d$	ξ	局部压降件	$2L_d/d$	ξ
无保险活门的储油罐出口	23	0.50	各种尺寸的高黏度油品过滤器	100	2.20
有保险活门的储油罐出口	40	0.90	Π型补偿器	110	2.40
起落管式储油罐出口	100	2.20	Ω型补偿器	97	2.10
输油泵入口	45	1.00	波纹补偿器	74	1.60
DN100 全开闸阀	9	0.19	45°冲制弯头,$R=1.5D$	19	0.42
DN200 及以上全开闸阀	4	0.08	90°冲制弯头,$R=1.5D$	28	0.60
DN50 及以上全开截止阀	320	7.00	90°弯头,$R=2D$	22	0.48
各种尺寸的升降式止回阀	340	7.50	90°弯头,$R=3D$	16.5	0.36
DN100 旋启式止回阀	70	1.50	90°弯头,$R=4D$	14	0.30
DN200 旋启式止回阀	87	1.90	各种尺寸大小头	9	0.19
DN300 及以上旋启式止回阀	97	2.10	通过三通	18	0.40
各种尺寸的低黏度油品过滤器	77	1.70	转弯三通	136	3.00

注:R 为弯头的曲率半径,D 为弯头的公称直径,单位均为 mm。

工艺计算时,先根据局部压降件的类型,查得其局部摩阻系数或当量长度,再按下式计算局部压降:

$$h_j=\xi\frac{v^2}{2g}\text{或 }h_j=\frac{\lambda v^2L_d}{2gd} \tag{2-15}$$

需要注意的是,表2-11中给出的数据是在紊流状态下,管道沿程摩阻系数 $\lambda=0.022$ 的条件下实验测得的。其他流动状态下,还应按下式进行换算:

$$\xi_w=\frac{\lambda}{0.022}\xi\text{ 或 }\xi_c=\varphi\xi \tag{2-16}$$

式中 ξ——实验条件下,局部压降件的摩阻系数,无量纲;

ξ_w——实际紊流状态下,局部压降件的摩阻系数,无量纲;

ξ_c——实际层流状态下,局部压降件的摩阻系数,无量纲;

λ——实际紊流状态下,管流的沿程摩阻系数,无量纲;

φ——实际层流状态下的修正系数,无量纲,其值见表2-12。

表2-12 局部摩阻系数的层流修正系数

Re	2800	2600	2400	2200	2000	1800	1600	1400	1200	1000	800	600	400
φ	1.90	2.12	2.26	2.48	2.90	2.95	3.04	3.12	3.22	3.31	3.37	3.53	3.81

三、位差压降的计算

位差压降是指由于管道沿线地形变化所引起的被输送油品在管道中动水压力的升高值或降低值。管道上坡时,动水压力降低,压能转化为位能;管道下坡时,动水压力增加,位能转化为压能。通常情况下,输油管道中被输送油品的密度随输送压力的变化很小,可近似看成不可压缩流体。由于管道上坡段减少的压能,可以在相同的下坡段完全弥补回来,管段内的位差压降只与该管段的终点与起点的海拔高度有关。与管段的中间地形变化无关。因此,计算管段的位差压降,即计算管段终点与起点的海拔高度之差。

1. 输油管道沿线翻越点的概念

输油管道的理论分析和实践证明,在某些地形起伏较大的输油管道终端附近,可能会出现具有这样特征的点:该点与终点间的位差压降大于被输送介质从该点到终点的沿程压降。在输油管道的工艺计算时,若以该点与起点的海拔高度之差计算位差压降,并且以其计算的总压降作为能量供应的依据配置输油泵时,任务输量下的介质通过该点后,管道将会出现不满流现象(易出现水击事故,造成运行控制困难);若以管道终点与起点的海拔高度之差为位差压降计算的总压降作为能量供应的依据配置输油泵时,任务输量下的介质将不能越过该点。若在计算管段内有多个具有这样特征的点,可以取这种特征最显著的一个点作为输油管道沿线的翻越点,如图 2-4 中的 F 点。

2. 输油管道沿线翻越点的确定

在进行输油管道的工艺计算时,可以用作图法或计算法确定沿线翻越点。

1)作图法确定沿线翻越点

作图法确定输油管道沿线翻越点的步骤如下:首先,在接近管道终点附近的纵断面线上方作管道的水力坡降线,再将水力坡降线向下平移,若水力坡降线(或其延长线)与管道终点相交之前,先与纵断面图上的某个点相切,那么最先相切的点即为管道沿线的翻越点,如图 2-5 中,水力坡降线 2 向下平移的过程中最先与 F 点相切,即 F 为管道沿线的翻越点;若水力坡降线的向下平移的过程中,与管道终点相交之前,未与纵断面线上的任何点相切,则管道沿线无翻越点。如图 2-5 中,水力坡降线 1 向下平移的过程中未与除终点外的其他点相切(图中虚线所示),说明管道沿线无翻越点。

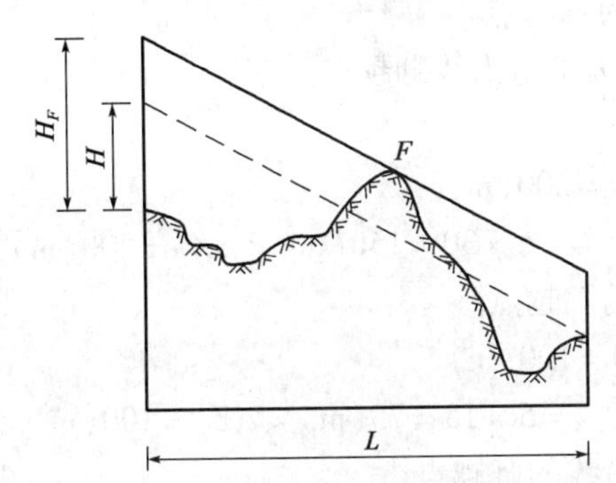

图 2-4　输油管道沿线的翻越点

H_F—起点与翻越点的高差;H—起点与终点的高差;F—翻越点

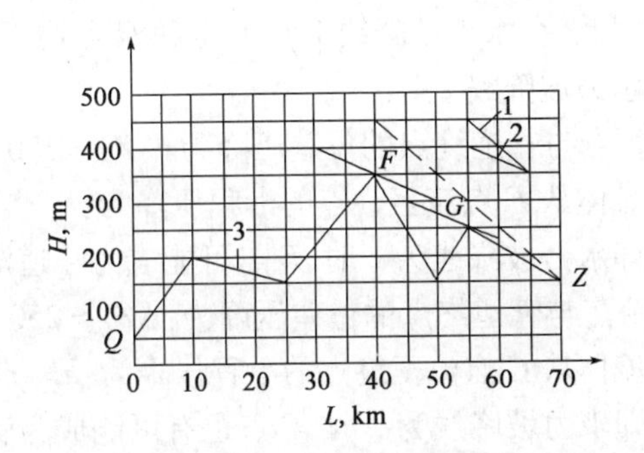

图 2-5　作图法确定输油管道沿线的翻越点

1,2—水力坡降线;3—管道纵断面线;Q—管道起点;Z—管道终点;F,G—沿线翻越点

由图 2-5 可知:水力坡降线不一定先与管路的最高点相切,所以翻越点不一定是管路的最高点,而是靠近管路终点的某个高点。

2)计算法确定沿线翻越点

计算确定输油管道沿线翻越点的方法是:在管道终点附近选取几个海拔较高的点,计算该点与终点间的位差压降，以及被输送介质从该点到终点的沿程压降，若位差压降小于沿程压降，则该点不会成为管道沿线的翻越点；若位差压降大于沿程压降，则该点可能成为管道沿线的翻越点；若有多个点可能成为管道沿线的翻越点，则相差最大的点即为管道沿线的翻越点。

在理解输油管道沿线翻越点的概念时，应注意如下几点：

(1)输油管道沿线翻越点不一定是管道沿线上的最高点，而是管道终点附近的某个高点；

(2)输油管道沿线有无翻越点与地形的起伏有关，地形的起伏程度越大，越容易出现翻越点；

(3)输油管道沿线有无翻越点与管道的水力坡降的大小有关，水力坡降越小，管道沿线越容易出现翻越点。

3. 输油管道位差压降的计算

计算输油管道位差压降时，需要先确定管道沿线有无翻越点以及翻越点的位置。管道沿线无翻越点时，按管道终点与起点的标高差计算位差压降；管道沿线有翻越点时，按翻越点与起点的标高计算位差压降。

【例 2-2】 通过计算，确定输油管道沿线的翻越点，如图 2-5 所示。

解：取管道终点附近的 F 和 G 两点作计算比较。从图 2-5 可知：管道终点的标高为 150m，F 点的标高为 350m，G 点的标高为 250m，F 点与管道终点间的距离为 30km，G 点与管道终点间的距离为 15km，水力坡降线 1 的斜率为 10m/km，水力坡降线 2 的斜率为 5m/km。

水力坡降线 1：

F 点与管道终点的位差压降为：$\Delta Z_F = 350 - 150 = 200(\mathrm{m})$

流体从 F 点流至终点的沿程压降为：$h_{F-Z} = i_1 L_{F-Z} = 10 \times 30 = 300(\mathrm{m}) > \Delta Z_F = 200(\mathrm{m})$

即水力坡降线为 1 时，F 点不会成为管道沿线的翻越点。

G 点与管道终点的位差压降为：$\Delta Z_F = 250 - 150 = 100(\mathrm{m})$

流体从 G 点流至终点的沿程压降为：$h_{G-Z} = i_1 L_{G-Z} = 10 \times 15 = 150(\mathrm{m}) > \Delta Z_F = 100(\mathrm{m})$

即水力坡降线为 1 时，G 点不会成为管道沿线的翻越点。

因此，在水力坡降线 1 时 F 点和 G 点均不会成为管道沿线翻越点。

水力坡降线 2：

F 点与管道终点的位差压降为：$\Delta Z_F = 350 - 150 = 200(\mathrm{m})$

流体从 F 点流至终点的沿程压降为：$h_{F-Z} = i_2 L_{F-Z} = 5 \times 30 = 150(\mathrm{m}) < \Delta Z_F = 200(\mathrm{m})$

即水力坡降线为 2 时，F 点可能成为管道沿线的翻越点。

G 点与管道终点的位差压降为：$\Delta Z_F = 250 - 150 = 100(\mathrm{m})$

流体从 G 点流至终点的沿程压降为：$h_{G-Z} = i_2 L_{G-Z} = 5 \times 15 = 75(\mathrm{m}) < \Delta Z_F = 100(\mathrm{m})$

即水力坡降线为 2 时，G 点也有可能成为管道沿线的翻越点。

F 点位差压降与沿程压降的差为：$\Delta H_F = 200 - 150 = 50(\mathrm{m})$

G 点位差压降与沿程压降的差为：$\Delta H_G = 100 - 75 = 25(\mathrm{m})$

因为 $\Delta H_F > \Delta H_G$，所以水力坡降线为 2 时，F 点为管道沿线的翻越点。

四、输油管道总压降的计算

1. 管道沿线无翻越点

管道沿线不存在翻越点时，管道的总压降按管道起点和终点的参数计算。管道沿程压降的计算长度取管道起点到终点长度的 1.01 ~1.02 倍，位差压降为管道终点与起点的标高差。(若此时还未确定管道沿线需要的输油泵站数，也可将泵站的局部压降留在布置泵站时考虑。)这时输油管道总压降的计算公式为

$$H_J = (1.01 \sim 1.02)iL_{(Q-Z)} + (Z_Z - Z_Q) \tag{2-17}$$

式中 H_J——输油管道的总压降，m；

i——输油管道的水力坡降，m/km；

$L_{(Q-Z)}$——输油管道起点至终点的距离，km；

Z_Z——输油管道终点的标高，m；

Z_Q——输油管道起点的标高，m。

2. 管道沿线有翻越点

管道沿线存在翻越点时，管道的总压降按管道的起点和翻越点的参数计算。管道沿程压降的计算长度取管道起点到翻越点长度的 1.01 ~1.02 倍，位差压降为管道沿线翻越点与起点的标高差。这时输油管道总压降的计算公式为

$$H_J = (1.01 \sim 1.02)iL_{(Q-F)} + (Z_F - Z_Q) \tag{2-18}$$

式中 $L_{(Q-F)}$——输油管道起点至翻越点的距离，km；

Z_F——输油管道沿线翻越点的标高，m。

其他符号的意义同式(2-17)。

技能训练 2-2

续技能训练 2-1(P28)，计算管道总压降。

分别用达西公式和列宾宗公式计算管道的水力坡降；分别用作图法和解析法判断管道沿线的翻越点；已知输油站内有带保险活门的储油罐出口 1 个，输油泵入口 1 个，闸阀 6 个，升降式止回阀 1 个，低黏度的油品过滤器 1 个，波纹补偿器 1 个，90°冲制弯头 10 个($R=1.5D$)，大小头 4 个，转弯三通 3 个，计算输油站局部压降及管道总压降。

任务 3 输油管道沿线泵站数的确定

知识目标

(1)掌握沿线泵站数的确定方法。

(2)掌握输油泵机组数的确定方法。

技能目标

能够确定输油管道沿线泵站数及输油泵机组数。

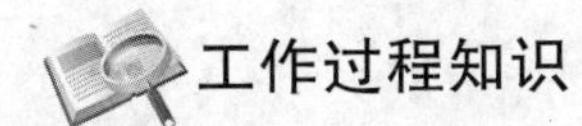

工作过程知识

输油管道中油流从起点至终点的总压降需要由输油泵提供。为此，沿线需要设置一定数量的输油泵站，每座输油泵站内应配置一定的输油泵机组。

一、输油管道沿线泵站数量的确定

已知输油管道任务输量和总压降的条件下，在确定输油管道沿线泵站的数量时，还需要知道每座泵站在任务输量下的供压能力。为了充分利用管道的输送能力，通常取管道的允许工作压力为每座泵站在任务输量下的出站压力。在全线各泵站特性相同的情况下，全线所需的泵站为

$$n_0 = \frac{\rho g H_J}{p_y} \tag{2-19}$$

式中 n_0——输油管道全线所需的输油泵站数，座；

p_y——输油管道的允许工作压力，MPa；

ρ——输送油品的密度，kg/m^3；

H_J——输油管道的总压降，m。

式(2-19)计算的结果通常不是整数，需要对 n_0 进行化整处理：

(1)将 n_0 化为较大的整数时，输油管道的能量供应大于任务输量下的能量消耗，管道的输送能力大于任务输量，管道建设投资增加，投产后输油泵的工作点偏离额定工作点。通常情况下，在 n_0 接近于较大整数，或希望输油管道具有一定的输送能力裕量时，采取这种化整方法。

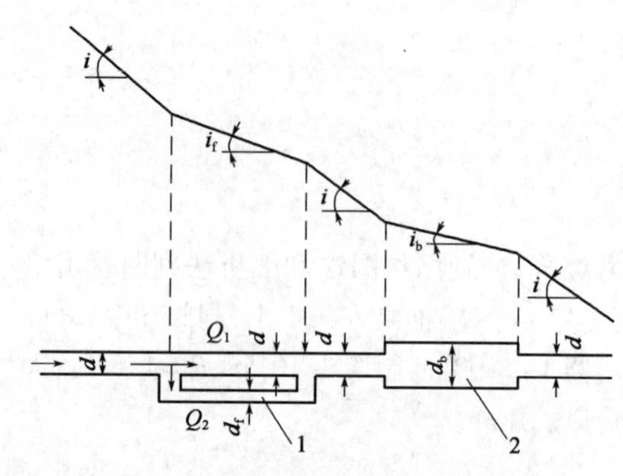

图2-6 输油管道沿线敷设副管或变径管
1—副管；2—变径管；d—主管内径；d_f—副管内径；d_b—变径管内径；Q_1—主管流量；Q_2—副管流量；i—主管水力坡降；i_f—副管水力坡降；i_b—变径管水力坡降

(2)将 n_0 化为较小的整数时，输油管道的能量供应小于任务输量下的能量消耗，管道的输送能力小于任务输量。通常情况下，在 n_0 接近于较小整数，输送能力降低不大，且对管道任务输量的要求不是很严格时，可考虑化为较小整数而不采取其他措施。

若泵站数化小后输量减少较多，或对任务输量的要求严格时，为保证管道在任务输量下运行，常采用在管道上敷设副管或变径管的方式，减少管道的能量损失，如图2-6所示。

1. 敷设副管

副管一般敷设在管道末端，管径通常与主管相同，即 $d_f = d$。在主副管并联的管段内，主管与副管内的流量相同，即 $Q_1 = Q_2$，都等于干线管输量 Q 的1/2。副管段与干线管水力坡降间的关系为

$$i_f = \beta\left(\frac{Q}{2}\right)^{2-m}\frac{\nu^m}{d^{5-m}} = \frac{1}{2^{2-m}}i \tag{2-20}$$

式中 i_f——副管段的水力坡降，m/km；

d——输油干线管道的内径，m。

Q——输油管道干线的输量，m^3/s；

i——输油管道干线管的水力坡降，m/km；

ν——输送油品的运动黏度，m^2/s；

β、m——与输油管道流动状态有关的常数。

由于随着雷诺数的增大，流态常数 m 值从 1 到 0 逐渐减小，从式(2 - 20)可知，管流的紊流状态越明显，使用副管减少管道压降的效果也越显著。

根据敷设副管前后管道的能量供求平衡关系，可确定需要敷设的副管段长度。

化整前：

$$n_0 H_i = iL_j + \Delta Z_j + n_0 h_j \tag{2-21}$$

化整后(敷设副管)：

$$nH_i = i(L_j - L_f) + \frac{1}{2^{2-m}} iL_f + \Delta Z_j + nh_j \tag{2-22}$$

用式(2-22)等号左右两边分别减去式(2-21)的等号左右两边，整理可得

$$L_f = \frac{(n_0 - n)(H_i - h_j)}{\left(1 - \frac{1}{2^{2-m}}\right)i} \tag{2-23}$$

式中 L_f——输油管道泵站化整需要敷设副管段的长度，km；

n_0——计算的泵站数，座；

n——化整后的泵站数，座；

H_i——泵站的扬程，m；

h_j——泵站的站内局部压降，m。

2. 敷设变径管

与副管类似，变径管一般也敷设在输油管道的末端。根据流体的连续性原理，变径管段内的流量与干线管内的流量相同，变径管段的水力坡降与干线水力坡降的关系为

$$i_b = \beta \frac{Q^{2-m} \nu^m}{d_b^{5-m}} = \left(\frac{d}{d_b}\right)^{5-m} i \tag{2-24}$$

式中 i_b——变径管段的水力坡降，m/km；

d_b——变径管的内径，m。

由于随着雷诺数的增大，流态常数 m 值从 1 到 0 逐渐减小，从式(2-24)可知，管流的紊流状态越明显，变径管减少管道压降的效果也越显著。

根据铺设变径管前后管道的能量供求平衡关系可确定需要的变径管段长度。

化整前：

$$n_0 H_i = iL_j + \Delta Z_j + n_0 h_j \tag{2-25}$$

化整后(敷设变径管)：

$$nH_i = i(L_j - L_b) + \left(\frac{d}{d_b}\right)^{5-m} iL_b + \Delta Z_j + nh_j \tag{2-26}$$

整理可得，所需副管的长度为

$$L_b = \frac{(n_0 - n)(H_i - h_j)}{\left[1 - \left(\frac{d}{d_b}\right)^{5-m}\right]i} \tag{2-27}$$

式中 L_b——输油管道泵站化整需要敷设变径管段的长度，km；

n_0——计算的泵站数，座；

n——化整后的泵站数，座。

二、输油泵机组的选择

1. 输油泵机组串联与并联形式的选择

在长距离输油管道中，常用离心泵作为输油泵。单台离心泵一般难以满足输量或压头的需要，常采用几台离心泵以并联或串联的形式组成泵机组运行。

离心泵的并联运行是指两台或两台以上离心泵的入口从同一处吸液，出口向同一处排液。一般有以下3种情况需要采用并联机组：一是需要的输量较大，使用单泵不能满足输量要求；二是生产过程中管道输量的变化较大，使用单泵不能调节输量；三是满足检修或事故备用。多台离心泵并联后的总输量等于各泵在同一扬程下的输量相加，各泵的扬程相等。

离心泵的串联是指两台或两台以上离心泵的入口与出口依次相连，入口从一处吸液，出口向一处排液。需要采用串联机组有以下3种情况：一是管路总压降较大，采用单泵不能满足压头要求；二是生产过程中管道压降的变化较大，采用单泵无法调节压头；三是满足检修或事故备用。多台离心泵串联后的总扬程等于各泵在同一输量下的扬程相加，各泵的输量相等。

离心泵机组串联或并联形式的选择，应考虑管道沿线的地形情况、管道的运行流程、可供选择的输油泵特性等因素。通常的规律是：管路特性曲线较平，离心泵的特性曲线较陡，且管道采用旁接油罐流程运行时，宜选用并联泵机组；管路特性曲线较陡，离心泵的特性曲线较平，且管道采用密闭流程运行时，宜选用串联泵机组，如图2－7所示。一座泵站的串联或并联机组中离心泵的台数都不宜过多，一般以2～3台为宜。

2. 输油泵的选择

确定输油泵机组的串联或并联形式之后，可进行输油泵的选择。选择输油泵应遵循以下3条原则：一是泵机组的额定输量应满足输油管道的任务输量要求；二是泵机组的额定扬程应满足输油管道总压降和管道承压的要求；三是泵机组中各泵的运行效率应在其高效区域以内。

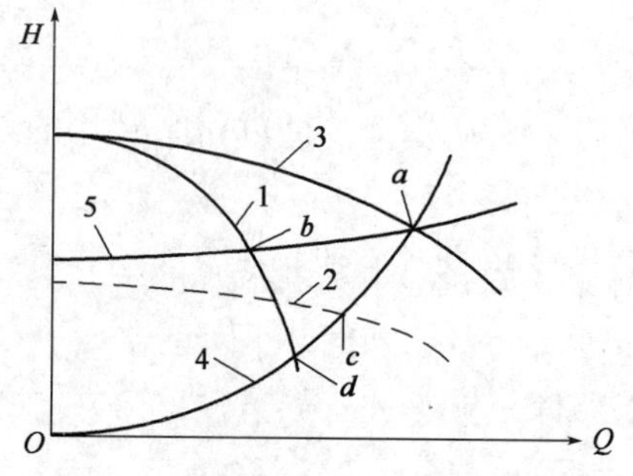

图2－7　输油管道泵站串联或并联泵机组的选择

1—较陡的单台离心泵特性曲线；2—较平的单台离心泵特性曲线；3—两台离心泵串联（并联）的特性曲线；4—较陡的管道特性曲线；5—较平的管道特性曲线；a—泵机组与管道联合工作点；b—特性曲线较陡的单台离心泵与特性曲线较平的管道联合工作点；c—特性曲线较平的单台离心泵与特性曲线较陡的管道联合工作点；d—特性曲线较陡的单台离心泵与特性曲线较陡的管道联合工作点

具体来说，对于并联泵机组，单台泵的额定扬程应满足输油管道总压降和管道承压的要求，几台泵并联后的总输量应满足输油管道的任务输量要求。对于串联泵机组，单台泵的额定输量应满足输油管道的任务输量要求，几台泵串联后的总扬程应满足输油管道总压降和管道承压的要求。此外，串、并联机组泵的运行效率都应在泵额定点的±7%以内。

选择输油泵的步骤是：先根据输油管道的任务输量和承压能力，结合输油泵机组的串联或并联形式，在离心泵的样本资料中初步选定所用离心泵的型号（长距离输油管道部分常用离心泵的特性参数见表2－13），再由单泵的额定参数确定泵机组的泵台数，公式如下：

$$N_0 = \frac{Q}{q} \text{或} N_0 = \frac{H_i}{h_i} \qquad (2-28)$$

式中　N_0——计算需要的输油泵台数,台;

Q——输油管道的任务输量,m^3/s;

q——并联泵机组中单台输油泵的额定输量,m^3/s;

H_i——串联泵机组的总扬程,m;

h_i——串联泵机组中单台输油泵的额定扬程,m。

表2-13　长距离输油管道部分常用离心泵的特性参数

型号	输量,m^3/h	扬程,m	效率,%	汽蚀余量,m	转速,r/min	叶轮直径,m
KS3000-190	2100	223	81	喂油泵供油	2985	430
	3000	194	83			
	3600	156	76.8			
DKS450-550	360	580	56.5	喂油泵供油	2980	400
	450	550	61			
	530	500	61			
DKS750-550	600	575	67	喂油泵供油	2980	410
	750	550	70			
	900	460	69			
ZS350×520	1000	325	65	16	2980	478
	1450	280	86	18		
	1600	267	53.3	22		
ZS350×420	1000	258	62.5	12	2980	419
	1450	230	88	20		
	1600	219	47.5	22		
ZS300×380	1000	208	88	16	2980	379
	1440	180	90	18		
	1600	170	86	22		
DZ250×340×4	600	580	85	8	2980	340
	700	550	87	10		
	800	520	86	16		
DZ350×470×2	1800	567	84	22	2980	457
	1960	560	86	20		
	2200	530	84	18		
200D-65×7	200	476	64	7.7	1480	430
	280	462	74	6.8		
	360	434	76	5.5		
250D-60×7	330	462	64	6.5	1480	435
	450	420	74	5.5		
	515	392	76	4.5		
400KD250×2	1000	520	64	进口压力0.2MPa	2980	465
	1250	495	70.5			
	1500	470	73.5			

计算的 N_0 一般不为整数，可综合考虑四舍五入原则以及泵站数的化整方向等归整。泵站数的设置与计算值较接近时，可利用四舍五入化整；泵站数化为较小的整数时，输油泵的台数可取较大的整数值；泵站数化为较大的整数时，输油泵的台数可取较小的整数值。

三、输油泵及泵机组的工作特性

1. 单台离心泵的工作特性

在进行输油管道的工艺计算时，可用作图法或解析法求得离心泵的工作特性。

作图法是在直角坐标系中以离心泵的输量为横坐标，以对应输量下的扬程、功率、效率等参数为纵坐标做出离心泵输量与各参数的关系曲线，如图 2-8 所示。

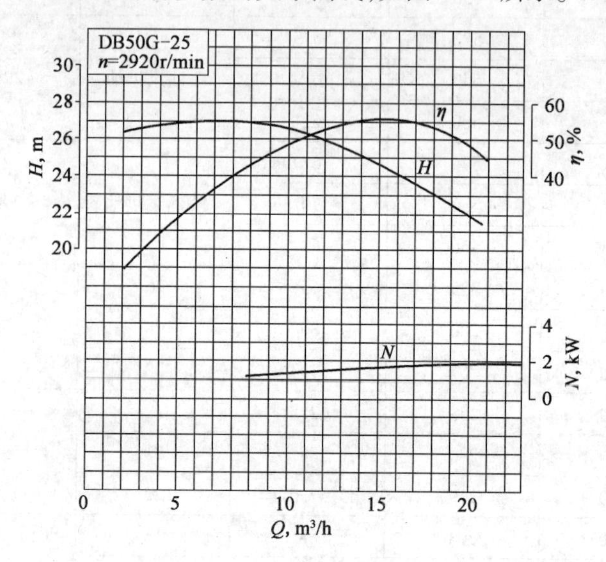

图 2-8　离心泵的特性曲线

H—扬程与输量特性曲线；*η*—效率与输量特性曲线；

N—功率与输量特性曲线

解析法是利用数学方法，将离心泵的输量与扬程的关系曲线回归为一定形式的特性方程。对于长距离输油管道，为了与管道压降的计算公式形式一致，取离心泵输量与扬程的关系式为

$$h_{is} = a - bq^{2-m} \tag{2-29}$$

式中　q——输油泵的输量，m^3/s；

h_{is}——输油泵的扬程，m；

a、b——离心泵的待定特性常数；

m——与输油管道流动状态有关的常数。

应用中常根据离心泵的实验特性参数由最小二乘法求得离心泵的 a、b 值。最小二乘法是将工程问题的实验数据回归为数学解析式的常用方法。

最小二乘法确定离心泵常数 a、b 值的步骤如下：

取待定离心泵输量与扬程的 n 组实验数据，有　$(q_1, h_{i1}), \cdots, (q_i, h_{ii}), \cdots, (q_n, h_{in})$

可写出对应流量下的扬程的解析式，有

$$h_{is} = a - bq_i^{2-m} \tag{2-30}$$

计算各点实验值与解析计算值的偏差，有

$$d_i = h_i - h_{is} = h_i - (a - bq_i^{2-m}) \tag{2-31}$$

计算各点偏差的平方和，有

$$S = \sum d_i^2 = \sum [h_i - (a - bq_i^{2-m})]^2 \tag{2-32}$$

为了找到与实验值最逼近的解析计算公式，取各点偏差的平方和最小，由数学方法可知，在 S 的表达中，若以 a、b 为变量，要取得 S 的最小值，只要令 S 对 a 和 b 的导数分别等于 0 即可：

$$\frac{\partial S}{\partial a} = 0, \frac{\partial S}{\partial b} = 0$$

对上式的具体表达式求解，得

$$b = \frac{n\sum h_i q^{2-m} - \sum h_i \sum q_i^{2-m}}{(\sum q_i^{2-m})^2 - n(q_i^{2-m})^2} \tag{2-33}$$

$$a = \frac{\sum h_i + b\sum q_i^{2-m}}{n} \tag{2-34}$$

式中 n——计算时所取实验数据的组数，组；

h_i——第 i 组实验数据的离心泵扬程，m；

q_i——第 i 组实验数据的离心泵输量，m^3/s；

m——与输油管道流动状态有关的常数。

2. 泵机组的工作特性

与单泵类似，泵机组的工作特性也可用作图法和解析法求得。作图法是在直角坐标系中，由单泵的输量与扬程关系曲线按照输量相同，扬程叠加的方法得到串联泵机组的输量与扬程关系曲线；按照扬程相同，输量叠加的方法得到并联泵机组的输量与扬程关系曲线，如图 2-9 所示。

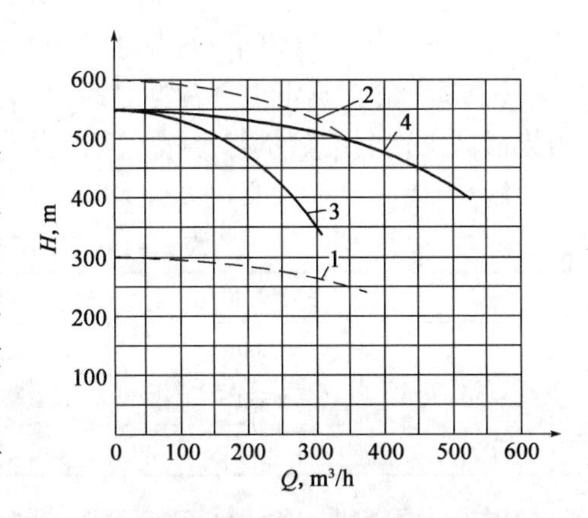

图 2-9 离心泵机组的输量与扬程关系曲线

1—串联单泵特性；2—两泵串联后特性；3—并联单泵特性；4—两泵并联后特性

解析法求泵机组的输量与扬程关系方程的方法如下：

泵机组的输量与扬程的关系式为

$$H_i = A - BQ_i^{2-m} \tag{2-35}$$

对于串联泵机组，由于

$$q_1 = q_2 = \cdots = q_n = Q_i, H_i = h_1 + h_2 + \cdots + h_n$$

因此

$$\begin{aligned} H_i &= a_1 - b_1 q_1^{2-m} + a_2 - b_2 q_2^{2-m} + \cdots + a_i - b_i q_i^{2-m} \\ &= (a_1 + a_2 + \cdots + a_n) - (b_1 + b_2 + \cdots + b_n) Q_i^{2-m} \\ &= \sum_{i=1}^{n} a_i - \sum_{i=1}^{n} b_i Q_i^{2-m} \\ &= A - BQ_i^{2-m} \end{aligned}$$

其中

$$A = \sum_{i=1}^{n} a_i, B = \sum_{i=1}^{n} b_i$$

因此,由 N 台特性相同的离心泵串联而成的泵机组输量与扬程关系方程为

$$H_i = \sum_{i=1}^{n} a_i - \sum_{i=1}^{n} b_i Q_i^{2-m} = Na - NbQ_i^{2-m} \tag{2-36}$$

对于 N 台特性相同的离心泵并联而成的泵机组,有

$$Q_i = q_1 + q_2 + \cdots + q_n = N_q, H_i = h_1 = h_2 = \cdots = h_n$$

所以

$$H_i = a_1 - b_1 q_1^{2-m} = a_2 - b_2 q_2^{2-m} = \cdots = a_i - b_i q_i^{2-m} = a - bq^{2-m} = A - BQ_i^{2-m}$$

其中

$$A = a_1 = a_2 = \cdots = a_i = a, B = \frac{b}{N^{2-m}}$$

因此,由 N 台特性相同的离心泵并联而成的泵机组输量与扬程关系方程为

$$H_i = A - BQ_i^{2-m} = a - \frac{b}{N^{2-m}} Q_i^{2-m} \tag{2-37}$$

式中 N——串联或并联泵机组中泵的台数,台;

H_i——输油管道第 i 座输油泵站的扬程,m;

Q_i——输油管道第 i 座输油泵站的输量,m^3/s。

【例 2-3】 确定由 2 台型号为 DKS750-550 的离心泵并联组成的输油泵机组在紊流水力光滑区工作时的输量与扬程关系方程。

解:查离心泵相关资料可得 DKS750-550 离心泵的实验性能参数,见表 2-14。

表 2-14 DKS750-550 离心泵实验性能参数

型号	输量,m^3/h	输量,m^3/s	扬程,m	效率,%	轴功率,kW
DKS750-550	600	0.167	575	67	1405
	750	0.208	550	70	1530
	900	0.25	460	69	1635

根据实验数据,将计算该泵特性常数 a 和 b 的有关数据列于表 2-15。

表 2-15 计算 DKS750-550 离心泵特性常数 a 和 b 的有关数据

q,m^3/s	$q^{1.75}$	$(q^{1.75})^2$	h_i,m	$h_i q^{1.75}$
0.167	0.044	0.002	575	25.07
0.208	0.064	0.004	550	35.26
0.25	0.088	0.008	460	40.66
$\sum$	$\sum q^{1.75} = 0.196$	$\sum (q^{1.75})^2 = 0.014$	$\sum h_i = 1585$	$\sum h_i q^{1.75} = 100.99$

将表中数据代入式(2-30)和式(2-31),计算可得

$$b = \frac{n\sum h_i q^{2-m} - \sum h_i \sum q_i^{2-m}}{(\sum q_i^{2-m})^2 - n(q_i^{2-m})^2} = \frac{3 \times 100.99 - 1585 \times 0.196}{0.196^2 - 3 \times 0.014} = 1924$$

$$a = \frac{\sum h_i + b\sum q_i^{2-m}}{n} = \frac{1585 + 1924 \times 0.196}{3} = 654$$

DKS750 - 550 离心泵在紊流水力光滑区工作时，$m = 0.25$，因此，输量与扬程的关系方程为

$$h_{is} = 654 - 1924q^{1.75}$$

2 台 DKS750 - 550 离心泵并联组成的输油泵机组在紊流水力光滑区工作时，输量与扬程的关系方程为

$$H_{is} = 654 - \frac{1924}{2^{1.75}}Q^{1.75} = 654 - 572Q^{1.75}$$

四、输油管道与输油泵机组联合工作的系统工作点

根据质量守恒和能量守恒两大定律，输油管道运行时，必然存在供能和耗能相等的平衡点，这一平衡点称为系统的工作点。在输油管道的工艺计算时，可用作图法或解析法确定系统的工作点。

1. 作图法确定输油管道系统的工作点

作图法确定输油管道系统的工作点是在同一直角坐标系中，画出管道的总压降曲线和输油泵机组的特性曲线，两曲线的交点就是系统的工作点。

对于旁接油罐输油流程来说，由于各中间泵站旁接油罐的存在，输油管道被分成了若干个独立的水力系统，即从某中间泵站的旁接油罐液面到与它相邻的下一泵站的旁接油罐液面间的部分为一水力系统。在作图确定输油管道系统的工作点时，应分别做出各水力系统的工作点，如图 2 - 10 所示。图中 ΔZ_i 为第 $i+1$ 座与第 i 座输油泵站的旁接油罐液位标高之差，即 $\Delta Z_i = Z_{i+1} - Z_i$；$M_i$ 为第 i 座输油站与站间管道系统的工作点；Q_i 为第 i 座输油站工作输量；H_i 为第 i 座输油站在工作输量下的扬程。

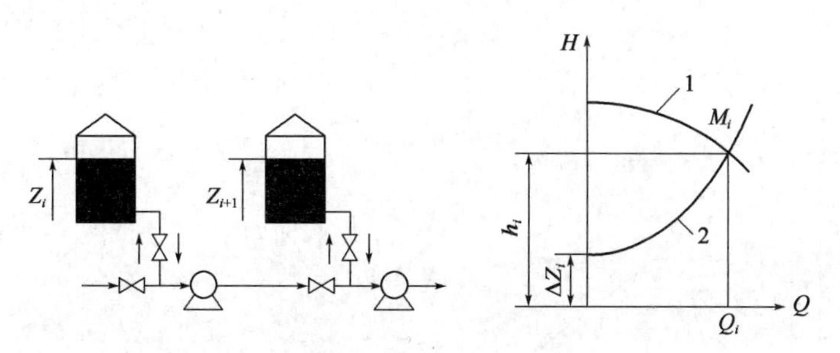

图 2 - 10　旁接油罐输油流程管道系统的工作点

1—第 i 座输油泵站的输量与扬程关系曲线；2—第 i 至第 $i+1$ 座输油泵站站间管道的沿程压降曲线

从泵到泵输油流程的输油管道全线构成统一的水力系统。系统的工作点为全线供能特性曲线与管道总压降特性曲线的交点，如图 2 - 11 所示。图中 ΔZ 为末站与首站的储油罐液位标高之差；M 为输油管道全线系统的工作点；Q_M 为输油管道的工作输量；H_M 为管道全线的总压降；h_i 为第 i 座泵站的扬程。

2. 解析法确定输油管道系统的工作点

旁接油罐输油流程的第 i 座泵站的能量供求平衡关系方程：

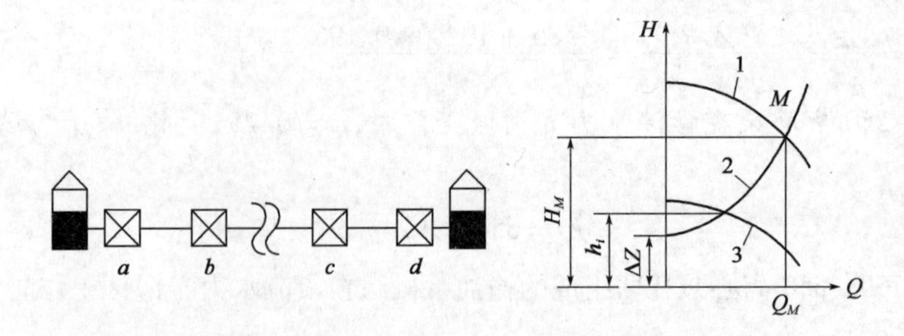

图 2-11　从泵到泵输油流程管道系统的工作点

a—输油管道首站；b，c—输油管道中间泵站；d—输油管道末站；1—输油管道全线的总供能特性曲线；2—输油管道全线的压降曲线；3—输油管道某输油站的供能特性曲线

$$A - BQ_i^{2-m} = \beta \frac{Q_i^{2-m}\nu^m}{d^{5-m}} L_{i-(i+1)} + h_{ij} + \Delta Z_{(i+1)-i} \tag{2-38}$$

从而可得第 i 座泵站系统的工作点：

$$Q_i = \left[\frac{A - h_{ij} - \Delta Z_{(i+1)-i}}{B + \beta\nu^m d^{m-5} L_{i-(i+1)}}\right]^{\frac{1}{2-m}};H_i = A - BQ_i^{2-m} \tag{2-39}$$

从泵到泵输油流程全线的能量供求平衡关系方程：

$$n(A - BQ^{2-m}) = \beta \frac{Q^{2-m}\nu^m}{d^{5-m}} L + nh_j + \Delta Z \tag{2-40}$$

从而可得输油管道全线系统的工作点：

$$Q = \left(\frac{nA - nh_j - \Delta Z}{nB + \beta\nu^m d^{m-5} L}\right)^{\frac{1}{2-m}},H_i = A - BQ^{2-m} \tag{2-41}$$

五、确定输油泵站的沿线布置位置

通常先根据管道的工作参数，在管道纵断面图上画水力坡降线，初步确定泵站的可能布置位置，如图 2-12 所示，然后再结合管道沿线的人文、地质、环境等情况进行适当的调整，其步骤是：

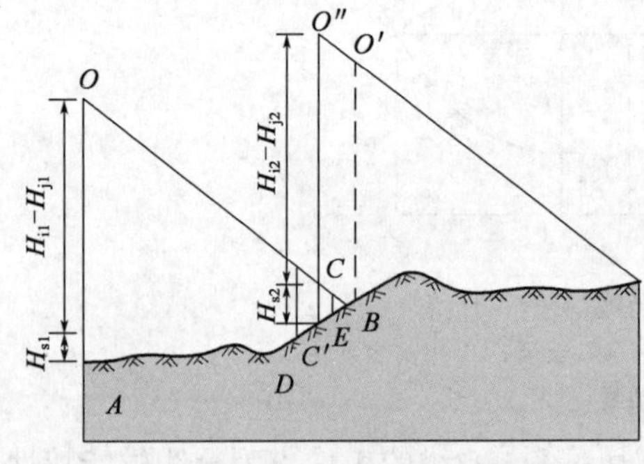

图 2-12　输油管道沿线布置泵站

（1）从输油管道的首站，即管道纵断面图的起点开始，沿纵轴向上截取长度等于首站出站压头的线段 AO：

$$AO = H_{cl} = H_{sl} + H_{il} - H_{jl} \tag{2-42}$$

式中　H_{cl}——首站的出站压力，MPa；

H_{sl}——首站的进站压力，MPa；

H_{il}——首站的工作扬程，m；

H_{jl}——首站的站内局部压降，m。

（2）从 O 点向右作水力坡降线，交纵断面线于 B。旁接油罐输油流程时，水力坡降线的斜率按首站的工作输量计算；从泵到泵输油流程时，水力坡降线的斜率按全线的工作输量计算。水力坡降线与纵断面线之间的垂直距离就是管道内介质的动水压力。水力坡降线在 B 点与纵断面线相交，表示介质到达 B 点时，首站所提供的能量已经消耗完毕。若需要介质继续向前流动，就必须在 B 点或 B 点以前设置第 2 座输油泵站。

(3)在旁接油罐输油流程的管道上，第 2 座泵站的初步位置就可选在 B 点。过 B 点作纵轴平行线，向上截取线段 BO'：

$$BO' = H_{c2} = H_{i2} - H_{j2} \tag{2-43}$$

式中 H_{c2}——第 2 座泵站的出站压力，MPa；

H_{i2}——第 2 座泵站的工作扬程，m；

H_{j2}——第 2 座泵站的站内局部压降，m。

从 O' 点向右作水力坡降线，与纵断面线的交点处即为第 3 座泵站的初步位置。其他各站的位置以此类推，直到管道的水力坡降线与管道终点或翻越点相交为止。

(4)在从泵到泵输油流程的管道上，各泵站的进站和出站压力相互影响，上站的剩余压力可叠加到下站。为了使下站输油泵的入口具有一定的压力，在布置泵站时，常留有 30 ~ 80m 动水压力作为进站压头。该压头范围所代表的区域为第 2 座泵站的可能布置区，如图 2－12 中阴影部分所表示的 DE 段。若将第 2 座泵站布置在 C' 点，则 H_{s2} 为第 2 座泵站的进站压头。从 C' 点向纵轴正向做横轴的垂线，找到水力坡降线与该垂线的交点 C。过 C 点作纵轴平行线，向上截取线段 CO'' 其长度等于第 2 座泵站的扬程与站内局部压降之差。

从 O'' 点向右作水力坡降线，用同样的方法确定第 3 座泵站的初步位置。其他各站的位置以此类推，直到管道的水力坡降线与管道终点或翻越点相交为止。

(5)输油泵站位置的调整。如果由于人文、地质、环境等因素，需要对输油站的位置进行调整，则应同时对管道的耗能特性进行调整。图 2－13 所示为铺设副管调整泵站位置的情况。从图中可知，当上游泵站间无副管时，下游泵站的可能布置位置在 a 点左侧。当上游泵站间铺设长度为 x 的副管时，下游泵站的可能布置位置移到了 b 点左侧。铺设副管后，下游泵站的可能布置区扩大了。改变副管长度，就相应改变了泵站的可能布置范围。应用时，可以根据泵站位置调整的需要，确定副管或变径管的铺设长度。

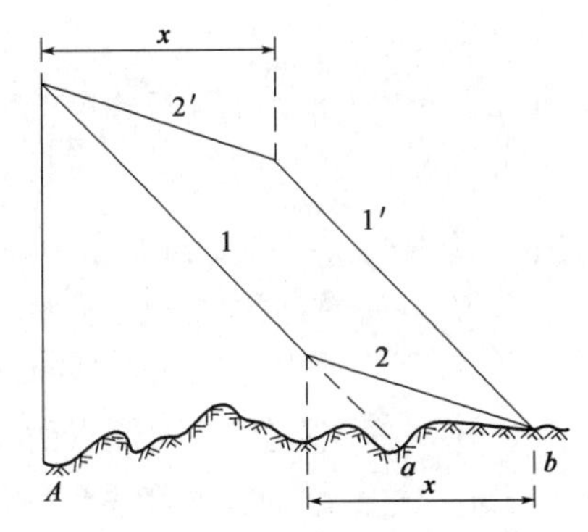

图 2－13 铺设副管调整泵站位置情况

六、输油管道工作参数的校核

在前面的输油管道工艺计算中，取管道敷设处的环境年最低月平均温度作为计算温度，确定管道的各参数，为了确保管道在全年各季节，全线各地段、各泵站的工作参数都在允许的范围内，还需要对管道的工作参数进行校核。

1. 输送温度影响的校核

校核输送温度对输油管道工作参数的影响，可以用作图法和解析法。输送温度升高时，油品的黏度减小，管道的水力坡降线变平；输送温度降低时，油品的黏度增大，管道的水力坡降线变陡。作图法校核输送温度变化对管道工作参数的影响就是在管道沿线做出全年最高和最低输送温度下的管道水力坡降线，从中检查输油管道的工作参数是否在允许的范围内，如图 2－14所示。

从图中可知，该输油管道全线有 3 座泵站，其工作参数随温度升高的变化规律是：全线需要的总压头下降，各站的出站压力降低，站间距小于平均站间距的站，进站压力降低(第 2

站），站间距大于平均站间距的站，进站压力升高（第3站）。若全线各站均匀分布时，各站的进站压力不随温度的变化而变化（图中 $L/3$ 处）。

解析法校核输油管道的工作参数，就是列出管道在不同工况下的能量平衡方程，从而计算分析所校核参数的变化。如对于图2-14所示的3座泵站的输油管道系统，可用解析法分析输送温度变化时，第3站进站压力的变化情况。

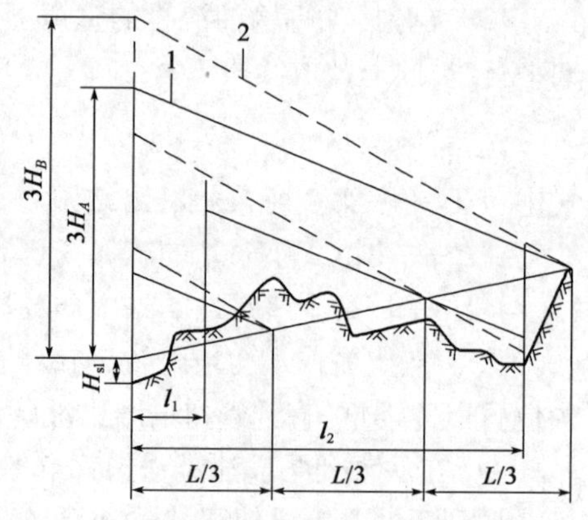

图2-14 温度对输油管道工作参数的影响
1—最高输送温度时的水力坡降线；2—最低输送温度时的水力坡降线

设3泵站的供能特性相同，由全线的能量平衡可得管道的输量：

$$Q^{2-m}=\frac{H_{sl}+3A-\Delta Z}{3B+fL} \tag{2-44}$$

首站至第3站进站处的能量平衡方程：

$$H_{sl}+2(A+BQ^{2-m})=fQ_{min}^{2-m}l_2+\Delta Z_{3-1}+H_{3s} \tag{2-45}$$

由此可得第3站的进站压力：

$$H_{3s}=H_{1s}+2A-\Delta Z_{3-1}-\frac{2}{3}(H_{1s}+3A-\Delta Z)\frac{B+f\frac{l_2}{2}}{B+f\frac{L}{3}} \tag{2-46}$$

式中 H_{3s}——第3站的进站压力，MPa；

H_{1s}——首站的进站压力，MPa；

ΔZ_{3-1}——第3站与首站的标高之差，m；

ΔZ——管道终点与起点的标高之差，m；

$l_2/2$——输油管道首站至终点（或翻越点）的平均站间距，m；

$L/3$——输油管道首站至第3站的平均站间距，m；

f——输油管道在单位流量时的水力坡降，$f=\beta\nu^m/d^{5-m}$。

当管道的输送温度升高时，油品的黏度减小，f 值减小，从式（2-46）可知：当 $l_2/2>L/3$ 时，H_{3s} 减小；当 $l_2/2<L/3$ 时，H_{3s} 增大；当 $l_2/2=L/3$ 时，H_{3s} 不变化。其变化规律与作图法得到的结果相同。同理，可以计算分析管道沿线其他各点的进站压力和出站压力的变化情况。

2. 动水压力和静水压力的校核

动水压力是指介质沿管道的流动过程中沿线各点的剩余压力。在管道的纵断面图上，动水压力是纵断面线与水力坡降线之间的垂直高度。动水压力的大小与地形的起伏、管道水力坡降和泵站的运行等因素有关。动水压力超出设计参数范围的情况，大都发生在中间泵站越站运行时。

静水压力是指介质停止流动后，由地形高差产生的静液柱压力。静水压力超出设计参数范围的情况，大都发生在翻越点后的管段或管道沿途高峰后的峡谷地段。

如果动水压力或静水压力在管道沿线的某处超过了管道的设计允许范围，可采取局部加大管道壁厚，设置减压站、自动截断阀等措施解决。

知识拓展

管道计算应收集的资料和基本步骤

一、进行等温输油管道工艺计算前应收集的基本数据和原始资料

(1)输送量(包括沿线加入的输量或分出的输量);

(2)管道起、终点,分油或加油点,及管道纵断面图;

(3)可供选用的管材规格,管材的机械性质;

(4)可供选用的泵、原动机型号及性能;

(5)所输油品的物性;

(6)沿线气象及地温资料;

(7)主要技术经济指标,包括每公里管道的投资(万元/km),每公里管道的钢材消耗量(t/km),输油成本[元/(t·km)]等,燃油费、电费、人工费等。

二、设计计算的基本步骤

(1)计算年平均地温;

(2)求年平均地温下油的密度;

(3)计算平均地温下油的黏度;

(4)换算流量(按350天/年计算,把年任务输量换算成体积流量 Q);

(5)根据经济流速(可参考表2-5),初定管径 d_0;

(6)按钢管规格,选出与初定的管径 d_0 相近的三种管径 d_1、d_2、d_3;

(7)初定工作压力,可参考表2-16(表中数据为俄罗斯输油管道设计手册中所推荐的不同直径输油管道的工作压力和年输量);

表2-16　不同直径输油管道的工作压力和年输量

原油管道			成品油管道		
外径,mm	工作压力,10^5Pa	年输量,10^6t/a	外径,mm	工作压力,10^5Pa	年输量,10^6t/a
530	54~65	6~8	219	90~100	0.7~0.9
630	52~62	10~12	273	75~85	1.3~1.6
720	50~60	14~18	325	67~75	1.8~2.2
820	48~58	22~26	377	55~65	1.5~3.2
920	46~56	32~36	426	55~65	1.5~4.8
1020	46~56	42~50	530	55~65	6.5~8.5
1220	44~55	70~78			

(8)按任务流量和初定的工作压力选泵,确定工作泵台数和工作方式(串、并联);

(9)做出泵站的特性曲线,找出对应于任务流量的泵站压头 H_c,然后根据此压头确定计算压力,公式为 $p=(H_c+\Delta h)\rho$;

(10)根据所求得的 p,对上面所选定的3种管子进行强度校核,确定管材、管壁厚度及管内径;

(11)计算流速；

(12)求雷诺数；

(13)确定流态；

(14)计算水力起降；

(15)判断翻越点,确定计算长度；

(16)计算输油管线的总摩阻 h；

(17)确定管路全线所需的总压头；

(18)求泵站数并化整；

(19)分别计算出三种方案(三种管径)的总投资 K 和总经营费用 Э；

(20)按年当量费用对三种方案进行比较,找出最优方案；

(21)根据最优方案下的参数作所有泵站的总和工作特性曲线和管道总和特性曲线,求出工作点；

(22)按工作点的流量计算水力坡降 i；

(23)按水力坡降和工作点的压头,在纵断面图上布置泵站；

(24)检查动、静水压力,校核管道强度及泵站、管道系统在各种工况下的校核及调整。

项目二　等温输油管道的运行管理

等温输油管道的运行管理主要内容包括输油管道的投产、运行参数控制与调节,以及管道运行事故状态分析、判断及处理。

任务1　等温输油管道的投产

知识目标

掌握等温输油管道投产的步骤及注意事项。

技能目标

能够进行等温输油管道的投产作业。

工作过程知识

输油管道投产是管道安全、高效运行的重要环节。等温输油管道的投产过程主要包括管道试压、泵站试运、管道投油等环节。

一、管道试压

1. 管道试压的一般规定

(1)管道试压按分段试压和站间管道试压两个阶段进行。

(2)阀门、清管器收发筒和绝缘法兰等管件与管道连接处,应按有关规定单独试压。

(3)大、中型河流和一、二级铁路的穿、跨越管道,必须单独试压。

(4)试压使用的压力表精度等级应不小于1.5级。

(5)管道内设计压力大于0.8MPa时,一般用清水为试压介质;管道内设计压力小于0.8MPa时,可以用空气或其他气体作为试压介质。

(6)埋地管道的试压应在管沟内进行。

2. 管道的分段试压

分段试压时,将试验段两端密封。每段管长一般不超10km,每段内的自然高差不得大于30m。分段试压分强度试压和严密性试压两个阶段进行。

1)分段强度试压

分段强度试压的目的是检验管材承受高压时的性能,其试验压力应不低于管材屈服极限的90%与焊缝系数的乘积,试验压力以在实验段最高点安装的压力表读数为准,达到实验压力后,持续稳压时间不小于4h,压降不大于实验压力的1%为合格。

2)分段严密性试压

分段严密性试压在强度试压合格的基础上进行,其目的是检验管道在承压时的自然泄压情况,实验压力应不低于钢管屈服极限的72%与焊缝系数的乘积。达到实验压力后,持续稳压时间不小于24h,压降不大于实验压力的1%为合格。对于地上敷设的管道和没有回填埋设的埋地敷设管道,分段严密性试压的稳压时间可以缩短,但最少应不少于4h,同时进行外观渗漏的检查。

3. 站间管道试压

站间管道试压在分段试压合格的基础上进行,其目的是检验站间管道在承压时的自然泄压情况。对于等壁厚的站间管道,站间管道试压的试验压力取分段严密性试压的试验压力;对于不等壁厚的站间管道,试验压力取壁厚最小处的强度试验压力。达到试验压力后,持续稳压时间不小于24h,压降不大于试验压力的1%为合格。

二、泵站试运

泵站试运主要包括泵机组、储油罐以及配套设施的试运等。

1. 泵机组试运

泵机组试运分单机试运和联合试运两个阶段进行。其中单机试运一般由工程施工方组织进行,工程使用方配合。联合试运一般由工程使用方组织进行,工程施工方配合。泵机组试运按照先单机后机组,先部件后组件,先电气部分后机械部分的顺序进行,在上一步试运合格后,再进行下一步。

电动机应先进行空载试运,再进行机组试运。空载试运的运行时间一般为2h,功率在500kW以下的泵机组试运的时间为4h,功率等于或大于500kW的泵机组试运的时间为8h。机组运行期间用清水或被输送介质进行站内循环。在泵机组的试运转过程中,随时检查电机和输油泵的轴承温度、轴的振动、密封泄漏及机器振动,运转声音等是否正常,如发现异常,应立即停止试运,检查找出异常的原因,处理后再进行试运。

2. 储油罐试运

储油罐在投入使用前,应进行充水强度和严密性试验、罐体沉降试验、拱形罐罐顶的强度和严密性实验、浮顶式储罐浮船严密性试验及浮顶的升降试验等。

3. 配套设施的验收试运

配套设施主要包括变配电系统，通信、交通、供水等工程，应按照相应的标准或规范进行检查验收和试运。

三、投产方案编制

输油管道投产是一项系统工程，应预先编制投产方案。等温输油管道的投产方案应包括以下内容。

1. 编制投产方案的依据

投产方案主要包括：有关的法规和规范；管道建设的安全与环境预评价；上级有关的文件，设计资料；原油物性及地温等自然条件，原油交接及供电、供水协议与管道投产相关的其他资料。

2. 投产组织与准备

投产组织与准备的主要内容有：输油管道投产组织机构的组织及相应职责；根据组织机构确定的投产指挥工作流程；建立规章制度，制定操作规程；明确投产保障方案及抢修队伍的职责；准备投产物资及抢修器材。

3. 投产技术内容

投产技术内容主要有投产方式的确定，包括主要工艺参数的测算、模拟计算投产开始油头到达各站及管段的时间等。

4. 投产操作流程

输油管道的投产阶段主要包括设备调试、站内试运、清管与试压、管道投油等。

5. 安全要求

输油管道的投产过程中的安全要求主要包括对操作人员、抢修人员的安全要求，投产安全管理规定，应急预案及事故处理措施等内容。

6. 附件

投产方案的附件主要包括输油站场工艺流程图、输油站场平面布置图、输油管道纵断面图、输油管道平面走向图、相关参数计算书等。

任务 2　等温输油管道运行参数调节

知识目标

熟悉等温输油管道的各项运行参数。

技能目标

能够根据实际情况，对输油管道的运行参数进行合理调节。

工作过程知识

在输油管道的运行过程中，由于受到如温度、电网、设备运行状况、油品供需的变化等多种因素的影响，其运行工况，主要是输送量和压力将会发生一定程度的变化。这些工况的变化，有的是为了需要，人为进行的调整；有的则是由于受到各种无法预计因素的影响，自然发生的。一般将人为主动促使其发生的参数变化称为参数调节；由自然因素引发的参数变化而进行的调节称为控制，有时也将控制称为稳定性调节。调节一般以输送量作为对象，控制一般以泵站的进站或出站压力作为对象。

一、输送量的调节

在输油管道的生产管理过程中，输送量的调节是经常遇到的，如一年中季节的变化，首站来油量的不均衡，末站接收油品量的变化，管道或设备故障等原因，都可能引起输送量的变化。在输油管道的运行中，常用改变输油泵机组转速、输油泵机组出口管线节流、入口管线节流、出口管线和入口管线旁通回流等措施调节输送量。有时也配合输油管道的维修或改造过程，采用车削离心式输油泵叶轮直径、拆卸多级离心式输油泵叶轮级数、大小泵匹配等措施，以达到调节输送量的目的。

1. 输油泵机组的转速调节

由离心泵的比例定律可知，改变离心泵的转速，其排量、扬程、功率分别按转速比值的一次方、二次方、三次方的关系随之改变。所以，输油泵机组的转速调节是进行输油管道输送量调节的有效措施。用于改变离心泵机组转速的方法有多种，如采用燃气轮机等可变速的驱动设备，在交流电动机驱动的离心泵上采用电源变频器调速，在高流量变化型的离心泵上采用液力耦合器调速等。

2. 泵机组的出口管线节流调节

离心泵的出口管线节流调节是在排出管路上安装调节阀，通过改变调节阀的开度，改变排出管路的局部压降，使管路特性变化、系统的工作点移动，达到参数调节的目的，如图 2－15 所示。从图中可以看出，在将排量从 Q_A 调节到 Q_B 的过程中，一方面增加了损耗于调节阀上的节流损失 h_j；另一方面使泵的工作点偏离高效工作区，且调节幅度越大，这种偏离程度就越大。因此，出口节流调节是不经济的，特别是在长期大幅度调节的情况下，经济性更差。这种调节方法只适用于短时、小幅度的辅助性调节。

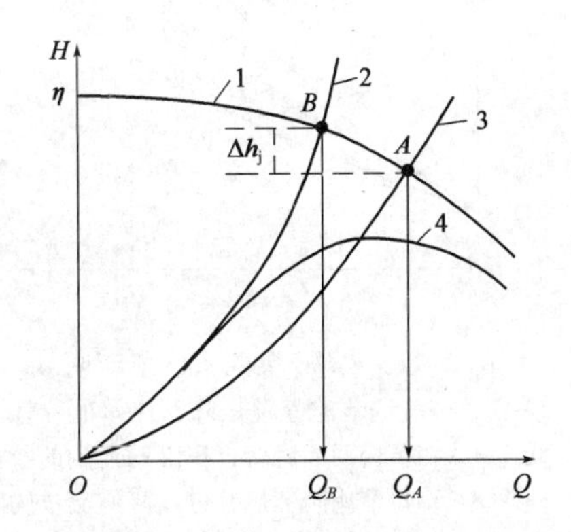

图 2－15　离心泵的出口节流调节

1—输油泵扬程与输量的特性曲线；2—出口节流调节后管道压降与流量的特性曲线；3—出口管线节流调节后管道压降与流量的特性曲线；4—输油泵效率与输量的特性曲线；A，B—出口管线节流调节前、后的输油泵与管道系统的工作点

3. 泵机组的入口管线节流调节

入口管线节流调节是在泵进口管线上安装调节阀，通过改变泵的吸入流量，达到调节泵排出量的目的。从能量平衡关系看，因泵入口节流时，流体在进入泵之前就有压力降低。因此，泵入口节流，不仅改

变了管路特性，同时也改变了泵的特性。如图 2－16 所示，调节前系统的工作点为 M，排量为 Q_M，当关小泵的进口阀门时，泵的特性曲线由 4 移到 5，管路特性曲线由 1 移到 2，系统的工作点从 M 移到 B，排量从 Q_M 减小至 Q_B。在调节的过程中，增加了阻力损失 Δh_1，若采用出口节流的方式使排量从 Q_M 减小至 Q_B，需增加阻力损失 Δh_2，$\Delta h_2 > \Delta h_1$。所以，入口节流调节从经济性看，优于出口节流调节，但入口节流后，泵的吸入性能变差，存在汽蚀的危险，故这种调节方法，多在正压进泵的离心泵中作为辅助性调节手段，非正压进泵的离心泵一般不采用。

4. 旁路回流调节

离心泵的旁路回流调节装置如图 2－17 所示，在泵的进口和出口间连接旁通管，通过改变旁通阀的开度，调节送入排出管路的流量。当旁通阀全关闭时，其总的管路特性曲线为管 1 和管 2 特性曲线的串联叠加，该曲线与泵特性曲线的交点 A 为系统的工作点，该点对应的流量 Q_A 为泵的排量，并等于排出管路的流量。当旁通阀打开时，其总的管路特性曲线为管 2 和管 3 特性曲线并联叠加后再与管 1 串联叠加，该曲线与泵特性曲线的交点 B 为系统工作点，该点对应的流量 Q_B 为泵的排量，并等于泵吸入管路的流量。从 B 点向横轴引垂线交曲线管 2 并联管 3 的特性曲线于 B_1，从 B_1 向纵轴引垂线分别交管 2 与管 3 的特性曲线于 B_2 和 B_3 点，B_2 和 B_3 各自对应的流量 Q_2 和 Q_3 分别为排出管路和旁通管路中的流量。从图中可知，各流量之间的关系为：$Q_B = Q_2 + Q_3 > Q_A > Q_2$，即旁通阀开启后，泵的排量增加了，排出管路中的流量减小了，泵排量与旁通管中的流量之差即为排出管路中的流量，旁通阀开度越大，旁通管中的流量越大，排出管路中的流量就越小，达到了通过调节旁通阀开度调节排出管路流量的目的。由于这种调节方式浪费了旁通管中的泵排量，增加了泵的功率损耗，很不经济。所以，旁路调节通常作为离心泵的辅助调节手段，用于放空、防喘振等情况。

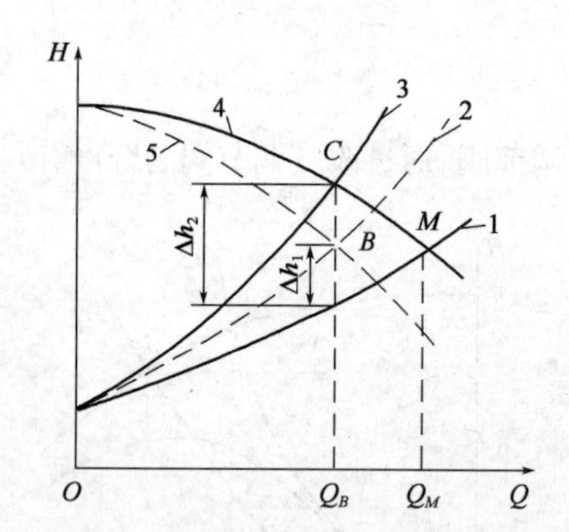

图 2－16　离心泵的入口节流调节

1—入口节流调节前管道压降与流量的特性曲线；2—入口节流调节后管道压降与流量的特性曲线；3—出口节流调节后管道压降与流量的特性曲线；4—入口管线节流调节前输油泵扬程与输量特性曲线；5—入口管线节流调节后输油泵扬程与输量特性曲线；M，B—入口管线节流调节前、后输油泵与管道系统的工作点；C—出口节流调节后输油泵与管道系统的工作点

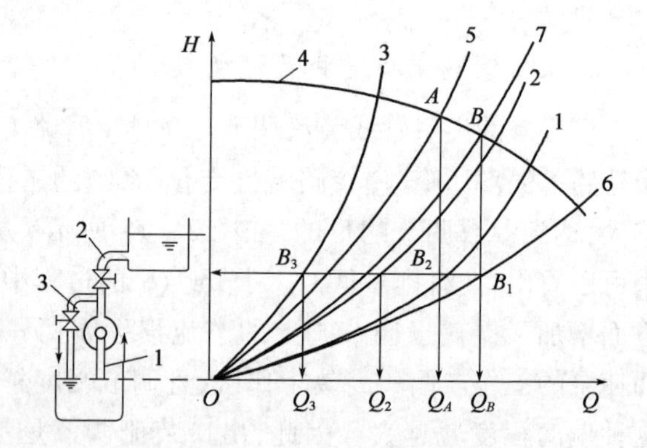

图 2－17　离心泵的旁路回流调节

1—泵的吸入管线（特性曲线）；2—泵的排出管线（特性曲线）；3—泵出口与进口管线的旁通管（特性曲线）；4—输油泵的特性曲线；5—管 1 与管 2 的串联特性曲线；6—管 2 与管 3 的并联特性曲线；7—管 2 与管 3 并联后再与管 1 串联的特性曲线；A—旁路回流调节前输油泵与管道系统的工作点；B—旁路回流调节后输油泵与管道系统的工作点；B_1—输油泵吸入管线内流量的对应点；B_2—输油泵排出管线内流量的对应点；B_3—旁路回流管线内流量的对应点

5. 车削离心泵的叶轮直径调节

由离心泵叶轮的切割定律可知，改变离心泵的叶轮直径，其排量、扬程、功率分别按叶轮直径比值的一次方、二次方、三次方的关系随之改变。所以，车削离心泵的叶轮直径也是输油管道调节输送量的有效措施之一。但对于一台确定的离心泵，其叶轮直径是确定的，在采用这种调节措施时，一是要考虑其可能的车削量，保证车削后的泵效率在高效率区域内；二是要考虑这种调节措施的单向性（车削后不能恢复）。在需要长期改变输量（或扬程）的情况（如油田产量下降，用户需求量减少等）下可考虑采用这种调节方法。

6. 多级离心式输油泵拆卸叶轮级数调节

在采用多级离心式输油泵的泵站，当调节参数以扬程为主时，可以考虑采用拆卸叶轮级数的调节措施。在选择具体拆除的叶轮时，要考虑力的平衡，同时，对于双吸式输油泵，不能拆除首级叶轮。

7. 大小泵匹配调节

对于有规律的、较大幅度的参数调节，如季节性的、周期性的参数变化等，可根据离心泵的串并联特性，考虑采用大小泵匹配的方法调节，以保证泵机组工作在高效率区域内。

二、稳定性调节

输油管道泵站的进站压力过低，会造成输油泵的汽蚀，使输油泵排量下降，效率降低，叶轮损坏；出站压力过高，可能会超出管道的承压能力，使管道遭到强度破坏。输油管道稳定性调节的目的就是避免这些现象的发生，其调节的对象是输油站的进站和出站压力。

在输油管道的运行过程中，引起压力不稳定的原因主要有：各泵站泵机组运转台数或运转性能的改变；所输油品性质的变化（油品种类不同输送温度改变等）；管道因污垢、气袋或其他原因造成一定程度的阻塞等。压力调节的常用措施是改变输油泵机组的转速、节流调节和回流调节等。

由于稳定性调节要求具有反应快速的特点，如一般情况下，输油泵在低于规定的进口压力下工作的时间不允许超过 10～30s，所以，稳定性调节大都采用自动调节。目前，输油管道的稳定性调节普遍采用计算机监测控制与数据采集（SCADA）系统。SCADA 系统检测输油管道的进站和出站的油温、油压、流量及油罐液位、泵机组运行状况等一系列参数，通过计算机与设计参数比较，对进站压力过低、出站压力过高、油罐液位超限等非正常状态发出报警信号，并将调节指令传给自动调节单元实现自动调节，其自动调节流程如图 2－18 所示。图中的泵站进口和出口调节器分别具有最高和最低压力给定值。当出站压力低于给定值时，调节器输出 100% 的信号；出站压力高于给定值时，调节器输出减少信号；当进站压力高于给定值时，调节器输出 100% 的信号，进站压力低于给定值时，调节器输出减少

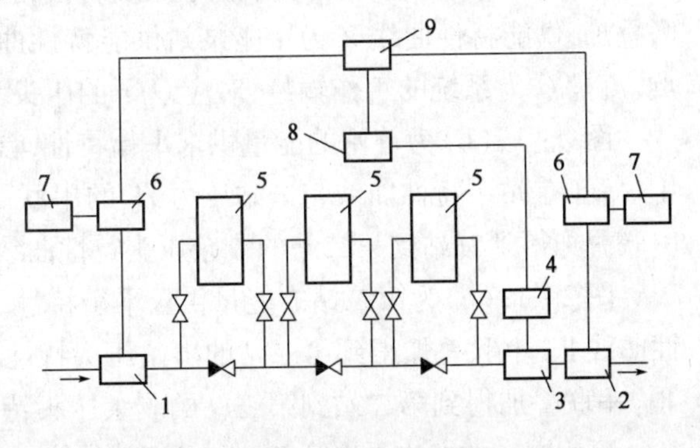

图 2－18 输油管道泵站自动调节流程

1—进站压力变送器；2—出站压力变送器；3—调节阀；4—执行机构；5—输油泵；6—调节器；7—定值器；8—转换器；9—低值选择器

信号。两个调节器输出的信号分别进入低值选择器进行比较，将最小信号传给调节阀执行机构。执行机构在增大信号时开阀，减小信号时关阀。以保证在出站压力超过给定值时，调节阀朝关闭方向动作，使调节阀后的压力下降；在进站压力低于给定值时，调节阀也可朝关闭的方向动作，使调节阀前的压力上升。反之，调节阀向开阀方向动作，确保泵站的出站和进站压力始终在设定的范围内工作。

任务3　等温输油管道事故状态分析

知识目标

掌握常温输油管道不同工况下各站的参数特点。

技能目标

(1)能够针对中间泵站停输进行参数分析。
(2)能够针对输油管道漏油进行参数分析。
(3)能够针对输油管道沿线局部阻塞进行参数分析。

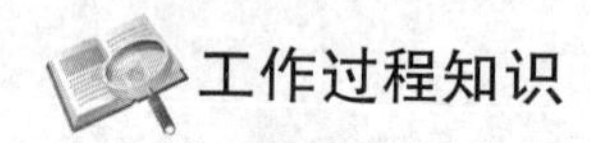

工作过程知识

一、中间站泵站停输时的参数分析

在停电、设备故障等情况下输油管道的泵站会发生停输事故。若某中间泵站停输，启用压力越站流程，可根据越站前、后的能量平衡关系，用作图法或解析法分析全线其他各站的运行参数变化情况。

1. 作图法

有4座同类型泵站的输油管道，采用从泵到泵输油流程，正常工况下全线及各站工作特性如图2－19所示。

图2－19(a)为全线的能量供求平衡特性，管道压降曲线G为4个站间管道压降曲线的串联叠加，供能特性曲线Z为4座泵站供能特性曲线的串联叠加，两曲线的交点为系统的工作点，流量Q为系统的工作输量，对应Q下的压头为全线的总压头。

图2－19(b)为首站的能量供求平衡特性，首站的进站压力H_{sl}为定值，出站压力特性曲线I_d等于首站泵特性曲线与进站压力H_{sl}的串联叠加。将I_d与站间管道的压降特性曲线I_G串联叠加得到首站到第二站的剩余压头特性曲线II_x。

图2－19(c)为第二站的能量供求平衡特性，第二站泵特性曲线II_c与上站的剩余压头特性曲线II_x串联叠加得到第二站的出站压头特性曲线II_d。将II_d与站间管道的压降特性曲线II_G串联叠加得到第二站到第三站的剩余压头特性曲线III_x。

可用同样的方法画出第三站和第四站的能量供求平衡特性曲线，如图2－20(d)和(e)所示。

上述输油管道第三泵站停输后全线及各站的工作特性如图2－20所示。

从图2－20(a)可以看出：第三站停输后，总的供能减少，流量下降至Q_*。由于总流量减小，首站到第二站的站间管道压降减小，剩余压头增加，第二站的进站压力升高。由于第三站停输，第二站的压力越站，站间距为第二与第三站间距之和，站间管道压降大于泵站出站压力，第四站的进站压力下降。

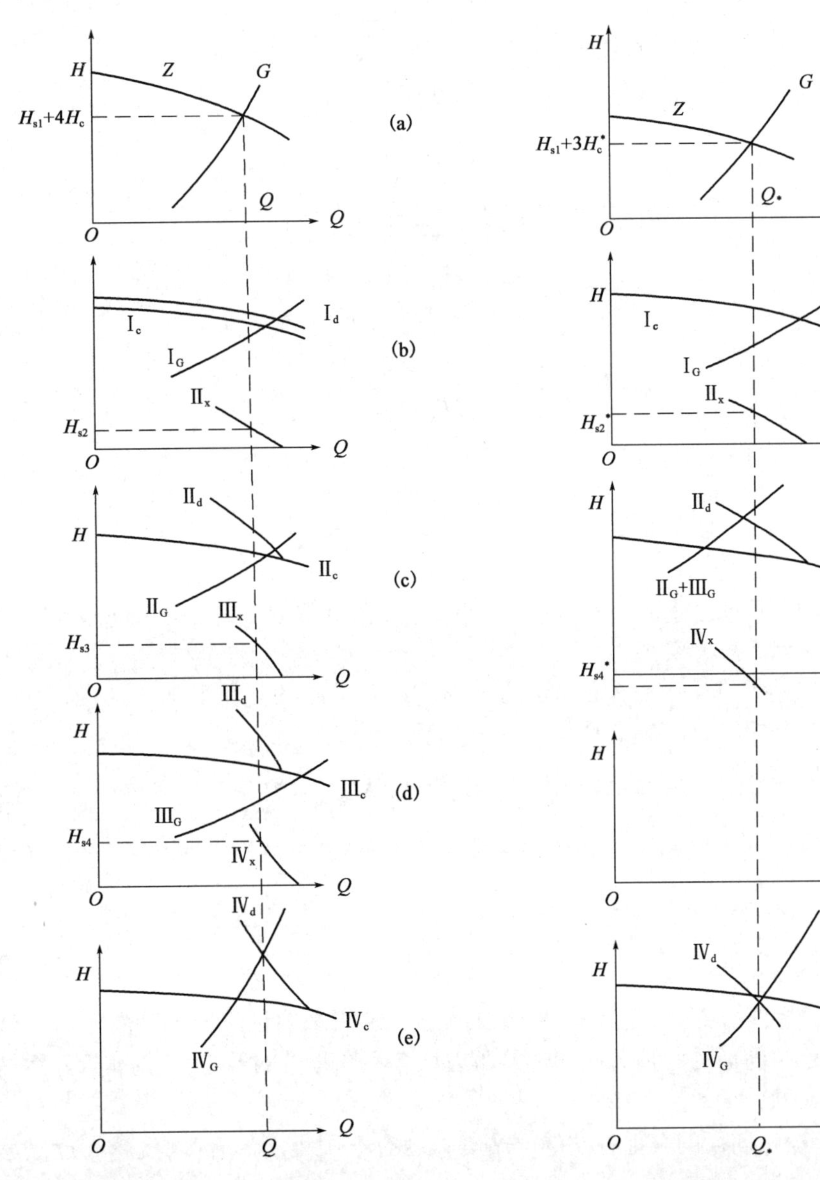

图 2-19　正常工况下全线及各站的工作特性

(a)全线工作特性;(b)首站工作特性;(c)2#站工作特性;(d)3#站工作特性;(e)末站工作特性

图 2-20　第三站停输后全线及各站的工作特性

(a)全线工作特性;(b)首站工作特性;(c)2#站工作特性;(d)3#站工作特性;(e)末站工作特性

比较图 2-19 和图 2-20 可知：从泵到泵流程运行的输油管道，当某中间泵站因停运启用压力越站流程时，管道的输送量减少；停输站前面各站进站压力和出站压力均上升，停输站后面各站的进站压力和出站压力均下降。对于旁接油罐流程运行的输油管道，也可得到类似的结论：某中间泵站停运启用压力越站流程后，停输站前一站旁接油罐的液位上升，后一站旁接油罐的液位下降。为了防止旁接油罐溢罐或抽空，需按停输站前一站的输量调节全线各站的输量。

2. 解析法

为了便于对比，与作图法分析同一条输油管道。

管道正常运行和第三站停输时的能量供求平衡关系方程分别为

$$H_{s1}+4(A-BQ^{2-m})=fQ^{2-m}L+4h_j+\Delta Z \tag{2-47}$$

$$H_{s1}+3(A-BQ_*^{2-m})=fQ_*^{2-m}L+3h_j+\Delta Z \tag{2-48}$$

由此可得管道正常运行和第三站停输时的输量分别为

$$Q^{2-m}=\frac{H_{s1}+4A-\Delta Z-4h_j}{4B+fL} \tag{2-49}$$

$$Q_*^{2-m}=\frac{H_{s1}+3A-\Delta Z-3h_j}{3B+fL} \tag{2-50}$$

整理可得

$$Q^{2-m}-Q_*^{2-m}=\frac{B(\Delta Z-H_{s1})+fL(A-h_j)}{(3B+fL)(4B+fL)} \tag{2-51}$$

由于式(2-51)中的 A 通常比 H_{s1} 和 h_j 大得多，所以可得 $Q^{2-m}>Q_*^{2-m}$，即第三站停输后，全线的输量减少了。

为了分析第二站的进站压力在正常输送和第三站停输时的变化情况，写出第二站进站处至首站在正常输送与第三站停输时的能量平衡关系方程式：

$$H_{s1}+A-BQ^{2-m}=fQ^{2-m}l_1+\Delta Z_{2-1}+H_{s2} \tag{2-52}$$

$$H_{s1}+A-BQ_*^{2-m}=fQ_*^{2-m}l_1+\Delta Z_{2-1}+H_{s2}^* \tag{2-52}$$

整理可得

$$H_{s2}^*-H_{s2}=(B+fl_1)(Q^{2-m}-Q_*^{2-m}) \tag{2-54}$$

由 $Q^{2-m}>Q_*^{2-m}$ 可得，$H_{s2}^*>H_{s2}$。即第三站停运后，第二站的进站压力升高了，若有多座泵站，除首站外，停运站前面的其他各站的进站压力均有不同程度的升高，且越靠近停运站，进站压力的变化值越大。

同理可得，停运站前面的其他各站的出站压力均有不同程度的升高，且越靠近停运站，出站压力的变化值越大；停运站后面的其他各站的进站压力均有不同程度的降低，且越靠近停运站，进站压力的变化值越大；停运站后面的其他各站的出站压力均有不同程度的降低，且越靠近停运站，出站压力的变化值越大。

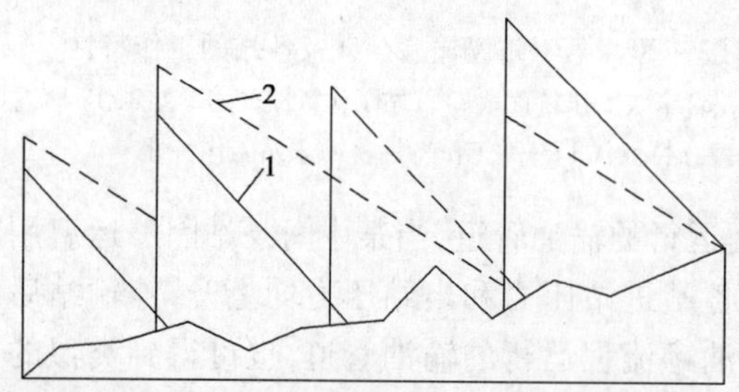

图 2-21　输油管道中间泵站停输后的全线水力坡降变化

1—正常输送时的水力坡降线；2—中间泵站停输时的水力坡降线

某中间泵站停运后，管道沿线水力坡降线的变化情况如图 2-21 所示，作图时应注意以下几点：某站停运后，输量下降，因而水力坡降变小，水力坡降线变平，停运站前后水力坡降相同；停运站前各站的进站压力和出站压力都升高，因而停运站前各站的水力坡降线的起点和终点均比原来高，且越靠近停输站，高出得越多；停运站后各站的进站压力和出站压力都下降，因而某中间泵站停运后，各站间的水力坡降线的起点和终点均比原来低，且越靠近停输站，低得越多。

二、管道沿线某处漏油时的参数分析

管道沿线的漏油事故发生在管道腐蚀穿孔、机械破坏以及人为破坏等情况下，漏油后的全线各站输送量、进站压力和出站压力等参数都会发生变化，并且能以此确定漏油点的位置。

1. 管道沿线某处漏油时的输送量变化

设在前面分析管道的第三站和第四站间的某点发生漏油，漏油量为 q。漏油发生前全线的输油量为 Q，若漏油发生后第三站的输量变为 Q_L，则第四站的输量变为 Q_{L-q}。

分别列出漏油发生前后全线的能量供求平衡关系方程式。

漏油发生前：

$$H_{sl} + 4(A - BQ^{2-m}) = fQ^{2-m}L + 4h_j + \Delta Z \qquad (2-55)$$

漏油发生后：

$$H_{sl} + 3(A - BQ_L^{2-m}) + A - B(Q_L - q)^{2-m} = fQ^{2-m}L_1 + f(Q_L - q)^{2-m}(L - L_1) + 4h_j + \Delta Z \qquad (2-56)$$

由式(2-55)、式(2-56)分别整理，可得

$$H_{sl} + 4A - \Delta Z - 4h_j = (4B + fL)Q^{2-m} \qquad (2-57)$$

$$H_{sl} + 4A - \Delta Z - 4h_j = (3B + fL_1)Q_L^{2-m} + [B + f(L - L_1)](Q_L - q)^{2-m} \qquad (2-58)$$

分析可知，式(2-57)和式(2-58)的左边相等。在 $q>0$ 的条件下，若使两式的右边也相等，必然有

$$Q_L > Q > Q_L - q \qquad (2-59)$$

即输油管道沿线某处漏油后，漏油点前管道内的输量大于漏油发生前的管道输量；漏油点后管道内的输量小于漏油发生前的管道输量。

2. 管道沿线某处漏油时全线各站进站和出站压力的变化

为了分析管道沿线某处漏油后的泵站进站压力和出站压力的变化，分别列出漏油发生前和发生后首站至第三站进站处的能量供求平衡关系方程式：

$$H_{sl} + 2(A - BQ^{2-m}) = fQ^{2-m}l_3 + 2h_j + \Delta Z_{3-1} + H_{s3} \qquad (2-60)$$

$$H_{sl} + 2(A - BQ_L^{2-m}) = fQ_L^{2-m}l_3 + 2h_j + \Delta Z_{3-1} + H_{s3}^L \qquad (2-61)$$

式(2-61)减去式(2-60)，整理可得

$$H_{sl}^L - H_{3s} = (2B + fl_3)(Q^{2-m} - Q_L^{2-m}) \qquad (2-62)$$

由于 $Q_L > Q$，所以，$H_{3s}^L > H_{3s}$。即在第二站和第三站间管道发生漏油后，第三站的进站压力降低了。同理可得：漏油点后面其他各站的进站压力都降低，漏油点前面各站的进站压力降低，全线各站的出站压力都降低，且越靠近漏点的站，压力下降的幅度越大。

旁接油罐流程的输油管道某站间管道发生漏油后，参数变化的规律与从泵到泵流程输油管道的情况类似。漏油点前一站输油泵的输量增加，但管道来油量没有增加，旁接油罐的液位

下降；漏油点后一站输油泵的输量没变，但管道来油量减少，旁接油罐的液位也下降。如果不及时调节输油泵的输量，漏油前和漏油后输油站的旁接油罐都有可能发生抽空事故。

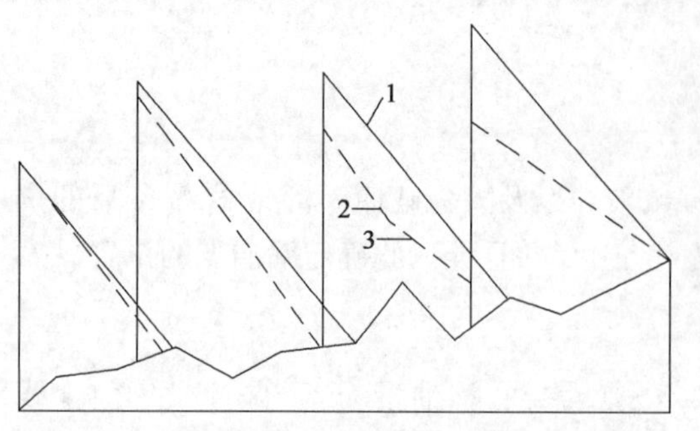

图2－22　输油管道发生漏油时全线水力坡降变化
1—正常输送时的水力坡降线；2—漏油点前的水力坡降线；3—漏油点后的水力坡降线

管道沿线某点发生漏油后全线水力坡降的变化情况如图2－22所示，作图时应注意以下几点：沿线某处漏油，漏油点前输量增加，水力坡降线变陡；漏油点后输量减小，水力坡降线变平；漏油点前各站的进站压力和出站压力都降低，漏油点前各站间管道水力坡降线的起点和终点均比原来低，且越靠近漏油点，低得越多；漏油点后各站的进站压力和出站压力都下降，漏油点后各站间管道水力坡降线的起点和终点均比原来低，且越靠近停输站，低得越多。

3. 漏油点位置的确定

根据输油管道运行参数的变化，可分析输油管道是否有漏油事故发生，并确定漏油点的位置。首先根据输油管道首站发油和末站收油的计量数据变化，各站进站压力、出站压力的变化（旁接油罐液位的变化）等参数，初步分析输油管道是否有漏油事故发生，并确定漏油点所处的站间。再列出漏油点所处站间的能量供求平衡方程，计算漏油点与输油站的距离。如前面所分析输油管道第三站和第四站间发生漏油的情况，第三站出站至第四站进站处的能量平衡方程为

$$H_{c3}=fQ_3^{2-m}l+fQ_4^{2-m}(l_3-l)+\Delta Z_{4-3}+H_{s4} \tag{2-63}$$

从而可得

$$l=\frac{H_{cs}-H_{s4}-\Delta Z_{4-3}-fQ_4^{2-m}l_3}{f(Q_3^{2-m}-Q_4^{2-m})} \tag{2-64}$$

式中　l——漏油点离前面最近站的距离，m；
l_3——第三站至第四站的距离，m；
H_{c3}——第三站的出站压力，m；
H_{s4}——第四站的进站压力，m；
ΔZ_{4-3}——第四站与第三站的标高差，m；
Q_3——第三站的输量，m^3/s；
Q_4——第四站的输量，m^3/s。

三、输油管线发生局部阻塞时的参数分析

一般在输油管道沿线严重结垢、结蜡、阀门闸板脱落、清管器卡住以及其他异物阻塞等情况下发生管道局部阻塞。局部阻塞的发生，相当于增加了管道的局部压降件，其工况的变化规律可根据能量的供求平衡关系分析。

1. 管道沿线某处发生局部阻塞时输送量的变化

对前面分析的输油管道，设第三站与第四站间的管道某处发生局部阻塞，局部阻塞发生前和发生后的能量供求平衡关系分别为

阻塞前：
$$H_{s1}+4(A-BQ^{2-m})=fQ^{2-m}L+4h_j+\Delta Z \tag{2-65}$$

阻塞后：　　$H_{sl}+4(A-BQ_s^{2-m})=fQ_s^{2-m}L+4h_j+\Delta Z+h_{js}$　　(2-66)

两式相减，整理可得

$$h_{js}=(4B+fL)(Q^{2-m}-Q_s^{2-m}) \quad (2-67)$$

由于 $h_{js}>0$，所以，$Q>Q_s$，即管道沿线发生局部阻塞时，全线的输量减少了。

2. 管道沿线发生局部阻塞时全线各站进站和出站压力的变化

为了分析管道沿线发生局部阻塞时的泵站进站压力和出站压力的变化，分别列出局部阻塞发生前和发生后首站至第三站进站处的能量供求平衡关系方程式为

阻塞前：　　$H_{sl}+2(A-BQ^{2-m})=fQ^{2-m}l_3+2h_j+\Delta Z_{3-1}+H_{sl}$　　(2-68)

阻塞后：　　$H_{sl}+2(A-BQ_s^{2-m})=fQ_s^{2-m}l_3+2h_j+\Delta Z_{3-1}+H_{s3}^s+h_{js}$　　(2-69)

两式相减，整理可得：

$$H_{s3}^s-H_{3s}=(2B+fl_3)(Q^{2-m}-Q_s^{2-m})-h_{js} \quad (2-70)$$

在式(2-70)中，局部阻塞 h_{js} 是造成管道输量变化的先决条件，故 h_{js} 的影响大于输量变化的影响，所以有 $H_{3s}^s<H_{3s}$，即在输油管道的第二站和第三站间管道中发生局部阻塞时，第三站的进站压力降低了。

同理可得：输油管道沿线发生局部阻塞时，阻塞点前面各站的进站压力和出站压力都上升，阻塞点后面各站的进站压力和出站压力下降，越靠近阻塞点的站，压力变化程度越大。在旁接油罐流程输油的管道上，阻塞点前面站的旁接油罐液位上升，阻塞点后面站的旁接油罐液位下降。

管道沿线发生局部阻塞时，全线水力坡降的变化情况如图2-23所示。作图时应注意以下几点：沿线发生局部阻塞时，全线输量减少，水力坡降线变平；阻塞点前各站的进站压力和出站压力都升高，各站间管道水力坡降线的起点和终点均比原来高，越靠近阻塞点高得越多。

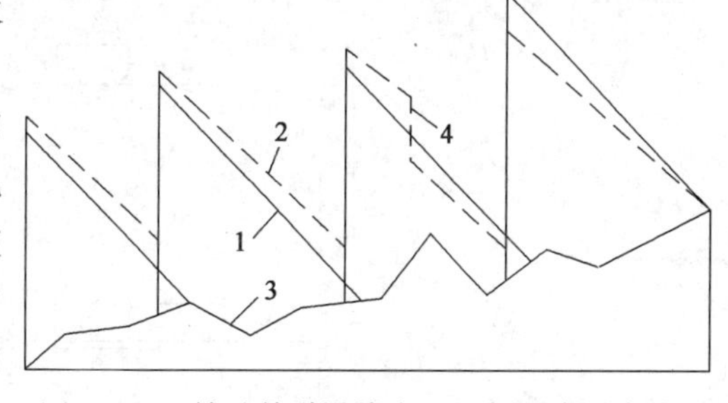

图2-23　输油管道沿线发生局部阻塞时全线水力坡降的变化

1—正常输送时的水力坡降线；2—发生局部阻塞时的水力坡降线；3—管道沿线纵断面线；4—局部阻塞压降

阻塞点后各站的进站压力和出站压力都下降，各站间管道水力坡降线的起点和终点均比原来低，越靠近阻塞点，低得越多；在阻塞点处，管道动水压力垂直下降。

技能训练

某单泵站输油管道的泵站由两台同型号的离心泵串联组成，单泵的特性方程为 $H_b=350-250q^{1.75}$，泵站的出站压力为575m液柱，站内摩阻取25m液柱，终点标高比起点高125m液柱。在流态与站内摩阻不变的条件下，分别计算单泵和双泵并联运行时的管道输量。

任务4　管道中水击现象的预防与控制

知识目标

了解长输管道中的水击现象及其危害。

技能目标

能够预防和控制长距离输油管道水击现象。

工作过程知识

前面讨论输油管道系统的调节方法，分析管道发生事故时的参数变化规律等，都是以能量的供求平衡为理论依据。即管道系统不论是人为的，还是自然的，从一种工况转变到另一种工况，都是以稳定的工作状态为前提的。

实际上，在输油管道系统从一种工况转变到另一种工况的过程中，还存在一个不稳定的工作过程，从流体力学理论可知，流体在这样的不稳定工作过程中，会产生附加的动水压力。这种由于管道系统的工况改变引起的附加动水压力称为水击压力。

一、水击压力产生的基本规律

如图 2-24 所示的流体从储罐通过管道和阀门向外排放的系统中，假设有：储罐的容量为无限大；储罐液位 H_0 不随阀门的开闭而变化；管道长度 L 无限短，产生的水击压力在传递过程中无衰减；储罐内的流体为理想流体，则在流动过程中，无沿程压降，在稳定流动时，管道中各处的动水压力均与储罐的液位相同。通常将满足以上假设的系统称为短管系统。短管系统产生水击的规律有以下四个方面。

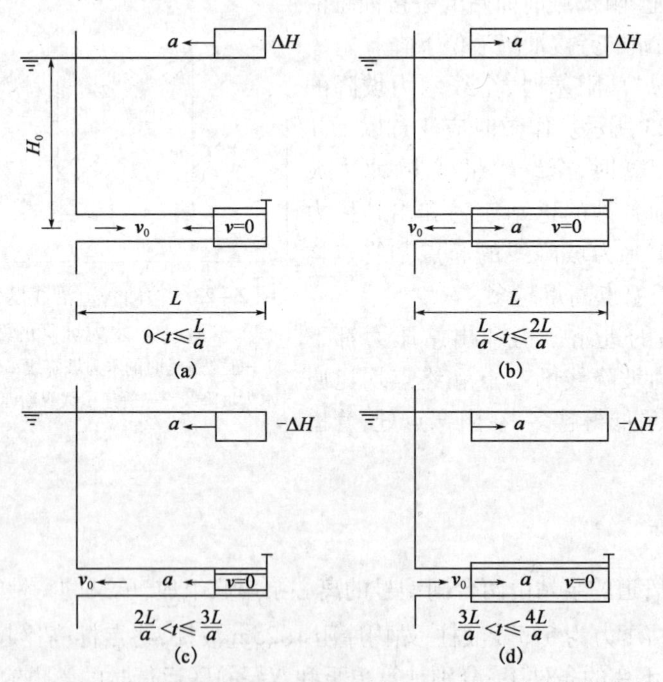

图 2-24　短管系统水击产生的规律

(a)增加波产生与传播；(b)回压波产生与传播；(e)减压波产生与传播；(d)恢复波产生与传播

1. 增压波的产生与传播

当管道端部的阀门从开启状态突然关闭时，流体由于惯性的作用，不能马上停止流动，而

是继续流向阀门处，在阀门前挤压。在挤压和管道弹性的共同作用下，在阀门处产生附加压力 ΔH 。随着流体的逐层受挤压，停止流动，ΔH 以压力波的形式向储罐传播，若压力波的传播速度为 a ，则经过 L/a 时间后，ΔH 传至储罐，管道内各处的压力均增至 $H_0 + \Delta H$。

2. 回压波的产生与传播

ΔH 传至储罐时，由于管道内的压力高于储罐的液位，液体又在管道弹力的作用下向储罐内回流，在储罐处产生大小为 ΔH 的回压波向阀门方向传播，经关阀后的 $2L/a$ 时间后，回压波传至阀门处，管道内各处的压力恢复至 H_0。

3. 减压波的产生与传播

回压波传至阀门处时，管道内的流体仍具有向储罐流动的惯性。在此惯性作用下，流体继续向储罐流动，在阀门处产生大小为 ΔH 的减压波向储罐方向传播，经关阀后的 $3L/a$ 时间后，减压波传至储罐处，管道内各处的压力均减至 $H_0 - \Delta H$。

4. 恢复波的产生与传播

减压波传至储罐处时，管道内的压力低于储罐液位，液体又在储罐液位的作用下向阀门处流动，在储罐处产生大小为 ΔH 的恢复波向阀门方向传播，经关阀后的 $4L/a$ 时间后，恢复波传至阀门处，管道内的流体恢复至关阀时的初始状态。

如果管道终端关阀产生的这种压力波在传递过程中没有能量的衰减，就会按照以上的规律在储罐与阀门间周而复始循环下去，循环周期为 $4L/a$。实际上，由于压力波在传递过程中的不断衰减，强度不断减弱，最后趋于平静，恢复至稳定状态。

二、水击压力的计算

根据流体力学理论，水击压力的值为

$$\Delta H = \frac{a}{g}(v_0 - v) \tag{2-71}$$

式中 ΔH——水击压力，米液柱；

a——水击波的传播速度，m/s；

g——重力加速度，m/s^2；

v_0——流动状态改变前的液流速度，m/s；

v——流动状态改变后的液流速度，m/s。

水击波的传播速度被输送介质的性质，管道的材料和结构等因素有关，可按下式计算：

$$a = \sqrt{\frac{K}{\rho\left(1 + \frac{dK}{\delta E}C\right)}} \tag{2-72}$$

式中 a——水击波的传播速度，m/s；

K——被输送介质的体积弹性模量，Pa；

E——管道材料的弹性模量，Pa；

ρ——被输送介质的密度，kg/m^3；

δ——管道的壁厚，m；

d——管道的内径，m；

C——管道的约束系数。

常用材料的弹性模量见表2－17，原油的体积弹性模量见表2－18。C值取决于管道约束条件：管道轴向可以自由伸缩（承插式接头连接）时，$C=1$；一端固定，另一端（埋地管道的出土端）自由伸缩时，$C=1-\mu/2$；管道无轴向位移（埋地管道）时，$C=1-\mu^2$。μ为管材的泊松系数，其值见表2－17。

表2－17　几种常用材料的弹性模量和泊松系数

材料名称	弹性模量E，10^3MPa	泊松系数μ
钢	206.9	0.30
铜	110.3	0.36
铝	72.4	0.33
铸铁	165.5	0.28

表2－18　原油的体积弹性模量　　单位：10^5Pa

油　品	7℃	21℃	38℃
15℃时相对密度为0.83的原油	15300	13500	12250
15℃时相对密度为0.90的原油	19200	17350	15600

三、长距离输油管道的水击特点

长距离输油管道的开泵、停泵、泵机组转速改变、阀门开度调整、各种事故状态等都可能会引起水击压力的产生。由于长输管道的线路比较长，压力比较高，压降比较大，其水击的特点与短管有较大不同。

1. 水击波传播的时间较长

长输管道的各泵站间距一般在50～150km之间，水击波的传播速度约为1km/s。因此，一个泵站的运行状态发生变化，产生的水击波要经过50～150s才能传到相邻泵站或终端，这就给管道的运行调节在时间上提供了有利条件，但同时导致了达到新的稳定状态的时间延长。

2. 管道存在充装现象

一般情况下，泵站的出站压力在5～10MPa之间，管道沿线的动水压力比较高，下游的阀门突然关闭所产生的初始水击压力只能使流体向下游的流动受到阻滞，而不能使其立即停止流动。如图2－25所示，长距离输油管道的下游阀门关闭时，首先产生初始水击压力ΔH_1，并向上游传播。由于管道上游的动水压力比较高，初始水击压力波到达处的动水压力与水击压力的叠加值仍低于管道内的动水压力，流体会在此压力的作用下继续向下游流动，这种流动称为管道的充装。管道充装会使阀门处的压力继续升高，如图中的ΔH_2。

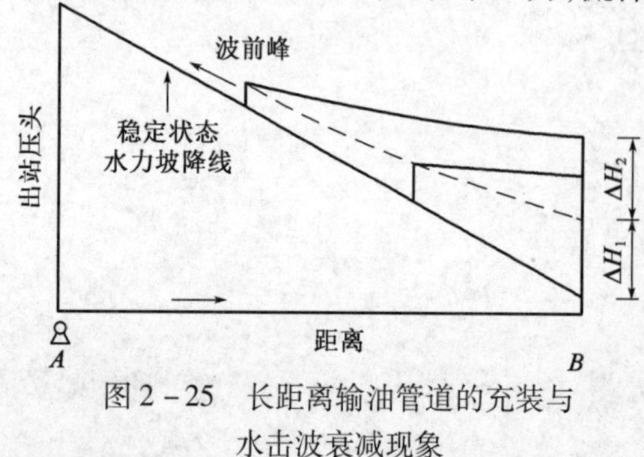

图2－25　长距离输油管道的充装与水击波衰减现象

3. 水击波在传播过程中存在衰减现象

长距离输油管道水击波衰减的原因来自两个方面：一是水击波传播过程中的自身能量消耗；二是随着管道充装的不断进行，波前峰管道内流体的流速不断减小，水击波的幅度不断减弱。后者是主要的，如图2－25所示。

四、长距离输油管道水击的危害

1. 管道终端关阀的危害

管道终端关阀造成的危害主要发生在同步超压、叠加超压和充装超压的情况下。同步超压是一种由水击波传播、管道充装、止回阀动作等共同作用造成的超压危害。这种危害多发生在旁接油罐流程的输油管道上。旁接油罐流程的输油管道,可以看成是由若干个上游端是输油泵,下游端是储油罐的单泵站输油系统。在这种系统中关闭下游端的阀门时,产生的增压波向上游端传播。若该增压波到达上游泵站出口单向阀时,使得单向阀后端的压力高于前端的压力,单向阀将关闭。单向阀关闭后,阀后产生减压波,管道内的压力下降;阀前泵的出口压力上升,使得单向阀重新导通,输油泵再次向下游管道充装,直到管道内的压力超过一定值,单向阀关闭后不再开启,出现输油泵憋压、管道超压等事故。

叠加超压是由泵站的进站压力和出站压力叠加造成的一种超压事故。这种事故多发生在从泵到泵流程的输油管道上。从泵到泵流程的输油管道终端关闭阀门后,上游泵站的输量急剧减少,管道沿程压降随之迅速减小,上游泵站至当前站的剩余压力迅速增高,当前站急剧增高的进站压力叠加到输油泵的泵压,使得出站压力进一步升高,不断提高的出站压力进一步向下游充装,可能造成管道的超压破坏。

充装超压危害是由于长距离输油管道末端关阀时存在着充装现象。阀门处的压力是逐渐达到最大值的,管道越长,动水压力越高,充装压头越大,阀门处达到最大压力需要的时间也越长。所以,有时管道或阀门的强度破坏可能发生在阀门关闭后的一定时间后,在长输管道的运行中要特别注意这一点。

2. 中间站停泵的可能危害

从泵到泵流程的输油管道上某中间泵站停运一台或多台输油泵后,本站的输送能力减小,进站处产生增压波向上游传播,出站处产生减压波向下游传播。增压波有可能使管道或设备造成强度破坏。减压波则有可能使管道内的压力低于所输油品的蒸汽压,造油品汽化,在管道内形成气穴和气液分离。气穴会使下游泵站的输油泵产生汽蚀。被气袋分离的液柱汇合时,会产生很高的瞬间压力,造成管道的强度破坏。

3. “气弹”危害

“气弹”危害多发生在管道沿线地形起伏剧烈的管段。管道高处的动水压力低,当管道内有减压波到达该处时,空气迅速膨胀,出现严重的气液分离;当气袋随管流到达管道低洼处时,因压力升高而快速凝结,管道内出现空穴,周围的流体瞬间冲向空穴,产生巨大的冲击力,有使管道爆裂的危险。犹如压缩气体发射的炮弹,故称为“气弹”危害。

五、长距离输油管道的水击控制

减少长距离输油管道水击危害的目的有两个:一是避免管道超压(包括超高压和超低压);二是减小管道运行参数的波动,维持管道的平衡运行。

由于水击压力的危害是伴随着管道运行状态的改变而产生的瞬变过程,且压力的方向有正有负。所以,在控制水击危害时,一般不采取加大管道壁厚、提高承压能力的办法,而是根据具体情况,选择泄压、回流、泵机组顺序自动停运、超前保护等保护措施。

1. 泄压保护

泄压保护是在管道可能出现超压的位置，安装专用的泄压阀门。在出现水击超压时，泄压阀自动打开，从管道中泄放一定数量的液体至泄压罐中，从而使管道内压力下降，避免超压破坏。

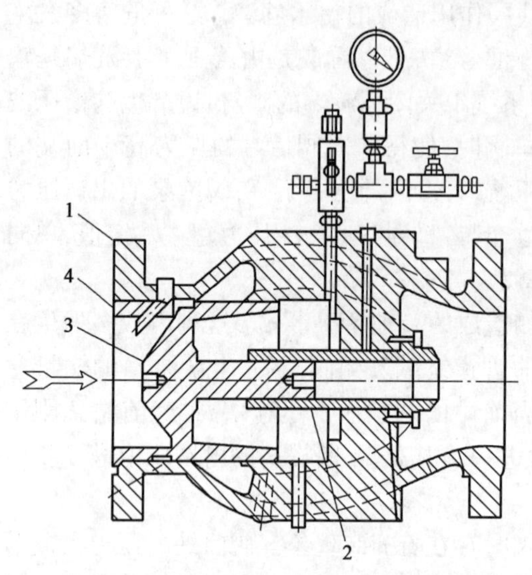

图 2－26　DNNFLO 管道泄压阀结构图

1—阀体；2—导向套；3—柱塞；4—定位器

DNNFLO 管道泄压阀是从美国 DANIEL 阀门公司引进的一种水击泄压阀，如图 2－26 所示。该阀是一种轴流式阀，由阀体、阀芯和氮气控制系统组成。阀芯是一个带有内腔的柱塞。柱塞外表与阀座的密封面接触，柱塞空腔内充有设定压力的氮气。当管内压力低于氮气的设定压力时，柱塞与阀座密封，管道正常工作；当管内压力高于氮气的设定压力时，柱塞沿轴向产生位移，与阀座脱离，液体向泄压罐泄流，以达到降压保护管道的目的。

2. 回流保护

回流保护措施主要用于并联泵站进站压力的超低压保护。对于泵站进站压力变化范围小，自动控制水平不高的输油管道，回流可以快速调整泵站的进站压力，维持离心泵正常运行。但是，在进站和出站压差大的大型长距离输油管道上，很少采用回流保护。

3. 泵机组顺序自动停运保护

泵机组顺序自动停运保护是建立在泵站逻辑控制的基础上的一种保护措施。该措施主要用于串联泵机组泵站的吸入压力超低或出站压力超高的保护。停运泵机组降低了泵站提供的能量，使泵机组的出站压力下降，进站压力上升。

4. 超前保护

超前保护是建立在高度自动化基础上的一项保护技术。当管道某处产生水击时，自动控制的通信系统迅速向上游和下游泵站发出信号，上游和下游泵站接到信号后，自动发出一个与传来的压力波相反的扰动，两波相遇后使传来的压力波峰值减弱，达到保护管道的目的。

项目三　常见阀门的操作及维护保养

知识目标

(1)熟悉常见阀门的作用、型号及结构。

(2)掌握阀门操作的基本原则。

技能目标

(1)能够规范操作各类阀门。

(2)能够对各类阀门进行维护保养。

(3)能够正确判断、处理阀门故障。

工作过程知识

输油管道流程中有数量众多、功能与型号各异的阀门,正确操作和维护这些阀门,对于确保输油管道安全、平稳、高效运行有着重要意义。

一、阀门的作用与型号

1. 长输管线阀门的作用

长输管线在起点站、中间增压站、干线上和各系统的出入端等处需设置启闭和控制的阀门。由于可能受到各类灾害和事故的影响,长距离油气输送管道可能会产生断裂、油气外漏、起火爆炸等问题。长输管线每隔10~20km的管路上,还需设置一个紧急切断阀、电动阀或气动阀等阀门。可见一条长输管线上将使用很多的阀门。长输管线经过沙漠、雨林、沼泽、山地、平原,所经地区气候恶劣、环境条件差,因此对阀门的要求比通用阀门更高。管线阀门要具有更高的强度和更好的密封性能、更长的使用寿命、操作快速轻便、维修方便。

利用长输管线输送需控制介质的流动,因而在管线上需要大量的阀门。长输管线上的阀门,主要有两种用途:(1)在干线和各系统的出入口处,起启闭切断作用和安全保护作用;(2)在管线起点站和中间增压站内,起控制介质输送的作用。

目前,长输管线上常用的阀门主要有:平板闸阀、球阀、紧急切断球阀、止回阀、快速球型调节阀等。阀门的连接形式有法兰连接和对接焊两种。阀门的驱动方式有手动、电动、气动、液动、电—液联动、气—液联动等多种驱动形式。

从长输管线用阀的发展趋势来看,要求管线阀门有以下特点:

(1)具有良好密封性能(适应各种介质和多变的工况条件);

(2)具有良好防火性能;

(3)结构紧凑、体积较小,并具有抗蚀性能和耐磨损性能;

(4)便于清管,并具有良好的抗外应力结构;

(5)适用于长输管线大口径的阀门和输送液化天然气的高压低温阀门。

2. 各种管线用阀的结构特点和作用

长输管线所用的常用阀门按作用可分为截止阀、调节阀、止回阀、安全阀、稳压阀、减压阀、转向阀等;按形状和构造可分为闸阀、球阀、蝶阀、旋塞阀、针形阀等。下面介绍其中的7种阀门。

1)闸阀

闸阀是指关闭件(闸板)沿通路中心线的垂直方向移动的阀门。闸阀在管路中主要作切断用。闸阀是使用很广的一种阀门,一般口径大于等于50mm的切断装置都选用它,有时口径很小的切断装置也选用闸阀。

平板闸阀主要特点为:结构长度较短、密封性能好、操作扭矩较小且启闭操作力较接近、流阻小、阀门不必设置异常升压的装置,带导流孔的平板闸阀可以通过清扫器清洁管道。但阀门的结构高度高,约为管道直径的3~4倍。

2)球阀

球阀的关闭件是个球体,球体绕阀体中心线作旋转来达到开启、关闭的一种阀门,如图2-27所示。球阀在管路中主要用来做切断、分配和改变介质的流动方向。球阀主要特点为:结构较紧凑、密封性能好、旋转可快速启闭阀门、操作时间较短,采用注入密封脂可形成二次辅助密封,防火结构的阀座在火灾时能保证阀门的密封,配套快速切断装置可实现阀门的紧急启闭。

3)蝶阀

蝶阀也叫蝴蝶阀，顾名思义，它的关键性部件好似蝴蝶迎风，自由回旋。蝶阀的阀瓣是圆盘，围绕阀座内的一个轴旋转，旋角的大小便是阀门的开闭度。蝶阀具有轻巧的特点，比其他阀门要节省材料,且结构简单，开闭迅速，切断和节流都能用，流体阻力小，操作省力。蝶阀可以做成很大口径。能够使用蝶阀的地方，最好不要使闸阀，因为蝶阀比闸阀经济，而且调节性好,如图2-28所示。

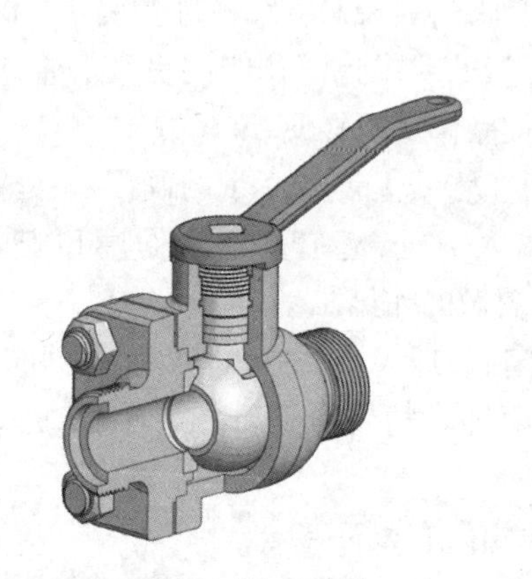

图2-27　球阀

图2-28　蝶阀

4)止回阀

止回阀是用来防止介质倒流的阀门,它依靠介质本身流动而自动开、闭阀瓣,如图2-29所示。止回阀根据其结构分为升降式、旋启式。止回阀多带阻尼结构,可有效消除管道的振动和降低流阻;采用双重密封(低压采用弹性密封,高压采用金属密封),密封效果好;可通过管道清扫器。

5)泄压阀

由于开泵或停泵可能使管道内介质流速变化和压力波动,产生水击波。为消除水击波的影响,长输管线上采用泄压阀来减轻水击波。图2-30为先导式高压泄压阀。

6)减压阀

在分支管道上设置减压阀,用来恒定用户进口端的介质压力,多采用先导式减压阀。它受介质清洁度的影响小、压力控制精度较高、性能稳定,如图2-31所示。

图 2－29　止回阀

图 2－30　先导式高压泄压阀

图 2－31　先导式减压阀

7）安全阀

安全阀是防止容器压力超过规定数值起安全作用的阀门。安全阀在管路中，当容器工作压力超过规定数值时，阀门便自动开启，排放出多余介质；而当工作压力恢复到规定值时，又自动关闭。一般当管道或设备中介质压力持续上升，达到最高工作压力的 1.05～1.1 倍压力时，安全阀打开泄压。

二、阀门的操作

1. 阀门操作的一般原则

（1）操作阀门时，应缓开、缓关。

（2）开启有旁通阀的阀门时，若阀门两端压差较大，应先打开旁通阀调压，再开主阀；主阀打开后，应立即关闭旁通阀。

（3）球阀只能全开或全关。

（4）收发清管器时，清管器经过的阀门应全开。

2. 手动阀门的操作

（1）操作前应注意检查阀门开闭的标志。通常情况下，关闭阀门时手轮（手柄）向顺时针方向旋转，开启阀门时手轮（手柄）向逆时针方向旋转。

（2）手轮（手柄）直径（长度）小于或等于 320mm 时，只允许一人操作；手轮（手柄）直径（长度）大于 320mm 时，允许多人同时操作或者借助适当的杠杆（长度一般不超过 0.5m）操作；操作阀门应均匀用力，不准用冲击力开闭阀门。

（3）操作截止阀和平板闸阀时，当关闭或开启到上死点或下死点时，应回转 1/2～1 圈。

3. 电动阀门的操作

（1）对停用 3 个月以上的电动阀门，启动前应检查离合器，确认手柄在手动位置后，再检查电机的绝缘、转向及电气线路，一切正常后，才可实施启动操作。

（2）开启电动阀门时，应监视阀门开启指示和阀杆运行情况，阀门开度要符合要求；关闭电动阀门时，在阀门关到位前，应停止电动机，改用微动将阀门关到位。

（3）对行程和超扭矩控制器整定后的阀门，首次全开或全关时，应注意对行程的控制情况，在阀门开关到位置而没有停止时，应立即手动紧急停机。

(4)在电动阀门的开启和关闭过程中,如有信号指示灯报警,阀门出现异常声响等情况,应立即停机检查。

4. 气动阀门的操作

(1)首次投用气动阀门执行器时,应进行往复循环动作,使活塞密封环或活塞杆密封圈磨合,达到运转灵活,并无泄露;同时检查气动阀门执行器动作与阀门开关的一致性和协调性。

(2)在调整气动阀门开关速度时,应通过气动阀门执行器上的排量控制阀均匀调节,不应过分限制排量,以防止出现阀门运行不稳定的情况。

(3)气动阀门执行器和阀门应保持良好润滑。

5. 液动阀门的操作

(1)操作液动阀门前,应检查:油箱油位和油质是否符合要求;液压油泵及供油管的各部是否良好无渗漏;各连接部位的螺栓有无松动,连接是否可靠;阀位指示与阀的实际开闭位是否相符;手压泵打油是否充足、稳定。

(2)液动球阀开关前,应使球体两端密封圈的压力为零,以减少球体和密封圈的摩擦力;球阀开关后,应及时向球体密封圈充压。

6. 气液联动阀门的操作

(1)气液联动阀门在启动前,应将驱动装置进气阀置于全开状态,使气压表压力值达到规定要求;检查气路和油管道及接头处有无泄漏;液压定向控制阀置于开或关的位置,手动检查执行机构的工作情况,阀门开关运行应平稳、无卡阻现象。

(2)启动气液联动阀门时,液压定向控制阀应选择在自动(气动)位置,按下或拉出开关手柄,即实现阀门开或关。阀门开关到位后,放松手柄,气压罐中气体将自动排放;调节减压阀开度,可改变阀门的开关速度。

三、阀门的维护保养

1. 阀门的日常维护

(1)检查阀门的油杯、油嘴、阀杆螺纹和阀杆螺母及传动机构的润滑情况,及时加注合格的润滑油、脂;检查阀门填料压盖、阀盖与阀体连接及阀门法兰等处有无渗漏;检查支架和各连接处的螺栓是否紧固。注意:阀门的填料压盖不宜压得过紧,应以阀杆上下运动灵活为宜。

(2)阀门在使用过程中,不应带压更换或添加填料密封。阀门在环境温度变化较大时,如需在高温下对螺栓进行紧固,不应在阀门全关位置上进行紧固。

(3)对裸露在大气中的阀杆螺纹要保持清洁,宜用符合要求的机械油进行防护,并加保护套保护。

2. 阀门的定期维护

(1)定期对阀门的手动装置、电动装置、液动装置、气动装置、自动装置及控制系统(包括限位开关、力矩限制开关、仪表远程控制装置等)进行检查,测试和调整。

(2)定期清洗阀门的气动和液动装置,定期对阀体进行排污。

(3)长期关闭状态下的阀门,阀体内存油容易受热膨胀,应定期检查阀门中开面密封情况,必要时打开阀盖丝堵泄压;冬季应注意阀门的防冻,及时排放停用阀门和工艺管线里的积水；长期不用的大口径球阀，应定期进行开关动作，以免卡死。

(4) 定期检查电动阀传动减速箱油位；定期检查气动阀门的驱动气源气质，液动阀门的液压油质，加注密封脂。

3. 阀门的检修

1) 阀门检修前的准备

(1) 大口径阀门修理应编写检修方案，制定检修工艺，并经有关部门批准；

(2) 根据检修方案，备齐有关技术资料、工装、夹具、机具、量具和材料；

(3) 检查运行工艺流程，将阀门与相关联的工艺流程断开，排放内部介质，进行必要的置换，并严格按安全规程操作；

(4) 切断与检修阀门相关的电源、气源、液压油路，并清洗气路、油路及元件，操作要符合安全操作规定；

2) 阀门检修的内容

(1) 检查阀体和全部阀件；

(2) 更换或添加填料，更换密封顶紧弹簧件（弹簧、橡胶 O 形圈）；

(3) 对冲蚀严重的阀件，可通过堆焊、车、磨、铣、镀等加工修复；

(4) 更换弹性密封的密封件，研磨非弹性密封阀门的密封组件；

(5) 清洗或更换轴承；

(6) 检查、调整、修理阀门的手动、电动、气动、液动、自动等执行装置。

3) 阀门检修的注意事项

(1) 检修阀门应挂牌，标明检修编号、工作压力、工作温度及介质；

(2) 拆卸、组装应按工艺程序，使用专门的工具，严禁强行拆装；

(3) 拆卸的阀件应单独堆放，有方向和位置要求的应核对或打上标记；

(4) 全部阀件应进行清洗和除垢；

(5) 工作温度高于 250℃ 的螺栓及垫片装配时应涂防咬合剂。

四、阀门的故障处理

电动阀门的常见故障及原因见表 2－19，液动阀门的常见故障及原因见表 2－20，气动阀门的常见故障及原因见表 2－21，气液联动阀门的常见故障及原因见表 2－22。

表 2－19　电动阀门常见故障及原因

序号	故 障	原因
1	阀门不动	离合器未在电动位置或损坏；电动机容量小；电动机过载；填料压得过紧或斜偏；阀件螺母锈蚀或卡有杂物；传动轴等转动件与外套卡住；阀门两侧压差大；楔式闸阀受热膨胀，关闭过紧；扭矩过大
2	电机不转	电气系统故障；开关失灵或超扭矩开关误动作；关阀过紧
3	阀门关不严	行程控制器未调整好；闸阀、闸板槽内有杂物或闸板脱落；球阀、截止阀密封面磨损
4	行程启停位置发生变化	行程螺母锁定销松动；传动轴等转动件松动；行程控制器弹簧过松
5	电机停不下来	开关失灵

表 2-20　液动阀门常见故障及原因

序号	故障	原因
1	液压泵打不上压	油箱内油位过低;液压泵入口堵塞或气阻;进油管路漏气;泵内单向阀失灵;分配阀位置不对或部件损坏
2	液压泵扳不动	泵出口阀未打开;球阀两端密封圈为泄压;分配阀位置不对;液压油系 统阀门开闭位置不对;液压油管路堵塞或液压油黏度过大;球阀的齿轮与齿条配合不好
3	阀门关不严	压力作用杆移动位置失调;指针位置不准;球阀内有杂物卡阻;密封件、启闭件被磨损或损坏
4	密封压力稳不住	球阀密封圈泄漏;密封系统泄漏;稳压缸渗漏

表 2-21　气动阀门常见故障及原因

序号	故障	原因
1	阀门不动	气路有塞堵;气源压力不足;调节阀整定值过低;气路、汽缸、活塞或气马达漏气;弹簧或膜片损坏;阀门内有卡阻
2	阀门动作不到位	气源压力不足;调节阀定位有误;气路、汽缸、活塞或气马达漏气;限位开关失灵;阀门内有杂物
3	阀门开关动作相反	阀门与气动装置安装错位;阀门限位器位置错位;调节阀安装有误
4	阀门有内外泄漏	密封失效;缺少密封脂;阀门内有杂物;参照“阀门动作不到位”故障分析

表 2-22　气液联动阀门常见故障及原因

序号	故障	原因
1	驱动器不能驱动阀门	气源压力不足;管路及连头漏气、漏油、堵塞;液压定向控制阀选择不正确;活塞或旋转叶片密封失效;阀门手卡,扭矩过大;驱动器机械转动装置卡死或脱落
2	气动操作缓慢迟滞	截止、节流止回阀开度调节过小;过滤器堵塞;开关控制阀泄漏;油缸内混有气体;液压油变质
3	压降速率超限、防护误动作	压降速率、延时时间调整不当;蓄压阀(参比罐、泄压阀)漏;信号采集气源误关断;关断点到信号采集点气路有泄漏
4	压降速率超限、防护不动作	压降速率、延时时间调整不当;液压定向控制阀选择不正确;蓄能无气压(误排放);油路、气路堵塞
5	手泵扳不动	液压定向控制阀选择不正确;油路堵塞;卡阀或开关已到位

典型案例

库鄯原油管道

一、管道概况

库鄯原油管道位于新疆维吾尔自治区,西起库尔勒市,东至终点鄯善,承担着塔里木油田原油外输任务。1997 年 7 月库鄯原油管道投产运行。管道管径 610mm,壁厚 7.1~7.9mm,设计运行压力为 8.0MPa,设计年输量为 500×10^4t。管道全长 476km,沿线设库尔勒首站、马兰中间站、觉罗塔格减压站和鄯善末站。管道沿途地形条件复杂,管路最高点至最低点相距 104km,最大落差达 1660m。管道沿线地区昼夜温差大,沿线极端最高气温 47.6℃,极端最低

气温 -32.7℃；沿线地温也有较大差异，冬季最低地温 0.8℃，而夏季最高地温（吐鲁番段）达到 24℃。

二、相关技术

库鄯原油管道（库尔勒—鄯善）是我国第一条高压、大落差、采用常温密闭输送工艺的长输管道。其运行方式一泵到底，中间无加热站，不设反输流程。在工艺运行方面，确保塔里木原油常温输送的安全及克服大落差对运行的影响是关键的技术。

1. 常温输送

库鄯管道管输原油为塔里木原油。在库鄯管道建设之初，塔里木原油已相继开发了轮南、桑塔木等六大区块，但各区块的原油物性差别很大，例如塔中区块的原油凝点低于 -30℃，牙哈区块的原油的凝点却在 14℃以上。随着塔里木油田勘探开发的推进，新的区块会被开采而且各区块原油产量也会有所变化，外输原油的物性也存在不断恶化的可能。针对这一实际情况，利用原油加剂改性输送技术，在库鄯管道的设计阶段，就对其管输原油流动性的改善进行了大量的试验研究，并拟定了库鄯管道加剂常温输送的工艺方案。在降凝剂添加浓 8g/t、最佳加剂处理后急冷过程（通过换热器回收热量）的终了温度不低于 35℃的情况下，原油在首站经一次加剂处理后可实现全线常温输送。

1997 年 7 月库鄯管道投产时，管输原油的物性见表 2 -23 。1997 年 12 月，库鄯管道添加降凝剂运行后，在库尔勒首站测得的加剂和未加剂原油的黏度和凝点等参数见表 2 -24。由表中的数据可以看出，在降凝剂添加量为 8g/t 时，原油的流动性得到了显著的改善，达到了常温输送的要求。

表 2 -23　1997 年库鄯管道管输塔里木原油的物性参数

密度，kg/m^3	凝点，℃	析蜡点，℃	反常点，℃	含蜡量，%	胶质沥青质含量，%
848	1	33.4	15	7.33	7.90

表 2 -24　首站加剂和未加剂原油凝点和黏度测量数据对比

类　　别	凝点，℃	2℃黏度，mPa·s
加剂原油	-4.5	42.8
未加剂原油	1	158

库鄯管道是利用原油加剂改性技术进行设计建设的国内首条管道，由于采用了加剂改性输送工艺，节省了 4 座加热站的建设投资。

2. 地势大落差

1）解决方案

库鄯原油管道翻越觉罗塔格山时，在长约 104km 的下坡段上，高差达 1660m，如图 2 -32 所示。对于管道的这种大落差，若不采取一定的控制措施，则会造成管道超压、振动以及断流等严重危及管道运行安全的诸多问题。针对库鄯管道大落差的实际情况，在设计阶段就进行了变径管、修建隧道和设置减压站等三种应对方案。变径管不能解决停输后低点静压超高的问题，而且高点后需增设一座泵站才能满足满负荷运行的要求。在山区修建隧道的费用很高，工期很长，要大大增加工程投资并推迟管道的建成时间。经济评估显示，设置减压站与增大管道壁相比，工程的投资要小。减压站还对调整管道运行压力以及调节输量起到重要作用。库鄯管道最终采用了设置减压站的方案，在较低输量时，调节减压阀的节流程度，减小管道下坡段动水压力，保证管内慢流；停输时，减压阀完全关闭，隔断静压，避免低处静水压力超高。当管道达到设计的满负荷输量时，水力坡降线变陡，低处不致出现水压力超高，此时减压阀只用在停输时隔断静压。

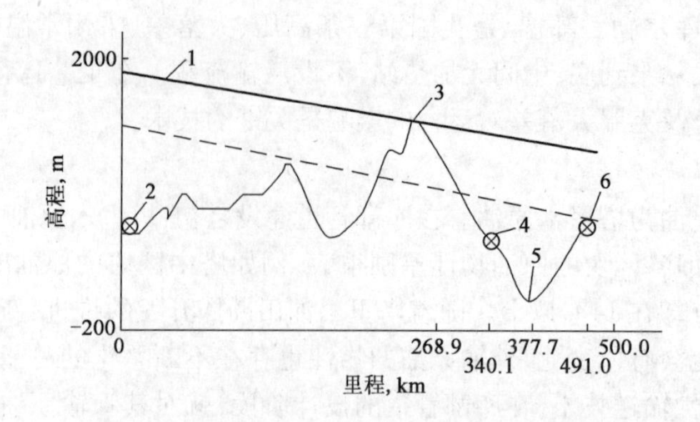

图2-32　库鄯原油管道的纵断面及水力坡降线

1—水力坡降线；2—首站（h=990.0m）；3—高点（h=1560.2m）；4—减压站（h=797.0m）；5—低点（h=-59.0.0m）；6—末站（h=995.0m）

2）减压站的运行控制

在反复计算论证的基础上，在库鄯管道1660m落差上仅设置了一级减压站。库鄯管道减压站的流程如图2-33所示。减压站通过减压阀实现对于管道运行的控制。

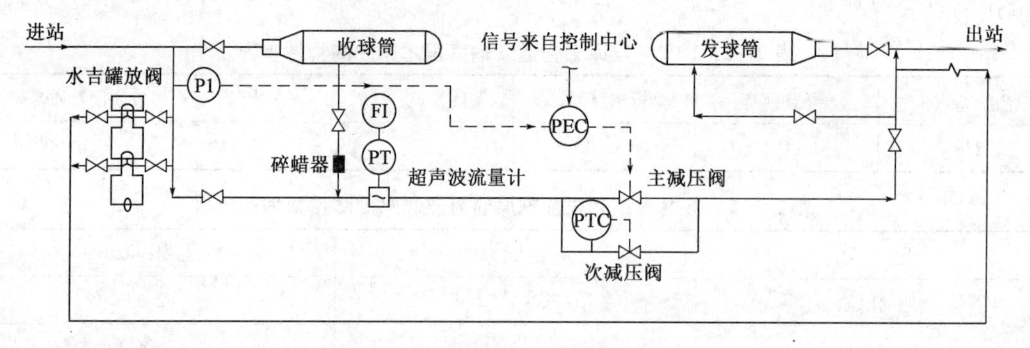

图2-33　库鄯原油管道减压站流程

库鄯管道减压站设有并联的主次两个减压阀，均为失信号关闭的阀型。减压站控制的主要工艺参数是其上游的压力。正常情况下只有主减压阀运行，它受减压站上游的压力设定值控制。SCADA系统根据管道输量，由软件计算出减压站上游应该达到高潮的压力值。该压力值通过通信系统传至主减压阀，作为其压力设定值。若输量下降，由计算所得的减压站所需的压力上升，主减压阀将立即关至适当位置，以维持阀前压力为新的计算值；反之，若输量上升，按此输量计算的阀前压力值将下降，主减压阀将逐渐打开至所需的位置。当管道停输时，减压阀自动关闭，将管道分成若干段，防止静水压力超过允许最大工作压力。如果主减压阀的控制出现故障，该阀将自动关闭，使减压站上游的压力增加。当减压站的压力达到第二个压力控制器的给定值时，正常时处于关闭状态的次减压阀将打开，维持并控制管内压力在允许范围内。为确保安全，还在进减压站内的管线上设有两组（一用一备）泄压阀，管内压力超高时还可自动泄压，进行超压保护。

课后练习

一、思考题

1. 什么是等温输送?
2. 等温输油管道工艺计算的主要目的和内容分别是什么?
3. 工艺计算中有哪些参数? 如何确定?
4. 原油在管道中流动的压降包括哪几部分?
5. 什么是水力坡降? 用什么符号表示?
6. 水力坡降线的意义是什么?
7. 什么是输油管道的翻越点?
8. 解决翻越点后管道不满流的措施有哪些?
9. 什么是离心泵的特性曲线?
10. 什么是离心泵的工作点?
11. 离心泵并联工作的目的是什么?
12. 离心泵的调节有哪些方法?
13. 什么是输油管道系统的工作点? 如何用作图法确定?
14. 输油管道的动水压力和静水压力分别是什么?
15. 输油管道的投产过程包括哪些?
16. 输油管道试压分为哪几个阶段?
17. 密闭输油如何实现全线输油量的调节?
18. 分析某中间泵站停输,全线其他各站运行参数变化情况。
19. 输油管道沿线某点发生泄漏时,全线运行参数如何变化?
20. 输油管道沿线某处出现阻塞时,全线运行参数如何变化?
21. 什么是水击?
22. 长输管道运行中,哪些原因会造成水击发生?
23. 长输管道水击控制的措施有哪些?
24. 密闭输油怎样实现水击超前保护?

二、计算题

1. 普通钢管的直径 $D=0.2\text{m}$,长度 $L=3000\text{m}$,输送相对密度为 $0.9\times103\text{kg/m}^3$ 的石油,若质量流量 $q_m=90\text{t/h}$,其运动黏滞系数在冬季为 $1.09\times10^{-4}\text{m}^2/\text{s}$,在夏季为 $0.355\times10^{-4}\text{m}^2/\text{s}$,试确定冬季和夏季沿程压降各为多少?

2. 某长距离输油管道直径 $d=1\text{m}$,管长 $L=100\text{km}$,输送运动黏度 $v=1.6\times10^{-4}\text{m}^2/\text{s}$ 的石油,流量 $Q=1.083\text{m}^3/\text{s}$,终点高程比起点高 125m,从起点输送到终点无剩余能量。选用单泵的特性方程为,$h=350-225q^{1.75}$ 各个泵站均为 2 台离心泵串联,站内摩阻取 25m。

(1)求这条管道从起点输送到终点的理论泵站数。

(2)分下列两种情况将泵站数化整:

①将泵站数化小,欲保持原来的流量,需铺设副管(副管直径与主管相同),计算铺设副管的长度;

②将泵站数化大,欲保持原来的流量,需铺设直径为 0.8m 的变径管,计算铺设变径管的长度。

3. 按给定的基础参数完成输油管道的工艺计算：任务年输量：500×10^4t；输送油品的密度：$\rho_{20}=850\text{kg/m}^3$；输送油品的黏度：$v_{20}=10\text{mm}^2/\text{s}$，$v_{10}=15\text{mm}^2/\text{s}$；管道敷设地区的年最低月平均地温为1℃；管道最高输送压力为8MPa；管道沿线地形见表2－25。

表2－25　某输油管道的沿线地形

距离，km	0	50	100	200	300	350
标高，m	50	100	300	200	400	150

（1）整理基础数据：流量、温度、密度、黏度（用两种计算公式和黏温曲线）；经济流速、管径、管材、壁厚、管道纵断面图。

（2）计算管道总压降：分别用达西公式和列宾宗公式计算管道水力坡降；分别用作图法和解析法判别管道沿线的翻越点；输油站内取有保险活门的储油罐出口1个，输油泵入口1个，闸阀6个，升降止回阀1个，低黏度油品过滤器1个，波纹补偿器1个，90°冲制弯头10个（$R=1.5D$），大小头4个，转弯三通3个，计算输油站局部压降。

（3）确定泵站数，将泵站数化为整数；确定泵机组的串联或并联形式；选择输油泵，确定泵台数；确定输油泵和泵站的特性方程，画出泵的特性曲线。

（4）在常压进泵，终点余压小于0.5MPa的条件下用作图法和解析法确定系统的工作点；根据解析法确定的系统工作点系数，按从泵到泵输油流程沿线布置泵站。

（5）校核输送温度为30℃时的管道运行参数。

学习情境三　油品加热管道输送

我国的原油多为高黏度、高含蜡、高凝点的“三高”原油（如某油田的原油凝点为31℃，含蜡量为21%，40℃时的黏度为182mm²/s），也称易凝、高黏油品。易凝、高黏油品若按等温管道输送，一来管壁的结蜡往往会比较严重，二来管道的摩阻损失较大，压降大。尤其是当周围环境温度远低于原油的凝点时，这两种情况则更为严重。因此，易凝、高黏原油常采用加热输送。加热输送的目的就通过提高油品的温度来降低其黏度，减少输送时的摩阻损失，减小管道压降；保证油流的温度高于其凝点，以防止凝结事故发生。

加热的方法主要是在管路沿线设置加热站。加热可利用蒸汽、热媒换热器换热或加热炉直接加热。加热设备有直接式加热炉或间接式加热炉（热媒炉）两种，对站内管线或短管路还可以利用电伴热或蒸汽管伴热。

本学习情境主要介绍加热输送管道系统的设计及其运行管理。

项目一　加热输油管道泵站及加热站的配置

在管道输送热油的过程中，由于管道中的油温高于管路周围的环境温度，油流所携带的热量将不断地往管外散失，从而使原油在向前流动的过程中不断降温，即引起轴向温降。轴向温降的存在，使油流的黏度在输送过程中不断上升，单位管长的摩阻逐渐增加，当油温降低到接近原油凝点时，单位管长的摩阻将急剧增高。故加热输送不同于等温输送，其特点可大致归纳为以下三个方面：

（1）在热油输送过程中有两方面的能量损失：一是消耗于克服摩阻与高差的压能损失；二是与外界进行热交换所散失掉的热能损失。因此，除了在管路沿线需设置若干个加压泵站外，还需在管路沿线建若干个加热站。

（2）与两方面的能量损失相应的工艺计算应包括两部分：一是水力计算，二是热力计算。水力计算所要解决的问题基本与等温输送一样，主要是解决在完成规定输油任务的前提下，应选用多大直径的管路和设多少个泵站，即合理地解决压能供给与消耗之间的平衡问题；热力计算所要解决的问题，主要是确定加热温度和设多少个加热站，即合理地解决热能供给与散失之间的平衡问题。

摩阻损失与热能损失既互相联系，又互相影响。如果高油温输送，油流黏度低，摩阻损失少；摩阻损失少，泵站数就可以减少，但加热站需增多。反之，如果低油温输送，油流黏度大，摩阻损失大，因此泵站数需增加，但加热站数却可减少。这说明水力计算与热力计算相互影响，其中热力因素是决定性因素。在进行计算分析时，必须先考虑沿线的温降情况，以求得合理的泵站和加热站数。

（3）加热输送时，管内热油既可以在层流状态下输送，又可以在紊流状态下输送，同样也可以在混合流态下输送。

从减少热损失的角度来说，加热输送应控制在层流状态下。因为在层流时，热油的总传热系数总是小于紊流时的总传热系数，即层流状态散热少。但是，从减少摩阻损失的角度出发，加热输送应控制在紊流状态下，因为紊流状态下的水力摩阻系数总是小于层流状态时的水力摩阻系数。

对于高黏原油，宜在层流或在混合流态下输送，这样不但热能损失少，而且加热对摩阻下降的影响非常显著，因为层流时，摩阻与黏度成一次方的正比关系（$h \propto \nu$），加热后黏度降低，摩阻也就显著降低，而在紊流状态时，譬如在水力光滑区（$h \propto \nu^{0.25}$），黏度的降低对摩阻减少的影响则远不如层流时显著。对于高含蜡原油，宜在紊流状态下进行输送，因为流速大，管壁不宜结蜡。

任务1　加热站的配置

知识目标

（1）掌握轴向温降计算的公式。

（2）了解轴向温降曲线。

技能目标

能够对加热输油管道的加热站进行配置。

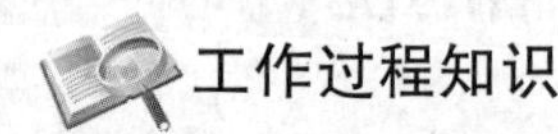

工作过程知识

一、轴向温降计算

1. 轴向温降计算公式

在加热输油管道沿线上，设离开管道起点任意距离 L 的截面油流温度为 T_L，利用传热学中的公式可知：

$$T_L = T_0 + (T_c - T_0)\mathrm{e}^{-\frac{KD\pi}{Gc}L} \tag{3-1}$$

式中　T_L——输油管道沿线 L 截面处的油温，℃；

T_0——输油管道敷设处的环境温度，℃；

T_c——输油管道起点处的油温，℃；

G——输油管道的质量流量，kg/s；

c——输油管道输送温度下油品比热容，J/(kg·℃)；

K——输油管道的传热系数，W/(m^2·℃)；

D——输油管道的计算直径，m；

L——输油管道沿线某截面与管道起点的距离，m。

2. 轴向温降曲线

在直角坐标系中表示油流到达相应距离的温度曲线，称为温降曲线，其横坐标表示管道离起点的距离，纵坐标表示对应的温度，如图3－1所示。图中温降曲线与纵坐标的交点为当前加热站的油品出站温度 T_c，温降曲线的终点在下一座加热站的进站处，对应下一座加热站的进站温度 T_j，温降曲线为负指数形式曲线，起点附近比较陡，终点附近比较缓。

二、加热输油管道温度参数的确定

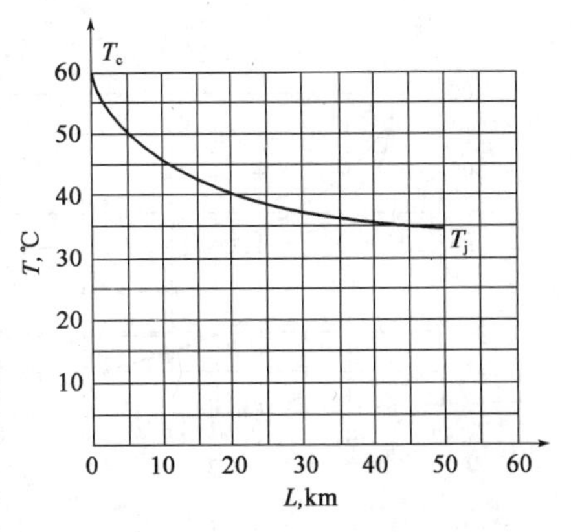

图 3-1　输油管道的温降曲线

从加热输油管道的温降公式可知，影响管道温降的温度参数包括环境温度 T_0、加热站的出站温度 T_c 和进站温度 T_j。

1. 环境温度 T_0 的确定

为了保证管道在最低环境温度时的运行安全，输油管道设计规范中规定，在进行加热输油管道的工艺计算时，环境温度取管道敷设处的年最低月平均环境温度。根据这一规定，埋地敷设的管道，取管道中心埋深处的年最低月平均土壤温度；架空敷设的管道，取管道架设处的年最低月平均空气温度。

由于埋地敷设的环境温度与管道的埋设深度有关，因此在确定加热输油管道的埋设深度时，除了要考虑与等温输油管道相同的因素外，还应考虑经济因素。因为在其他条件相同的情况下，加大管道埋设深度，可以减少管道的热量损失，节约热能，但增加了管道的施工、维修等费用。从经济角度考虑，大直径的长距离加热输油管道的埋设深度一般为管径的 2~3 倍。

2. 出站温度 T_c 的确定

确定加热输油管道加热站的出站温度时，一般应考虑以下几方面的因素：

(1)考虑所输油品中可能含有水分，为了避免水分的汽化，出站温度应小于 100℃。

(2)为了不使油品汽化，出站温度应小于所输油品的初馏点。

(3)确定出站温度应考虑管道防腐、保温等材料的性能，如采用沥青玻璃布做管道外防腐层，出站温度需要比沥青的软化点低 50℃。由于我国加热输油管道多采用专用防腐沥青防腐，而专用防腐沥青的软化点大都在 120℃左右，所以，我国加热输油管道的出站温度大都在 70℃以下。

(4)考虑经济因素。一般来说，提高出站温度，一是能够较显著地降低油品的黏度，二是能使油流的终点(或下一站的进站)也能相对保持较高的温度。但出站温度越高，用于加热的费用越高。所以，在确定出站温度时，首先要参考所输油品的黏温特性曲线。对于黏温特性曲线比较陡的油品，出站温度可以高一些；对于黏温特性曲线比较平缓的油品，出站温度应低一些。如图 3-2 所示，在出站温度从 55℃升高到 70℃时，油品 2 的降黏效果好于油品 1 的降黏效果。因为大多数的重油，在 100℃以下的区间内，黏温特性曲线都较陡，所以管道输送重油时，出站温度可以高一些；大多数含蜡原油，在凝点附近的黏温特性曲线较陡，当温度高于凝点 30~40℃时，黏温特性曲线就比较平缓了，所以管道输送含蜡原油时，出站温度不宜太高，一般以高出凝点 30~40℃为宜。其次还要参考管道的温降特性。当管道的温降曲线比较陡时，出站温度可以高一些，管道的温降曲线比较平时，出站温度应低一些。如图 3-3 所示，在出站温度从 50℃升到 60℃时，管道 1 的效果好于管道 2 的效果。一般情况下，在加热站的出站点附近，油流与管道周围环境的温差较大，温降较快；在管道的终点(或下一加热站的进站处)附近，油流与管道周围环境的温差较小，温降较慢。因此，加热站提供的大部分热量将散失在出站后的前半段管段上。为了提高管道终点处的(或下一加热站的进站处)油流温度而过多地提高加热站的出站温度，效果往往是不明显的，有时出站温度提高 10℃，终点(或下一加热站的进站处)的油流温度仅升高 2~3℃。

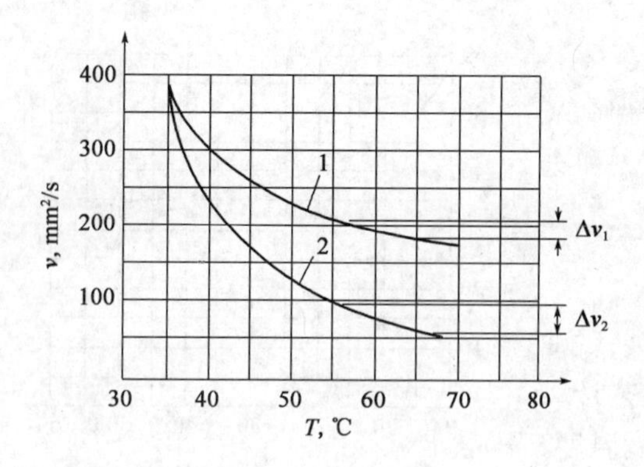

图 3－2　油品的黏温特性对出站温度的影响

1—黏温特性曲线较平的油品；

2—黏温特性曲线较陡的油品

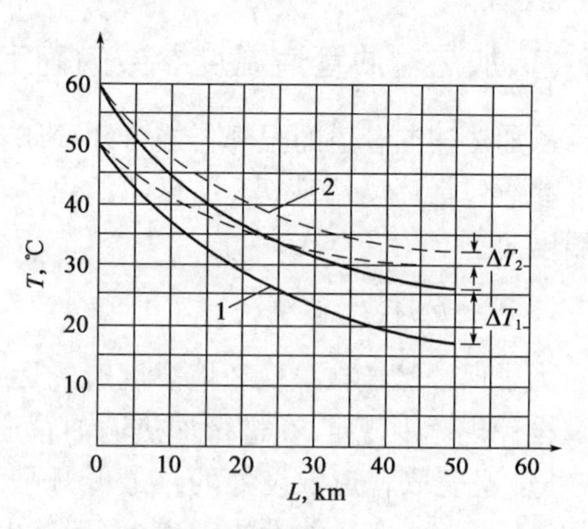

图 3－3　管道温降曲线对出站温度的影响

1—温降曲线较陡的管道；

2—温降曲线较平直的管道

总之，确定加热输油管道的终点温度时，通常要从被输送油品的凝点、含蜡量和黏度等几个方面综合考虑：一是要使用油品在管道终点的温度高于其凝点，以保证油品不会在管道中凝结；二是要使油品在站间管道大部管段内的输送温度高于石蜡的析出温度，以减少管道内壁的结蜡；三是要根据被输送油品的黏温特性，通过经济比较确定。

三、管道计算直径的确定

在加热输油管道的传热计算时，管道直径的选取与管道的结构有关。一般情况下，对于无保温层的管道，管道直径取钢管的外直径；对于有保温层的管道，管道直径取保温层内、外直径的平均值。

四、油品比热容的确定

原油和石油产品的比热容大都在 1.6～2.5kJ/(kg·℃)之间。粗略计算时，可取原油的比热容为 2kJ/(kg·℃)。原油的比热容随温度的升高、密度的减小而增加，在不考虑含蜡原油的析蜡影响的条件下，温度在 0～400℃范围内的油品的比热容随温度的变化可由下式计算：

$$c = \frac{1}{\sqrt{d_4^{15}}}(1678 + 3.39t_y) \tag{3-2}$$

式中　c——油品的比热容，J/(kg·℃)；

t_y——输油管道中油品的温度(在加热输油管道中，一般取油流在计算管段起、终点温度的加权平均值)，℃；

d_4^{15}——油品在 15℃时的相对密度，即油品 15℃时的密度与清水 4℃时的密度之比，无量纲。

五、加热输油管道传热系数的确定

根据传热学的定义，加热输油管道传热系数是指油流与周围介质温差为 1℃时，在单位时间内通过管道单位面积所传递的热量。它反映了油流向周围介质散热的强弱，通常用字母 K 表示。

传热系数的计算是以稳定传热状态下，油流通过管壁向环境散热各过程的热平衡方程为基础的，即

$$KD\pi(T_y - T_0) = \alpha_1 d_n \pi(T_y - T_{bn}) = \frac{2\pi\lambda_i}{\ln\frac{d_{iw}}{d_{in}}}(T_{bin} - T_{biw}) = \alpha_2 \pi d_w (T_{bw} - T_0) \quad (3-3)$$

式中 α_1——输油管道中油流向管内壁的对流放热系数，W/(m^2·℃)；

α_2——输油管道外壁向环境的放热系数，W/(m^2·℃)；

d_n——输油管道的内壁直径，m；

d_{in}——输油管道第 i 层管壁的内直径，m；

d_{iw}——输油管道第 i 层管壁的外直径，m；

d_w——输油管道最外层管壁直径，m；

D——输油管道的计算直径，m；

K——输油管道的传热系数，W/(m^2·℃)；

T_y——输油管道中油品的平均输送温度，℃；

T_{bn}——输油管道内壁的平均温度，℃；

T_{bw}——输油管道管外壁的平均温度，℃；

λ_i——输油管道第 i 层管壁材料的导热系数，W/(m^2·℃)。

式(3-3)表示加热输油管道中的油流向管道周围环境的散热量等于油流通过对流向管道内壁的放热量，也等于管道内壁通过传热向管道外壁的传热量，还等于管道外壁向管道周围的放热量。

根据热力学理论，传热系统的传(导)热热阻与传热系数互为倒数关系，传热系统的总热阻等于各环节传(导)热热阻之和，则加热输油管道的总传(导)热热阻为

$$\frac{1}{KD} = \frac{1}{\alpha_1 d_n} + \sum \frac{1}{2\lambda_i}\ln\frac{d_{iw}}{d_{in}} + \frac{1}{\alpha_2 d_w} \quad (3-4)$$

对于无保温层的直径管道，如忽略内外径的差值，则总传热系数可近似按下式计算：

$$K = \frac{1}{\frac{1}{\alpha_1} + \sum\frac{\delta_i}{\lambda_i} + \frac{1}{\alpha_2}} \quad (3-5)$$

式中 δ_i——第 i 层的厚度，m。

1. 油流到管内壁的放热系数 α_1 的计算

输油管道中油流向管道内壁的对流放热强度与油品的性质以及管流的流动状态有关。在紊流状态下，由于流动边界层较薄，对流放热热阻较小，放热系数较大，α_1 大多数情况下都超过 100W/(m^2·℃)。从式(3-5)可知，α_1 对传热系数的影响较小，在计算时可以忽略这部分热阻的影响。

在层流状态下，由于流动边界层较厚，对流放热热阻较大，放热系数较小，α_1 可按下式计算：

$$\alpha_1 = 0.17\frac{\lambda_y}{d_n}Re_y^{0.33}Pr_y^{0.43}Gr_y^{0.1}\left(\frac{Pr_y}{Pr_b}\right)^{0.25} \quad (3-6)$$

其中

$$\lambda_y = \frac{0.137}{d_4^{15}}(1 - 0.54\times10^{-3}T_y) \quad (3-7)$$

式中　λ_y——输油管道中油流在平均输送温度下的导热系数,(其值一般取0.1～0.16,W/(m²·℃)。显然,原油的导热系数随着输送温度的降低而增加,随油品密度的减小而增加。

Re_y为输油管道中,油流在平均输送温度下的流动雷诺数,可按下式计算:

$$Re_y = \frac{\nu_y d_n}{\nu_y} \tag{3-8}$$

Pr_y为输油管道中,油品在平均输送温度下的物理性质准数(普氏准数),可按下式计算:

$$Pr_y = \frac{v_y c_y \rho_y}{\lambda_y} \tag{3-9}$$

$$Gr_y = \frac{g\beta_y d_n^3 (T_y - T_{bn})}{\nu_y^2} \tag{3-10}$$

式中　λ_y——输油管道中油流在平均输送温度下的导热系数(其值一般取0.1～0.16),W/(m²·℃);

Re_y——输油管道中,油流在平均输送温度下的流动雷诺数;

Pr_y——输油管道中,油品在平均输送温度下的物理性质准数(普氏准数);

Pr_b——输油管道中,油品在管内壁平均输送温度下的物理性质准数(普氏准数);

Gr_y——输油管道中,油流的自然对流准数(葛氏准数);

T_y——油品的平均输送温度,℃;

v_y——油品的平均流动速度,m/s;

d_n——输油管道的内直径,m;

ν_y——油品在平均输送温度下的运动黏度;m²/s;

c_y——油品在平均输送温度下的比热容,J/(kg·℃);

ρ_y——油品在平均输送温度下的密度,kg/m³;

g——重力加速度,m/s²;

β_y——油品在平均输送温度下的体积膨胀系数,℃$^{-1}$;

T_{bn}——输油管道内壁的平均温度(在稳定传热时,通常比油流的平均温度值低2～3℃),℃。

显然,原油的导热系数随着输送温度的降低而增加,随油品密度的减小而增加。

2. 管壁的导热热阻计算

管道中的油流通过对流放热形式传递给管道内壁热量。在从管道内壁向最外层导热的过程中,需要克服管道本身、管壁结蜡层、防腐层以及保温层等各层的热阻,其中金属的导热系数较大(钢的导热系数通常为50W/(m·℃)左右),管道的壁厚又比较小(相对于其他各层),由式(3-5)可知,由于金属管道壁的导热热阻较小,工艺计算时可以忽略其影响。

防腐层的厚度一般为6～9mm,防腐材料的导热系数通常为0.6W/(m·℃)左右,其热阻对传热系数的影响较大,需单独计算。据统计,在埋地铺设的不保温加热输油管道中,防腐层的导热热阻约占总传热热阻的10%～15%。

架空和水下铺设的加热输油管道通常都设置保温层。保温层的导热系数都较小,如常用的离心玻璃棉的导热系数为0.035W/(m·℃),因此,保温层的热阻是影响传热系数的主要因素。

3. 管外壁至大气的放热系数 α_2 的计算

1）架空敷设的管道 α_2 的计算

架空敷设的管道向大气的放热过程包括对流换热和辐射换热两种形式，放热系数为

$$\alpha_2^k = \alpha_{2c} + \alpha_{2R} = c\frac{\lambda_a}{d_w}Re_a^n + \alpha_{2R} \tag{3-11}$$

其中

$$Re_a = \frac{v_a d_n}{\nu_a} \tag{3-12}$$

式中 α_2^k——架空敷设的加热输油管道外壁向空气的放热系数，W/(m·℃)；

α_{2c}——架空敷设的加热输油管道外壁向空气的对流换热系数，W/(m·℃)；

α_{2R}——架空敷设的加热输油管道外壁向空气的辐射放热系数，W/(m·℃)；

λ_a——空气的导热系数，W/(m·℃)；

d_w——输油管道最外层管壁直径，m；

c、n——与空气的雷诺数有关的常数；

Re_a——空气雷诺数；

v_a——管道架设处空气的流速，m/s；

ν_a——空气的运动黏度，m^2/s。

由于架空敷设的加热输油管道大都设置保温层，管道外表与大气的温差较小，辐射放热系数较小，工艺计算时 α_{2R} 可取值为4W/(m·℃)；空气在不同温度下的导热系数和运动黏度值见表3－1，与空气雷诺数有关的常数 c 和 n 的值见表3－2，架空敷设的加热输油管道对流放热系数 α_{2c} 的参考值见表3－3。

表3－1 标准大气压下干空气在不同温度下的导热系数和运动黏度

温度，℃	－40	－30	－20	－10	0	10	20	30	40
λ_a，10^2W/(m·℃)	2.12	2.20	2.28	2.36	2.44	2.51	2.59	2.67	2.76
ν_a，$10^6 m^2/s$	10.04	10.80	11.79	12.43	13.28	14.16	15.06	16.00	16.96

表3－2 常数 c 和 n 与空气雷诺数的关系

Re_a	5～80	80～5000	5000～50000	50000以上
c	0.81	0.625	0.197	0.023
n	0.40	0.46	0.60	0.80

表3－3 架空敷设的加热输油管道对流放热系数 α_{2c} 的参考值单位：W/(m·℃)

风速，m/s	管道的最外层直径，m						
	0.3	0.4	0.5	0.6	0.8	1.0	1.5
5	16.41	14.61	13.50	12.52	11.13	10.21	8.66
10	24.76	22.15	20.43	19.02	16.93	15.48	12.00
15	31.61	28.24	26.04	24.18	21.51	19.72	16.76
20	37.46	33.45	30.91	28.76	25.63	23.43	19.89

2）埋地敷设的管道 α_2 的计算

在埋地敷设的加热输油管道中，油流通过管壁向周围环境的放热过程是一个管外壁与管壁周围土壤颗粒间的导热，管外壁与管壁周围土壤中的空气、水分之间的对流放热的综合热传递过程。传热的多少，与土壤的性质、管道的埋设深度、管外径等因素有关。可将埋地敷设的加热输油管道的稳定传热过程简化为无限大均匀介质中连续作用的线热源的热传导问题，假设管道周围各处的土壤温度均等于土壤表面的温度，土壤表面向大气的放热系数为无穷大。按传热学理论，利用源汇法分析可得到 α_2^t 的计算公式：

$$\alpha_2' = \frac{2\lambda_t}{d_w \ln\left[\frac{2h_t}{d_w} + \sqrt{\left(\frac{2h_t}{d_w}\right)^2 - 1}\right]} \tag{3-13}$$

式中 α_2^t——埋地敷设的加热输油管道外壁向土壤的放热系数，W/(m·℃)；

d_w——输油管道最外层管壁直径，m；

h_t——埋地敷设的加热输油管道中心的埋设深度，m；

λ_t——埋地敷设的加热输油管道中心处土壤的导热系数（其值与土壤的种类、含水量、温度及存在状态等因素有关），W/(m·℃)。

部分土壤导热系数的参考值见表3-4。

表3-4　部分土壤导热系数的参考值

土　壤		湿度，%	λ_t，W/(m·℃)	
			融化状态	冻结状态
粗砂（1～2mm）	密实的	120	1.74～1.35	1.98～1.35
	密实的	18	2.78	3.11
	松散的	10	1.28	1.40
	松散的	18	1.97	2.68
细砂（0.25～1mm）	密实的	10	2.44	2.50
	密实的	18	3.60	3.80
	松散的	10	1.74	2.00
	松散的	18	3.36	3.50
不同粒度的干砂		1	0.37～0.48	0.27～0.38
亚砂土、亚黏土、粉状土		15～26	1.39～1.62	1.74～2.32
黏土		5～20	0.93～1.39	1.39～1.74
水饱和的压实泥浆		—	—	0.88
非压实泥浆		270～235	0.36～0.53	0.37～0.66

当管道埋设深度与管道外壁直径的比值大于2时，式（3-13）可近似为

$$\alpha_2' = \frac{2\lambda_t}{d_w \ln \frac{4h_t}{d_w}} \tag{3-14}$$

在式（3-13）的推导过程中，忽略了土壤自然温度场和土壤表面与大气之间放热热阻的影响。实际上，在地表面以下，越靠近管中心土壤温度越高，放热热阻越大，并且地表面与大气的对流换热也存在着一定的热阻。考虑这些因素的影响后，α_2 的实际值要比计算的结果偏

小,并且管道的埋设深度越小,这种影响越大。

在实际应用中,还可以根据已经稳定运行的加热输油管道的运行参数,利用温降公式反算传热系数,并将其作为同类地区新建管道的传热系数的经验参考值。根据我国一些稳定运行的非保温加热输油管道的运行经验,统计出传热系数的经验数值见表3-5。

表3-5 加热输油管道传热系数的经验数值

土壤特征	管道直径,mm	h_t/d_w	K,W/(m·℃)
中等湿度的黏土、砂质黏土	720	≥3~4	1.25~1.80
		≥2~3	1.40~2.10
中等湿度的黏土、砂质黏土	529	≥2~3	1.80~2.60
干燥的西北地区	159~325	≥2~3	1.20~1.80
长年浸于水中的管道	—	—	12~14

六、加热输油管道轴向温降公式的应用

1. 确定加热站的站间距离

在输油管道加热站的出站温度和终点(或加热站的进站处)温度确定的条件下,加热站的站间距为

$$L_R = \frac{Gc}{KD\pi}\ln\frac{T_c - T_0}{T_j - T_0} \tag{3-15}$$

2. 反算加热站的出站温度

在保证加热输油管道终点(或加热站的进站处)温度的条件下,所需加热站的出站温度为

$$T_c = T_0 + (T_j - T_0)e^{\frac{KD\pi}{Gc}L_R} \tag{3-16}$$

3. 校核终点(或加热站的进站)温度

加热输油管道出站温度一定时,终点(或下一座加热站的进站处)的温度为

$$T_j = T_0 + (T_c - T_0)e^{-\frac{KD\pi}{Gc}L_R} \tag{3-17}$$

4. 反算加热输油管道的传热系数

在稳定传热的加热输油管道中,传热系数与各运行参数的关系为

$$K = \frac{Gc}{DL_R\pi}\ln\frac{T_c - T_0}{T_j - T_0} \tag{3-18}$$

5. 计算加热输油管道的最小安全输量

在其他参数一定的条件下,加热输油管道的输量越小,温降越快。若出站温度一定,则输量越小,管道的终点(或加热站的进站处)温度就越低。在管道允许的最高出站温度下,保证管道的终点(或加热站的进站处)温度不低于由油品凝点所决定的最低输送温度时的输量称为加热输油管道的最小安全输量,即

$$G_{min} = \frac{KL_R\pi}{c\ln\frac{T_{max} - T_0}{T_{min}T_0}} \tag{3-19}$$

七、影响加热输油管道轴向温降的其他因素

在推导加热输油管道的轴向温降公式时,只考虑了管道的径向散热和油流的轴向温降之间的平衡,实际上,油流经泵加压,在管道中的摩擦、析蜡等都对轴向温降有影响。

1. 油流经泵加压时的温度升高

油流经泵加压时,一是油品在近似绝热压缩的过程中会有温升。这部分温升的程度随油品密度、加压大小和油温高低的不同而不同。油品的密度越小,泵的扬程越高,油温越高,这种温升越大。如某管道输送油品的密度为656kg/m³,泵的进口与出口压差为6.89MPa,进泵油温为26.7℃时,压缩引起的温升约为2℃。二是油流经泵摩擦会引起温升。这部分温升的大小取决于泵的效率,泵的效率由机械、水力、容积和盘面摩擦等四部分构成,除机械损失所产生的热量主要由润滑油和冷却水带走外,其余三部分都转化为摩擦热使油流温度升高。

通常离心泵的机械效率约占泵总效率的2%,则油流经过泵时的水力、容积和盘面摩擦三部分功率损耗为

$$\Delta N_b = \frac{\rho g Q H}{\eta + 2\%} - \rho g Q H = \rho g Q H\left(\frac{1}{\eta + 2\%} - 1\right) \tag{3-20}$$

式中　ΔN_b——功率损耗,W。

在忽略泵壳散热的情况下,损失的这部分功率引起油品的温度升高为

$$\Delta T_b = \frac{E\rho g Q H}{\rho g Q c_y}\left(\frac{1}{\eta + 2\%} - 1\right) = \frac{EH}{c_y}\left(\frac{1}{\eta + 2\%} - 1\right) \tag{3-21}$$

式中　ΔT_b——输油管道中油流经泵加压时温度的升高值,℃;

η——输油泵的总效率,%;

E——功热当量,取值为9.8J/(kg·m);

H——输油泵的扬程,m;

c_y——输油管道中油品在平均输送温度下的比热容,J/(kg·℃)。

从式(3-21)可知,若输油泵机组的扬程为500m液柱,效率为68%,则油品经泵压缩后的温升约为1℃。

2. 加热输油管道的沿程压降对轴向温降的影响

油品在管道流动的过程中,存在着由于摩擦引起的沿程压降。根据能量守恒的原理,这部分压降,必然转化为热能,使油流的温降速度减慢。

若管道的输量为G(kg/s),沿线水力坡降为i(m/km),加热站的站间距离为L_R(km),则站间管道上的功率损耗为

$$\Delta N_g = EGgiL_R \tag{3-22}$$

损失的这部分功率所引起的油品的温升为

$$\Delta T_g = \frac{EGgi}{Ggc_y}L_R = \frac{Ei}{c_y}L_R \tag{3-23}$$

从式(3-23)可知,若加热输油管道的水力坡降为10m/km,加热站的站间距为60km,取原油的比热容为2kJ/(kg·℃),则油品在加热站间由沿程压降引起的温升约为3℃。

3. 含蜡油品在输送过程中蜡的析出对管道轴向温降的影响

在含蜡油品的输送过程中,当输送温度低于蜡的析出温度时,蜡就会从油中析出,蜡的析

出会释放出结晶潜热，使油流的温降速度减慢。蜡的析出速度在加热站站间的输油管道上是不均匀的，在进行高含蜡原油的加热输油管道工艺计算时，通常是分段计算温降的。在析蜡温度以后的管段上，可以将蜡析出释放结晶潜热的影响考虑在油品的比热容内，其比热容为

$$c_1 = c_y + \frac{\varepsilon x}{T_1 - T_j} \tag{3-24}$$

式中 c_y——油品在平均输送温度下的比热容，J/(kg·℃)；

c_1——考虑蜡析出释放结晶潜热后的油品的比热容，J/(kg·℃)；

ε——单位质量油品蜡的析出量，kg/kg；

x——蜡的结晶潜热，J/kg；

T_j——加热输油管道终点（或加热站的进站处）温度，℃；

T_1——蜡的析出温度，℃。

石蜡的结晶温度为49℃，实验证明，加热输送含蜡原油时，原油中的蜡在低于结晶温度时就会有细小的结晶形成。

八、加热站的配置

在加热输油管道的工艺计算中，确定输油管道的热能供应，就是确定管道所需的加热站数和加热站内的加热设备。

1. 加热站数的确定

在管道全线的温降情况基本相同的条件下，考虑沿线均匀布置加热站，则加热站的站间距为

$$L_{Rj} = \frac{Gc}{KD\pi} \ln \frac{T_c - T_0}{T_j - T_0} \tag{3-25}$$

管道全线所需的加热站数为

$$n_{Rj} = \frac{L}{L_{Rj}} \tag{3-26}$$

式中 L——管道的全线长度，m；

L_{Rj}——根据初步确定的加热站进站和出站温度计算的加热站的站间距，m；

n_{Rj}——加热输油管道全线所需的计算加热站数（考虑热能与压能的相互影响等因素，在计算加热站数时，一般将 n_{Rj} 化为较大的整数），座。

对于全线温降情况相差较大的管道，应分段计算站间距，确定所需的加热站数。

2. 加热站的沿线布置

加热输油管道沿线布置加热站的方法是：先根据管道全长 L 和所取的加热站数 n_{Rj}，计算各站的实际站间距：

$$L_{Rj} = \frac{L}{n_{Rj}} \tag{3-27}$$

在管道纵断面图的横坐标上找到相应的位置，再根据现场勘察的实际情况进行必要的调整。站址调整的目的有两个，一是站址的地质、环境等条件要适合于建站，并尽可能使之具有交通、通信、供能等方便条件；二是配合泵站的布置，尽可能将加热站与泵站合并，建成热泵站。

3. 加热设备的配置

加热站配置加热设备的主要依据是加热站的热负荷。在计算加热站的热负荷时，通常先

根据输送油品的性质和工艺需要，确定进站温度 T_j，再根据实际站间距，由温降公式计算出站温度 T_c：

$$T_c = T_0 + (T_j - T_0)e^{\frac{KD\pi}{Gc}L_R} \tag{3-28}$$

从而得到加热站的热负荷 Q_R 为

$$Q_R = \phi Gc(T_c - T_j) \tag{3-29}$$

式中 ϕ——加热站的热负荷备用系数，通常取1.1～1.2；

Q_R——加热站的热负荷，J/s。

在选择加热设备的型号时，可根据加热站的热负荷，考虑每座加热站取2～3台加热炉并联运行，结合现有加热设备的实际，尽量采用新技术，高效设备等原则，初步确定加热设备的型号。若每台加热炉的额定热负荷为 q_R，则每座加热站所需的加热炉台数为

$$N_{Rj} = \frac{Q_R}{q_R} \tag{3-30}$$

在计算加热站的加热炉台数时，一般将 N_{Rj} 化为较大的整数。在实际计算中，一般按全年最低月平均环境温度计算热负荷，因此管道在夏季运行时会有较多的闲置加热设备，能够满足轮换检修的需要，故加热输油管道一般不设置备用加热设备。

长距离加热输油管道常用管式加热炉设计参数，见表3－6。

表3－6　长距离加热输油管道常用管式加热炉设计参数

热负荷，kW	额定流量，m^3/h	最小流量，m^3/h	炉管压降，MPa	热效率，%	燃料耗量，kg/h	总量，t
1000	65	40	0.091	85	101	16.1
1600	100	65	0.16	89	155	30.7
2500	129	62	0.24	90	240	36.9
4000	211	139	0.088	90	386	50.5
5000	350	230	0.143	90	482	55.5

任务2　泵站的配置

知识目标

掌握加热输油管道摩阻的计算特点。

技能目标

会计算加热输油管道的压降。

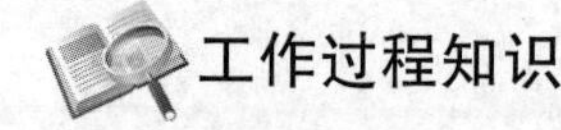

工作过程知识

一、加热输油管道摩阻计算

由于加热输油管道在轴向上存在着温降，因而，油品的黏度在管道沿线上是变化的，管道沿线的水力坡降也是变化的。具体表现为：在加热站站间管道上，从出站到进站，油流温度逐渐降低，油品的黏度和管道的水力坡降逐渐增大；在管道经过加热站时，油流温度突然升高，油品的黏度和管道水力坡降有突变。因此，加热输油管道的摩阻计算不同于等温输送管道的

特点。

(1)热油管道沿线单位长度上的摩阻(即水力坡降)不是定值,因为热油在沿管道流动过程中,温度不断降低,黏度不断增大,水力坡降也不断增大。故热油管道的水力坡降线不是一条直线,而是一条斜率不断增大的曲线。因此,计算热油管道的摩阻时,必须考虑管道沿线的温降情况及油品的黏温特性,即必须先作热力计算,确定沿线的温度变化及黏度变化,在此基础上进行摩阻计算。

(2)热油管道的摩阻损失应按一个加热站站间距来计算,如一个加热站站间距的摩阻损失为 h_{Ri},全线共有 n 个加热站,则全线的摩阻损失 h 为各加热站间的摩阻损失总和,即

$$h = \sum_{i=1}^{n} h_{\mathrm{R}i} \tag{3-31}$$

这是因为在加热站进出口处温度发生突变,黏度也发生了突变。因此只是在一个加热站间距离内,黏度才是连续变化的。可用黏度随距离变化的理论公式,或分段取黏度的平均值的方法来计算一个加热站间的摩阻。

二、加热输油管道压降计算

在计算加热输油管道的压降时,应考虑油品黏度的沿线变化对沿程压降的影响,根据不同的情况,采用不同的计算方法。常用平均温度计算法和理论分析计算法。

1. 平均温度计算法

平均温度计算法的步骤是:在一定的管段上,选取有代表性的一个温度作为计算温度,按等温输油管道的方法计算该管道的沿程压降,然后将全线不同管段的沿程压降求和,即可得到管道全线沿程压降。

根据管道的流动状态、温降特性和油品黏温特性等条件的不同,平均温度计算法又可分为站间加成平均温度计算法和分段平均温度计算法。

1)站间加成平均温度计算法

在紊流状态下,且加热站进站温度和出站温度下的油品黏度比值不大于2的条件下,输送温度变化对沿程压降的影响相对较小,可采用加热站站间加成平均温度的计算方法计算管道的沿程压降。根据输油管道设计规范规定,加成平均温度的计算公式为

$$T_{\mathrm{jp}} = \frac{T_{\mathrm{c}} + 2T_{\mathrm{j}}}{3} \tag{3-32}$$

式中 T_{jp}——加热输油管道加热站间内的加成平均温度,℃;

T_{c}——加热输油管道加热站的出站温度,℃;

T_{j}——加热输油管道的终点(加热站的进站)温度,℃。

然后利用加成平均温度按等温输油管道的方法计算管道的压降。

2)分段平均温度计算法

当管流状态为层流,或加热站进站温度和出站温度下的油品黏度比值大于2时,输送温度变化对沿程压降的影响较大,应采用分段平均温度的计算方法,计算管道的沿程压降。分段平均温度计算法的具体步骤是:

(1)根据临界雷诺数判别管流在加热站间内有无流态的变化。

由于加热输油管道径向温差导致的热传递对油流的扰动作用,使得加热输油管道从层流

向紊流过渡的雷诺数减小，在加热输油管道的水力计算时，对于易凝原油通常取 1000（高黏油取 2000）为层流向紊流过渡的临界雷诺数。由临界雷诺数得到临界黏度：

$$\nu_{lj} = \frac{Q}{250\pi d_n} \tag{3-33}$$

式中 ν_{lj}——加热输油管道从层流向紊流过渡的油品临界黏度，m^2/s；

Q——输油管道的输量，m^3/s；

d_n——输油管道的内径，m。

在油品的黏温关系曲线上找到对应临界黏度下的临界温度 T_{lj} 如图 3－4 所示，若 $T_{lj} \leqslant T_j$，则站间全线为紊流；若 $T_{lj} \geqslant T_c$，则站间全线为层流；若 $T_j < T_{lj} < T_c$，则站间存在流态变化。在 T_j 至 T_{lj} 段为层流，T_{lj} 至 T_c 段为紊流。

（2）划分计算管段。

绘制加热站间管道的温降曲线，根据不同流态段对应的温度，确定不同流态段的长度，如图 3－5 所示。图中 L_1 为紊流段，L_2 为层流段。在紊流段以终点与起点的黏度比不大于 2 划分计算管段，每段计算管段的平均温度取起点和终点温度的加成平均值；在层流段以起点和终点温差不大于 5℃划分计算管段，每段计算管段的平均温度取起点和终点温度的算术平均值。

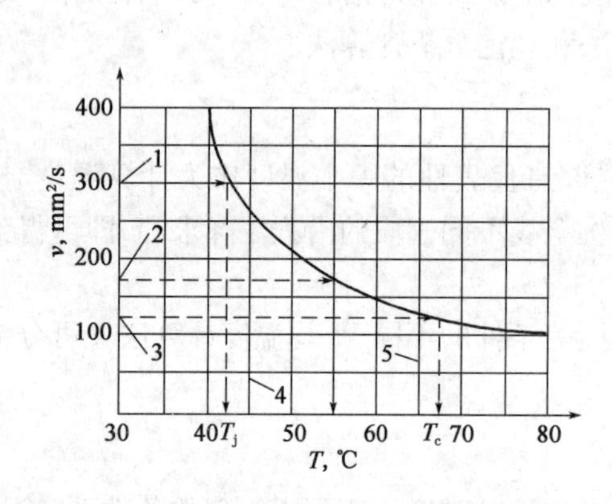

图 3－4 加热站间管道流态的确定

1—加热站间管道全线为紊流时的临界黏度；
2—加热站间管道有流态变化时的临界黏度；
3—加热站间管道全线为层流时的临界黏度；
4—加热站的进站温度；
5—加热站的出站温度

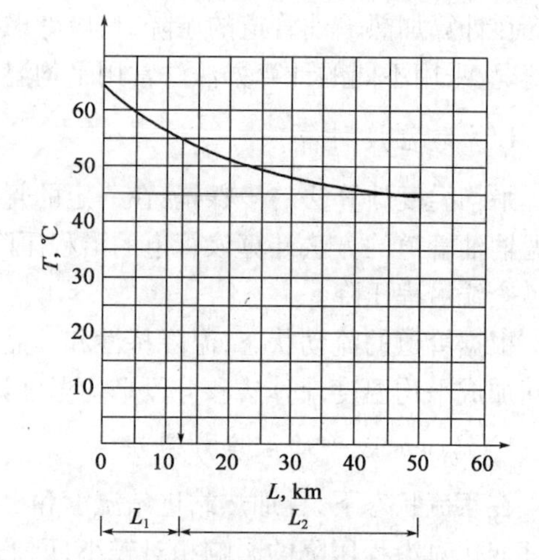

图 3－5 加热输油管道加热站间计算管段的划分

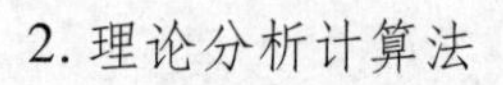

2. 理论分析计算法

理论分析计算法的具体步骤是：将输送油品的黏温关系式代入管道的沿程压降计算公式，得到加热输油管道在温度连续变化时的沿程压降计算公式。

在加热输油管道的加热站间管道上任取一段微元管段 dL，则 dL 管段上的沿程压降为

$$dh_R = \beta \frac{Q^{2-m}\nu^m}{d_n^{5-m}} \mathrm{d}L \tag{3-34}$$

管段上的热平衡方程式为

$$KD\pi(T_L - T_0)\mathrm{d}L = Gc\mathrm{d}T$$

从而得

$$dL = -\frac{Gc}{KD\pi}\frac{dT}{(T_L - T_0)} \tag{3-35}$$

指数形式的油品黏温关系式为

$$\nu_T = \nu_0 e^{-u(T_L - T_0)} \tag{3-36}$$

将式(3－35)、式(3－36)代入式(3－34)整理可得

$$dh_R = -\frac{Gc}{KD\pi}\beta\frac{Q^{2-m}\nu_0^m}{d_n^{5-m}}e^{-mu(T_L-T_0)}\frac{dT}{T_L - T_0} \tag{3-37}$$

令 $A_R = \frac{KD\pi}{Gc}L_R$，$h_0 = \beta\frac{Q^{2-m}\nu_0^m}{d_n^{5-m}}L_R$ 引入幂积分函数 $E_i(-T) = \int\frac{e^{-T}}{T}dT$，将式(3－37)在一个加热站站间上积分，并整理可得

$$h_R = \frac{h_0}{A_R}\{E_i[-mu(T_c - T_0)] - E_i[-mu(T_j - T_0)]\} \tag{3-38}$$

【例3－1】 已知某加热输油管道的加热站站间距为40km，进站温度为45℃，出站温度为71℃，管径ϕ529mm×7mm，管道输量为0.177m³/s，输送油品的密度为930kg/m³，比热容为1900J/kg，管道敷设处的环境温度为1℃，环境温度下油品的黏度为1339mm²/s，油品的黏温指数为0.0336，管道传热系数为2.16W/(m²·℃)。

用公式法计算该管道在层流状态下的加热站间沿程压降。

解：将已知参数代入相关公式，计算得：

$$A_R = \frac{KD\pi}{Gc}L_R = \frac{2.16\times0.529\times3.14}{164.6\times1900}\times40000 = 0.46$$

$$h_0 = \beta\frac{Q^{2-m}\nu_0^m}{d^{5-m}}L_R = 4.15\frac{0.177\times1339\times10^{-6}\times40000}{0.515^4} = 560(m)$$

$$Ei[-mu(T_j - T_0)] = Ei[-0.0336\times(45-1)] = Ei(-1.48)$$

$$Ei[-mu(T_c - T_0)] = Ei[-0.0336\times(71-1)] = Ei(-2.35)$$

查指数积分表可得：

$$Ei(-1.48) = -0.103,\ Ei(-2.35) = -0.0304$$

$$h_R = \frac{560}{0.46}[(-0.0304)-(-0.103)] = 88.4(m)$$

三、径向温降对管道沿程压降的影响

加热输油管道中流动的油流，不仅在管道的轴向有温降，在管道的径向上也存在温度和速度的梯度。在管道横截面的中心处油流温度最高，流速最快；在管壁处油流温度最低，流速最慢，如图3－6所示。

这种径向上油流温度和速度梯度的存在，一方面加强了对油流的扰动，使得加热输油管道内的流动从层流向紊流过渡的雷诺数减小；另一方面，管壁附近油流黏度的增大，会使管道的沿程压降增大。径向温降对管道沿程压降的影响，通常用径向温降修正系数表示：

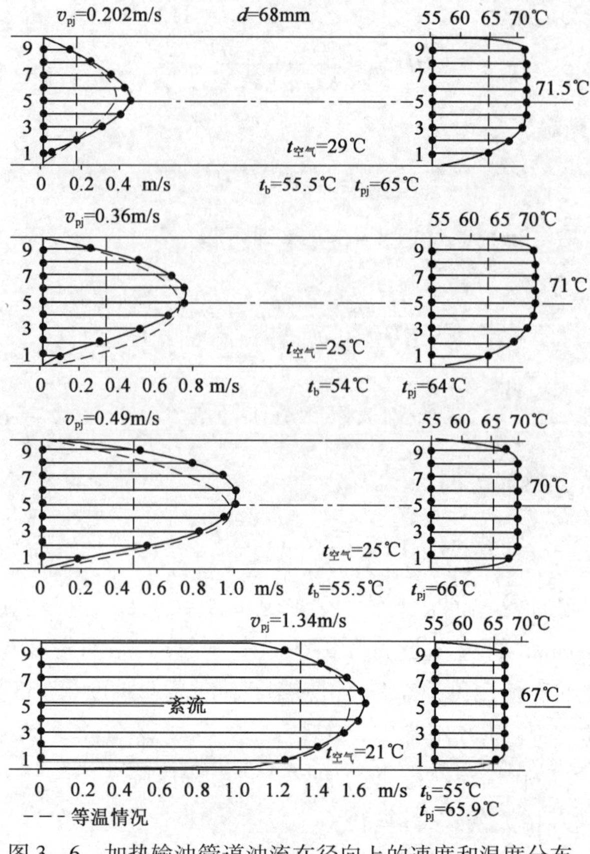

图 3-6　加热输油管道油流在径向上的速度和温度分布

v_{pj}——平均流速；t_b——管壁处的油温；t_{pj}—平均油温

$$\Delta r = \varepsilon\left(\frac{\nu_b}{\nu_y}\right)^w \tag{3-39}$$

式中　ν_b——管内壁平均温度下的油品运动黏度，m^2/s；

ν_y——油流平均温度下的油品运动黏度，m^2/s；

ε——与管流的流态有关的系数，层流时取 0.9，紊流时取 1.0；

w——与流态有关的指数，层流时取 1/3 ~ 1/4，紊流时取 1/4 ~ 1/7。

四、加热输油管道中输量与沿程压降的关系

在等温输油管道中，管道的沿程压降随输量的增加而增加，在加热输油管道中是否也存在相同的规律呢？

首先分析一下加热站出站温度不变时的情况。输量增加时，一方面管流的速度加快，沿程压降增加；另一方面进站温度升高，站间平均输送温度升高，油品的黏度降低，沿程压降减小。这样，加热输油管道沿程压降与输量函数曲线就可能存在极值点，即在某一输量范围内，管道沿程压降随输量的增加而增大；在另一输量范围内，管道沿程压降随输量的增加而减小。

由于当输量 $Q=0$ 时，管道的沿程压降为 0；当输量 $Q>0$ 时，管道的沿程压降大于 0，所以在输量很小时，管道的沿程压降一定随输量的增加而增大，如图 3-7 中Ⅰ区。虽然当输量 Q 很大时，管道的轴向温降会随着输量的增加而减小，但由于温度变化对管道沿程压降的影响相对较小，所以在输量很大时，管道的沿程压降依然随输量的增加而增大，如图 3-7 中Ⅲ区。若

存在沿程压降随输量增加而减小的工况，必定在中间的某一输量范围内，如图 3-7 中Ⅱ区所示。

图 3-7 中的Ⅱ区（虚线圈起部分）称为加热输油管道的不稳定工作区。这是因为，在配备离心泵机组的输油管道系统稳定时，若因某种原因引起输油泵的排量减小，进入管道内的流量随之减小，管道的沿程压降减小。此时，在管道系统的能量供求平衡自动调节下，输油泵扬程减小，排量增大，管道系统恢复稳定。在不稳定区工作时，若某种原因引起输油泵的排量减小，进入管道内的流量随之减小，管道的沿程压降增大。此时，管道系统的能量在供求平衡自动调节下，输油泵扬程增大，排量进一步减小，管内流量进一步减小，直至可能造成管道的停输。所以，应避免加热输油管道系统在不稳定区工作。

热油管道是否存在不稳定工作区，与管道的轴向温降，所输送油品的黏温特性以及加热站出站温度等因素有关。一般规律是：管道的轴向温降越快，所输送油品的黏温指数越大，加热站出站温度固定时易出现不稳定工作区。

在加热输油管道的进站温度不变，但输量增加时，一方面管流的速度加快，沿程压降增加；另一方面出站温度降低，站间平均输送温度降低，油品的黏度增大，沿程压降也增加。所以，在固定进站温度运行的加热输油管道上不会出现不稳定工作区。

五、泵站的配置

加热输油管道的选泵，确定泵站数等与等温输油管道相同。所不同的是，加热站间管道上的水力坡降线的斜率是逐渐增大的，在跨越加热站处，水力坡降线的斜率有突变。

在加热输油管道的纵断面图上绘制水力坡降线，布置泵站的步骤是：

（1）在一个加热站间内，沿管道选取若干个截面，在温降曲线上查得对应截面的油流温度；

（2）根据油流温度，在油品黏温曲线上查得对应温度下的油品黏度；

（3）根据油流黏度计算油流从出站到对应截面处的压降，并按相同的比例在管道纵断面图的断面线上表示出该压降；

（4）连接各点，形成的光滑曲线，即为一个加热站间管道的水力坡降线，如图 3-8 所示。

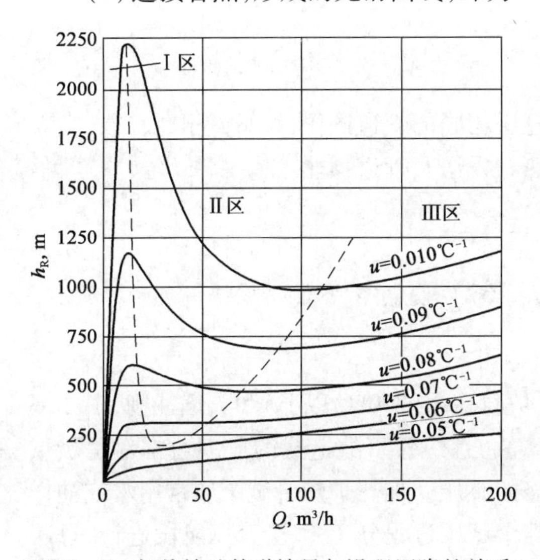

图 3-7　加热输油管道输量与沿程压降的关系

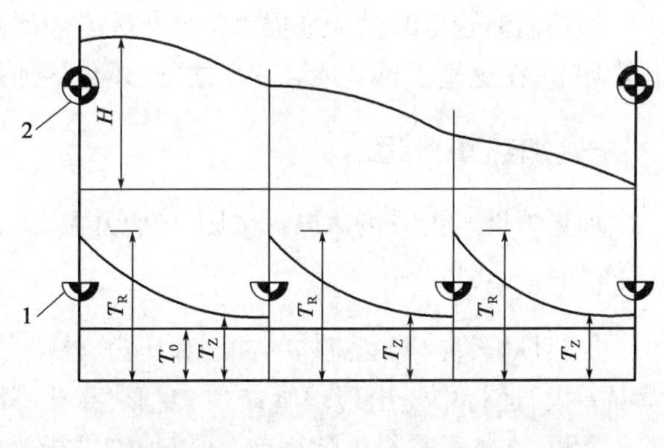

图 3-8　加热输油管道的泵站及加热站布置

1—加热站；2—热泵站

泵站的初步位置确定后,要结合站址的地形、加热站的布置等情况,对站址作必要的调整,在满足建站地质条件下,尽量将泵站与加热站合并建成热泵站。

一般情况下,沿线地形比较平坦,温降规律较为一致,输量同期达到任务输量的加热输油管道,加热站与泵站易于合并建设;在地形起伏较大的地区,管道上坡段的泵站间距较小,加热站间距不受地形影响,可能需要单独设泵站;而在下坡段,泵站间距较大,可能需要单独设加热站。

对于输量不能同期达到任务输量的管道,在投产初期,管道输量较低,需要的加热站多,泵站数少;输量增加至任务输量时,每座加热站的热负荷增加,需要的加热站数减少,泵站数增多。对于这种情况,通常是先按低输量所需的加热站数布置加热站,待管道达到任务输量后,将部分加热站改建为热泵站。

项目二　加热输油管道运行管理

加热输油管道运行管理主要包括管道的投产、管道运行参数优选以及故障分析处理(管道结蜡与清蜡)。

任务1　加热输油管道的投产

知识目标

掌握加热输油管道投运操作的方法及步骤。

技能目标

(1)能够进行加热炉的投运操作。
(2)能够判断和处理加热炉常见故障。

工作过程知识

加热输油管道的投产过程也包括与等温输油管道相同的管道试压、泵站试压、投产方案编制等环节,在这里不再赘述。除此之外,还包括加热炉投运及管道预热。

一、加热炉投运

加热炉投运主要包括炉管试压,炉膛升温,点火、停炉、紧急停炉、倒炉操作等环节。

1. 炉管试压

加热炉炉管内壁受流体的冲刷和压力,外壁受炉膛高温(700°C 以上)和火焰冲刷,工作环境温差大,运行中易出现炉管结焦、变形、穿孔等事故,且炉管事故造成的危害通常都是严重的。所以,在加热炉投入运行前,要对炉管进行严格的试压。加热炉炉管试压通常用水或油作介质,以最大操作压力的1.5~2倍为试压压力。整个试压过程分3~4个升压阶段进行,每次升压后维持5min以上,检查无异常后再进行下一阶段升压。如果发现异常,应立即泄压、放空、扫线,找出异常的原因并处理后,重新进行试压。逐步升压至所要求的试压压力后,稳压

24h，压力基本不变化，炉管无异常为合格。

2. 炉膛升温

炉膛升温也称烘炉，其目的有两个：一是在缓慢升高炉膛温度的过程中，使加热炉体及绝热材料中的水分充分蒸发，并使密封部位的耐火胶泥得到充分的烧结，以免在加热炉正式投产时因炉膛内急骤升温，水分大量汽化而造成炉体衬里裂纹、变形，炉体裂开、倒塌等现象；二是对加热系统所属的设备、管线和自动控制仪器、仪表等进行试运行，检验其使用效果和在高温下的性能。烘炉的操作步骤是：

(1)在炉膛底部堆放 3 ~ 4 堆木柴，点燃后不断添加木柴，用火嘴风门供风，以 3 ~ 4℃/h 的速度升温。

(2)当炉膛温度升至 120 ~ 150°C 左右时，恒温一天，以除去耐火材料中游离状态的水分。

(3)恒温后，可点燃一个火嘴，控制火焰大小，以 5 ~ 6℃/h 的速度继续升温，注意火焰不能直接烧在炉管和炉墙上。

(4)当炉膛温度升至 200℃以上时，可点燃其他火嘴。点火时，应首先点燃中部火嘴，逐步向两侧对称点燃。

(5)炉膛温度升至 320℃左右时，再恒温一天，以除去耐火材料中的结晶水。恒温后以 7 ~ 8℃/h 的速度继续升温。

(6)当炉膛温度升至 700℃左右时，再恒温一天，同时从炉体外部进行全面检查。

(7)烘炉后若需停炉，应在熄火后关闭全部孔门及烟道挡板，先以低于 20℃/h 的速度降温；当炉膛温度降至 300℃时，可打开烟道挡板降温；当炉膛温度降到 100℃时，打开全部孔门自然通风降温至自然温度。

烘炉过程一般需要 9 天。烘炉期间每小时记录一次炉膛温度，并仔细观察加热炉各部位的变化情况。烘炉过程的温度变化曲线如图 3 - 9 所示。烘炉合格的标准是：

(1)在炉体内取样化验，温度不超过 2.5%；

(2)烘炉过程的温度变化曲线符合规定要求；

(3)炉体无明显变形、裂缝和下沉，炉顶无塌陷等现象；

(4)炉膛冷却后，对炉管再进行试压，符合压力要求。

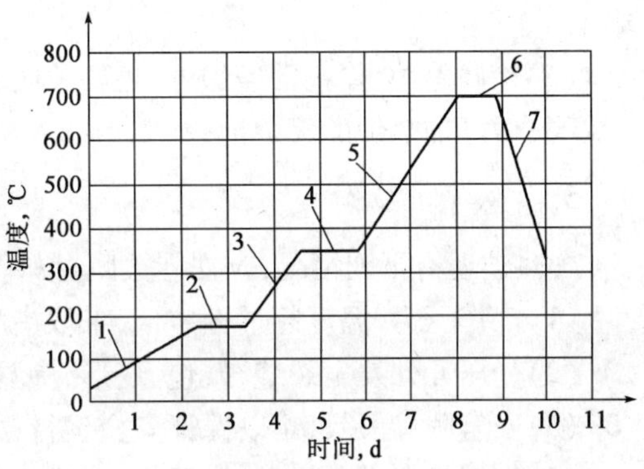

图 3 - 9　加热炉烘炉过程的温度变化曲线

1—3 ~ 4℃/h 的速度升温；2,4,6—恒温 1 天；3—5 ~ 6℃/h 的速度升温；5—7 ~ 8℃/h 的速度升温；7—停炉后降温

3. 点火操作

加热炉点火启动的操作步骤如下：

(1)开各阀门半圈后立即关闭，检查是否灵活好用，关闭紧急放空、蒸汽、水、风等管路系统阀门；

(2)转动供风机 2 ~ 3 圈，看是否转动均匀，有无卡紧现象和异常声，配合电工测量供风电机绝缘电阻；

(3)转动燃油泵 2 ~ 3 圈，检查其转动情况；检查燃料油是否充足，并将燃料油预热 90 ~ 100℃，检查供油系统是否畅通，有无渗漏，导通燃料油流程，打开燃油泵的进口阀，打开放空阀，排净气体见油后，关闭放空阀；

(4)依次检查炉膛温度、烟道温度、炉膛负压、进出炉压力、进出炉温度、燃料油压力、燃料油温度、流量计、燃料油低压报警、灭火报警等仪表；

(5)手动点火时准备好点火用火把(火把长100cm，火把棉纱头40～60mm)和引火物(如柴油)；

(6)缓慢打开加热炉进口阀，观察进炉压力正常后，缓慢打开加热炉出口阀，观察出炉压力，确定进炉与出炉压差在0.1～0.2MPa范围内；

(7)按下启动电钮，当电流达到电机额定值时，打开烟道挡板，保持风压在3.8～4.0kPa；

(8)关闭炉前控制阀，按下燃料油泵启动按钮，调节回油阀，控制燃油压力在规定范围内；

(9)强制送风或蒸汽吹扫炉膛15min以上，确保炉膛内可燃气体浓度低于其爆炸下限；

(10)对于全自动点火的加热炉，可按点火按钮点火启动。全自动加热炉点火后的配风、燃油都是自动调节的，点火后，可观察其参数是否在设定的正常范围内。

对于手动点火的加热炉，点火操作的要领是：左手持火把，右手拿火种；人站在上风向，侧对炉膛；在将点燃的火把送炉膛的同时送风、送油。若一次点火不成功，应停止供风、供油，再次进行炉膛通风15min以上，确保炉膛内可燃气体浓度低于其爆炸下限时，重新按要领和程序点火。

4. 停炉操作

(1)接到停炉指令后，逐渐关小燃料油(气)阀门，缓慢降温，同时调整燃烧器风门，使火焰由大变小，炉膛温度由高到低；

(2)当炉膛温度降至200℃左右时，关闭燃料阀门，同时关闭所有风门、烟道挡板，缓慢降温；

(3)当炉膛温度降至100℃左右时，打开所有风门及烟道挡板，加速炉内的通风和冷却；

(4)当炉膛温度降至80℃左右且加热炉进出口温度平衡后，打开炉连通阀，关闭炉进出口阀门；

(5)检修停炉，除正常停炉外，还要关闭进出口阀门进行扫线，扫净炉内存油；

(6)做好加热炉的停炉记录。

5. 紧急停炉操作

加热炉遇有下列情况，应立即关闭燃料阀门，紧急停炉：

(1)工作压力、温度超过额定值，采取措施后仍不能使之下降；

(2)受压元件发生裂缝、鼓包、变形、渗漏等危及安全的缺陷；

(3)安全附件失效，难以保证安全运行；

(5)出现燃烧设备损坏、衬里烧塌，威胁到加热炉的安全运行；

(6)操作现场或附近发生火灾等直接威胁到加热炉安全运行。

6. 倒炉操作

(1)按点炉操作，做好一切准备工作；

(2)按点炉操作规程对备用炉进行点火；

(3)当备用炉的进出口温度达到工作温度时，慢慢关小欲停炉的燃料油(气)阀门，按正常停炉操作规程停掉欲停炉；

(4)做好加热炉的倒炉情况记录。

7. 加热炉常见故障判断及处理

加热炉常见故障原因及处理措施见表3－7。

表3－7　加热炉常见故障原因及处理措施

故　障	故障原因	处理措施
回火	①供油(气)、供风比例不合理;②火嘴焦结或损坏;③燃油(气)压力不合适;④烟道挡板开启位置不合适;⑤炉膛焦结;⑥火嘴偏斜;⑦加热炉超负荷运行,烟气排不出去	①调节供油(气)与供风比例;②清理或更换火嘴;③调节燃油(气)压力;④调节烟道挡板,控制加热炉负压;⑤检查炉膛,清理焦结;⑥停炉校正偏斜的火嘴;⑦调节加热炉运行负荷
凝管	停炉时,扫线不彻底或没有扫线	①压力挤压法,先全开加热炉的出口阀门,再逐步开大进口阀门,慢慢升压顶挤;②小火烘炉法,先全开加热炉的出口阀门,并适当关小加热炉的进口阀门,用小火烘炉,再以适当的压力顶挤
炉管漏油(漏气)着火	加热炉炉管损坏	①关闭事故炉燃料油(气)阀门;②打开旁通阀,关闭事故炉进油(气)和出油(气)阀门;③用干粉灭火机或蒸汽灭火;⑥火熄后,通风、扫线;③查清穿孔位置,分析故障原因;⑥炉管受损程度轻时,采用焊接修补,焊接应在炉膛降温后进行,焊接所用焊条应与炉管材质强度相匹配;⑦炉管大面积穿孔或管壁腐蚀严重时,必须换新炉管,安装新炉管时应注意保持喷嘴与炉管距离;③修复完毕,按加热炉操作规程投运
冒白烟	燃料中的水分含量超标	①检查并排除炉前分液器内的液体;②检查并排除炉前分液器到加热炉管线内的液体;③打开炉前放空阀,吹扫燃气管线
冒黑烟	①燃料油(气)中重组分增多;②燃烧不充分或供氧不足;③炉内积炭	①更换合格的燃料油(气);②打开炉前放空阀,吹扫燃气管线;③调节供风比例;④清洗炉内积炭
火嘴结焦	①火嘴喷射角过大;②油压波动,燃油雾化不良;③火焰偏斜;④燃料油温过高	①调整火嘴的喷雾角;②稳定供油压力;③检修或更换火嘴雾化片;④控制燃油温度
原油汽化	①原油流量过小;②炉管产生偏流;③炉管局部过热;④原油中含有气体	①紧急停炉;②加大进炉的原油流量;③消除偏流;④事故排除后,恢复正常操作程序

二、管道预热

加热输油管道投产时,若将加热后的油品直接投入环境温度下的管道中,由于油流与管道及管道周围环境的温差较大,不具备稳定传热的条件,所以在油流沿管道向前流动的过程中,既存在油流向管道周围环境的放热,又存在管道及周围环境的蓄热。在投油初期,以蓄热为主,首先是热油头将热量传递给管壁,管壁蓄热,温度升高;随后埋地管道周围的土壤蓄热,温度逐渐升高,直到稳定传热条件建立。其中,最先进入管道的油头始终与冷管壁接触,热量的损失最大,温降最快,可能会在还没有到达下一座加热站之前就降到油品的凝点以下,即使没有降到油品的凝点以下，随着油流温度的降低，油品的黏度增大，管道的沿程压降大，需要输送压力也会增加。一方面受到输油泵升压能力的限制，另一方面受到管道与设备承压能力的限制，管道的投油过程难以进行下去。故加热输油管道的冷管直接投油，一般只用于管道距离短、油品凝点和黏度较低、投油时环境温度高的情况。长距离加热输油管道大都采用管道预热的方式投产。

管道预热的目的是使管道和管道周围环境储存一定的热量，减少投油时油流的热损失，保证投产过程的顺利进行。管道预热通常用热水为介质，采用正向输送、反向输送或正反向交替进行的方式。架空敷设的管道预热时主要是管壁和管道保温层的蓄热，热容量较小，需要预热时间较短；埋地管道周围土壤的热容量较大，达到稳定传热需要的时间较长。实际上，没有必要预热至稳定状态再投油。根据经验，在夏、秋季节投产时，预热过程进行到厚度为 $h_t - R$ 的环形土层的蓄热量达到稳定蓄热量的35%～50%就可以投油，此时管道的传热系数为3.2～4.0W/(m²·℃)。

那么，要达到上述的投油条件，需要的预热时间是多少呢？预热时间太短，起不到预热的作用；预热时间太长，又造成不必要的浪费，还延长了投产的过程。加热输油管道的投产预热时间需要利用经验蓄热量法和恒热流法来进行确定。

任务2　加热输油管道运行参数优选

知识目标

掌握加热输油管道运行参数的影响因素。

技能目标

会确定加热输油管道的经济出站温度和经济出站压力。

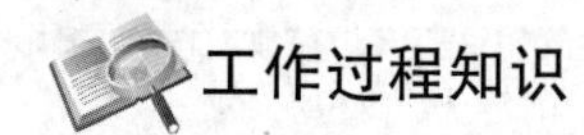

工作过程知识

一、环境温度变化对运行参数的影响

季节的更替、长距离输油管道跨越不同的地区都将引起环境温度的变化。从加热输油管道的轴向温降公式可知，环境温度升高，温降变慢，温降曲线变平。

在固定加热站出站温度 T_c 运行的管道中，随着环境温度的降低，管道的轴向温降加快，管道各截面上油流的温度降低，油流到终点（或加热站进站处）的温度也降低；油流在管道各截面处的黏度增大，水力坡降增大，水力坡降线变陡；管道的沿程压降增大，输油泵机组的排量减小。随着输油泵的排量减小，管道的轴向温降进一步加快，如不采取相应的调节措施，油流的温度可能会降到其凝点以下，使管道出现凝管事故。

在固定进站温度 T_j 运行的管道中，随着环境温度的降低，油流需要的起点（或加热站的出站处）的温度升高；管道各截面上油流的温度也升高；油流在管道各截面处的黏度降低，水力坡降减小，水力坡降线变平；管道的沿程压降减小，输油泵机组的排量增大。

环境温度升高时，各参数的变化规律相反。在加热输油管道的运行管理中，要根据季节和管道经过地区的环境温度进行相应的调节。

二、管道输量变化的分析

计划调整、油源不足、运行事故都将引起管道输量的变化。从加热输油管道的轴向温降公式可知,管道输量减小时,温降加快,温降曲线变陡;管道输量增加时,温降变慢,温降曲线变平。

在固定加热站出站温度 T_c 运行的管道中,随着输送量的减少,管道各截面上油流的温度降低,油流到达终点(或加热站进站处)的温度也降低;油流在管道各截面处的黏度升高,水力坡降增大,水力坡降线变陡;管道的沿程压降增大,输油泵机组的排量减小;随着输油泵的排量减小,管道的输量继续减小。如不采取相应的调节措施,管道输量可能会减小到最小安全输量以下,使管道出现凝管事故。

在固定进站温度 T_j 运行的管道中,随着输送量的减小,油流需要的起点(或加热站出口处)的温度升高,管道各截面上油流的温度也升高;油流在管道各截面处的黏度降低,水力坡降减小,水力坡降线变平;管道的沿程压降减小,输油泵机组的排量增大。

三、传热系数变化的分析

在雨季,土壤含水率增加,埋地敷设管道的传热系数增大;在夏、秋季,地表植被加厚,地表向大气的放热受阻,埋地敷设管道的传热系数减小;在冬季,地表积雪相当于增加了管道的埋设深度,传热系数减小;积雪融化后,土壤的含水率增加,传热系数增加。因此,在加热输油管道的运行中,引起传热系数变化的环境因素是多样的。

从加热输油管道的轴向温降公式可知,管道的传热系数增大时,温降加快,温降曲线变陡;管道的传热系数减小时,温降变慢,温降曲线变平。

在固定加热站出站温度 T_c 运行的管道中,随着传热系数的增大,管道各截面上的油流的温度降低,油流到终点(或加热站进站处)的温度也在降低;油流在管道各截面处的黏度升高,水力坡降增大,水力坡降线变陡;管道的沿程压降增大,输油泵机组的排量减小;随着输油泵的排量减小,管道的轴向温降进一步加快,如不采取相应的调节措施,管道输量可能会减小到最小安全输量以下,使管道出现凝管事故。

在固定进站温度 T_j 运行的管道中,随着传热系数的增大,油流需要的起点(或加热站出站处)的温度升高,管道各截面上油流的温度也升高;油流在管道各截面处的黏度降低,水力坡降减小,水力坡降线变平;管道的沿程压降减小,输油泵机组的排量增大。

四、加热输油管道运行方案的优选

在加热输油管道的运行中,由于受到多种因素的影响,运行参数是经常变化的。加热输油管道的热力和水力参数又是相互影响的,提高输送温度,要增加热力费用,但动力费用将相应减少;降低输送温度,可减少热力费用,但动力费用将相应增加。优选运行方案,就是根据管道的实际情况,进行水力、热力、经济计算对比,从而找到一种综合费用最低的水力和热力参数的最佳组合。运行方案是否合理,对加热输油管道运行成本的影响是很大的。如一条长435km,全线6座热泵站,年输油量 2×10^7t 的加热输油管道,若各加热站的出站温度均提高1℃,全年的燃料油耗量将增加8500t;若各泵站均节流0.1MPa,全年将多耗电 3.8×10^6kW·h。

优先运行方案的基本方法是:取加热输油管道的直接输送成本为热力费用和动力费用的

和，即

$$S = S_p + S_R \tag{3-40}$$

其中

$$S_p = 2.732 \times 10^{-3} \frac{H_R e_d}{\eta_p L_R} \tag{3-41}$$

$$S_R = \frac{c_y e_y (T_c - T_j)}{\eta_R B_H L_R} \tag{3-42}$$

式中 S——加热输油管道的直接输送成本，元/(t·km)；

S_p——加热输油管道的输送动力成本，元/(t·km)；

S_R——加热输油管道的输送热动力成本，元/(t·km)；

H_R——加热输油管道加热站间管道的压能损失，m；

e_d——电力价格，元/(kW·h)；

e_y——燃料油价格，元/t；

η_p——输油泵机组的运行效率，%；

η_R——加热炉的运行效率，%；

c_y——输送油品的比热容，kJ/(kg·℃)；

B_H——燃料油的低位发热值，kJ/kg；

L_R——加热站的站间距，m；

T_c——加热站的出站温度，℃；

T_j——加热站的进站温度，℃。

对于确定的管道，在输量、环境温度、传热系数等参数一定的条件下，若固定加热站的进站温度运行，则热力成本随出站温度的降低而降低，动力成本随出站温度的降低而升高，取不同的出站温度，计算其对应的动力和热力成本，将计算结果绘制成 $S-f(T_c)$ 关系曲线，如图 3-10 所示。图中 S 曲线的最低点所对应的出站温度就是该状态下的经济出站温度，根据该温度可计算管道的压降，确定输油泵的经济出站压力。

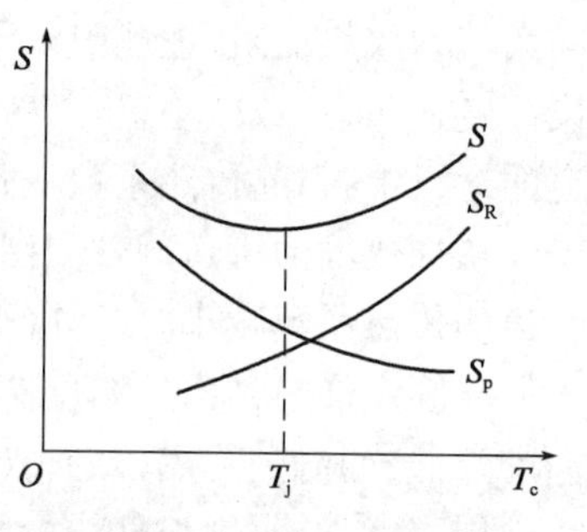

图 3-10 加热输油管道出站温度与输送成本的关系

任务 3 管道结蜡与清蜡

知识目标

(1)掌握管壁结蜡的原因及影响因素。

(2)掌握常用的清蜡方法。

技能目标

会进行清管器的收发操作。

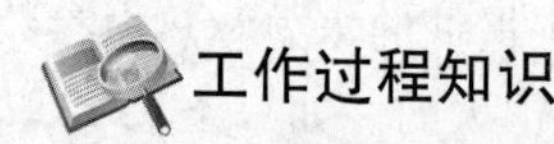

工作过程知识

一、管壁结蜡的影响

原油在管道内流动的过程中，会逐渐在管道内壁沉积一定厚度的石蜡、胶质、凝油、砂和其他杂质的混合物，统称为结蜡。经多次管道割口发现，长输管道管壁上的沉积物有明显的分界，紧贴管内壁并与之黏结较牢固的是黑褐色的结蜡层，一般只有几毫米至十几毫米厚，其主要成分是蜡，并有一定的剪切强度。在蜡层上面是厚度大得多的黑色发亮的沉积物，系蜡和胶质、沥青质的混合物，其网络结构中还包含一部分液态的油，愈往管中心方向，蜡胶团中所含的黏油愈多。

对于输送含蜡油品的加热输油管道来说，管壁的结蜡更是不可避免的。管壁结蜡使管道的流通面积减小，若保持泵站的出站压力不变，管道的输送能力降低；若保持管道的输量不变，就必须提高泵站的出站压力。这样，一方面使管道输送相同油品的动力费用增加了，另一方面在管道的承压能力与设备性能受限的情况下，管道无法完成规定的任务输量。

由于管内壁结蜡，使管道内径变小，管道沿程摩阻增加，输送能力下降。由于热油管道沿线的温差较大，结蜡较严重的管段往往出现在管道终点（或加热站进站）附近，这种不均匀结蜡，将对管道全线的协调运行产生影响，其影响类似于管道产生局部阻塞时的情况。管道各站的站间距相差较大时，由于泵站的出站压力主要用于克服站间沿程压降，管道结蜡的影响较大，也容易出现全线运行不协调的问题。为确保管路的输油能力和减少管道结蜡，一方面是加强输油运行管理，选择合理的输油工艺参数；另一方面应不断完善管道清蜡装置，坚持周期性管道清蜡。

二、管壁结蜡的影响因素

1. 输送温度对管壁结蜡的影响

试验表明，在高于油品析蜡温度或接近油品凝点的温度下输送，管壁的结蜡速度都较慢；在介于这两者中间的温度输送时，管壁的结蜡速度较快。输送温度与管壁结蜡速度的关系如图 3 - 11 所示。

管壁的结蜡速度是指在单位时间内，管壁单位面积上石蜡的沉积量。从图 3 - 11 可知，在输送温度高于 45℃或低于 30℃时，管壁的结蜡速度都较慢；输送温度在 30 ~ 45℃之间时，管壁的结蜡速度明显加快。这是因为，输送温度高于 45℃时，输送温度接近于石蜡 49℃的熔点，蜡在油流中的析出较少，且油品的黏度较小，流动的径向扰动较强，少量析出的蜡也不容易在管壁上沉积；输送温度低于 30℃时，已接近于油品的凝点，油品的黏度大，管壁附近的剪切应力增大，大量析出的蜡晶体不易向管壁移动黏结，而形成较大的蜡团随管流一起流动，管壁结蜡速度也较慢。在 30 ~ 45℃之间，一方面管壁附近的油温较低，蜡容易析出；另一方面管中心

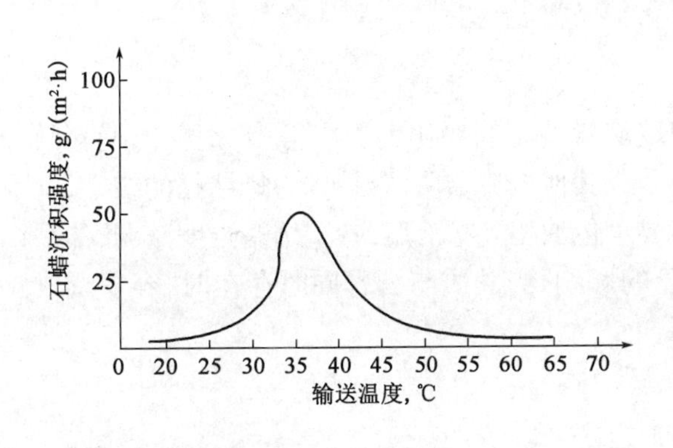

图 3 - 11　输送温度与管壁结蜡速度的关系曲线

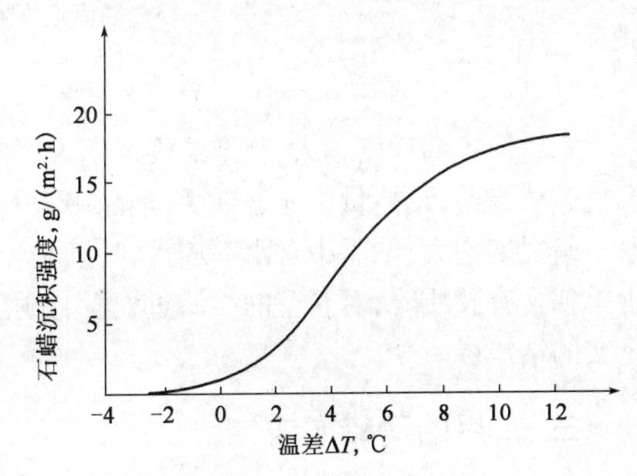

图 3 - 12　油流与管壁的温差对管壁结蜡速度的影响

的油流温度仍较高，油品的黏度较低，分子的扩散作用较强。这样，在管道的横截面上，油流的温度、析蜡的浓度梯度都较大，析出的蜡晶体横向移动作用强，晶粒相互碰撞，黏结，沉积的机会多，从而形成了管壁结蜡速度的高峰区。所以，在输送高含蜡油品的加热输油管道运行中，应尽量避开30～45℃的区域。

2. 油流与管壁的温差对管壁结蜡的影响

在其他条件相同的情况下，管壁的结蜡速度随油流与管壁温差的增大而增大，其变化趋势如图3－12所示。

这是因为，在管壁温度低于蜡的结晶温度，且油流温度高于管壁温度时，管壁与中心油流的温差越大，蜡分子的浓度梯度及扩散作用就越强。在管道中心油流温度一定时，管壁的温度越低，管壁附近的蜡晶浓度就越高，由分子布朗运动引起的蜡晶间的相互碰撞就越强，管壁的结蜡强度就越大。如在输送温度等参数相同的情况下，冬季运行时的管壁结蜡强度大于夏季。当管壁温度高于油流温度时，如在管道有外伴热的情况下，即使输送温度在结蜡的高峰区，管壁的结蜡强度也很小，这是因为蜡分子受到的浓度差和温度差作用都是从管壁向管中心的。在一些不能避开结蜡高峰区的管段，可以考虑采取管道外伴热的措施。

3. 油流速度对管壁结蜡的影响

管壁的结蜡速度随油流速度的增大而减弱，其变化趋势如图3－13所示。这是因为随着油流速度的增大，管壁处的剪切力增大，较大的剪切力，阻碍了蜡晶体在管壁的沉积。试验证明，当油流速度大于1.5m/s时，管壁的结蜡强度就较小了。在管道输送含蜡原油时，应尽量避免小输量运行。

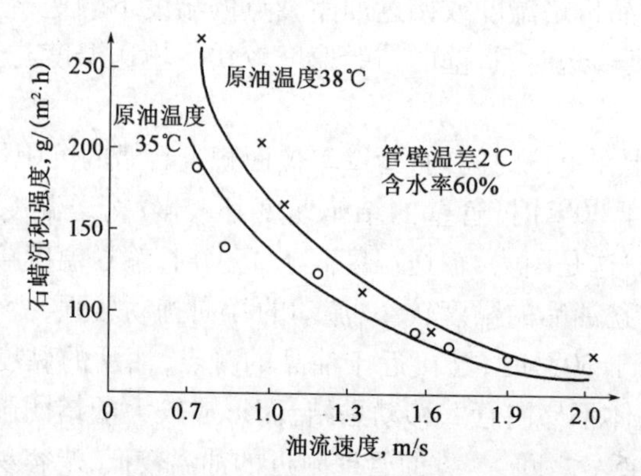

图3－13　油流速度对管壁结蜡速度的影响

4. 其他因素对管壁结蜡的影响

管壁的粗糙程度越大，其结蜡强度越大，如玻璃管的结蜡要比钢管少得多，钢管内壁涂敷有机硅树脂后，结蜡量也显著减少；油品中含有砂或其他机械杂质，容易成为蜡结晶的核心，管壁结蜡强度增大；油品中含水率增大，特别是形成水包油型乳状液后，管壁结蜡强度减弱；油品中单独含有胶质时，对管壁的结蜡过程没有明显的影响，当胶质与沥青同时存在时，容易形成密实的结蜡层。

三、常用的清蜡方法

对于输送含蜡油品的管道，管壁结蜡是难免的，当结蜡厚度达到一定程度时，为了保证管道正常、高效运行，就必须进行清蜡。下面介绍3种常用的清蜡方法。

1. 化学添加剂防蜡与清蜡

近年来，用表面活性剂水溶液防止油管结蜡的试验取得了一定的成效。这种防蜡剂可阻碍蜡分子在已结蜡的表面继续析出，并对钢管表面有亲水排油作用。

在国外有将聚乙烯、乙酸乙烯酯等高分子聚合物或甲基萘等稠环化合物注入输油管线中，以抑制石蜡沉积，从而收到一定的经济效益。这些添加剂的作用在于使石蜡结晶分散在油流中并保持悬浮，阻碍蜡晶的聚结或沉积。

另外，在油流中加入某种化学清蜡剂，也可使附着在管壁上的蜡溶解后被油流冲走。在清蜡时，应尽量加大管道的流量。

对清防蜡剂的要求，一是价格低，二是对油品的性质无影响。

2. 热洗清蜡

提高油品的输送温度，采用反向输送的方法冲洗。此方法常与化学清蜡法联合使用，多用于站内管道的清蜡，必要时也可更换黏度小、热容大的导热油作输送介质冲洗。热洗时应尽量加大管道的流量。

3. 机械清蜡

将一定结构的清管器放入管道中，借助管流压差的作用推动其在管道中移动，将管壁黏附的蜡除去。这种方法常用于干线管道的清蜡，要求站内具有收、发清管器的装置。

通常清管器由输油站发送装置发出后，随油流移动。清管器在自由状态时其直径略大于管道内径，且清管器本身又带有很多钢刷和刮板。清管器在随油流移动过程中，钢刷和刮板对管内壁形成很大的摩擦力，从而使清管器产生良好的清蜡效果。为保持含蜡原油管道的输送能力、降低输油成本、防止初凝事故，采用清管器定期清蜡是比较经济有效的措施。

四、输油管道清管器的类型

清管器的种类很多，按功能不同可分为清扫型、隔离型、检测型等。常用于清除管壁结蜡、锈蚀及其他杂物的清扫型清管器有橡胶清管球、泡沫塑料清管器和机械清管器三种。

1. 橡胶清管球

橡胶清管球由耐油橡胶制成，中空，壁厚30～50mm，球上有一个可以密封注水排气孔，注水孔有加压用的单向阀，用来排气和控制注入球内的水量以调节清管球直径对管道内径的过盈量。为保持清管球对管内壁的密封，清管球外径一般比管内径大1%～3%。使用时，清管球充满水，使球成为弹性的实体，在管内具有一定的顶挤能力。由于清管球可在管内做任意方向的转动，通过弯头、变形部位的性能较好，很容易越过块状物体的障碍，所以投产初期或管道运行一段后有变形大的管段，多采用橡胶清管球清管。但用于管道清蜡时，效果较差。

2. 泡沫塑料清管器

泡沫塑料清管器由聚氨酯泡沫塑料制作，呈炮弹形，头部为半球形或抛物线形，外径比管线的内径大约2%～4%，尾部呈蝶形凹面，内部为泡沫塑料，外涂强度高、韧性好和耐油性较强的聚氨酯胶。该类型清管器密封性好，具有良好的推进性和通过性。沿清管器周围有螺旋沟槽或圆孔，带有螺旋沟槽的清管器，在运行时螺旋沟槽产生分力，使其旋转前进，故清管器磨损均匀。泡沫塑料清管器具有回弹能力强、导向性能好、变形能力强以及能顺利通过变形弯头、三通及变径管的优点，但该清管器的耐磨性和清蜡效果不如机械清管器。

3. 机械清管器

机械清管器是一种刮、刷结合的清管器。主要由耐油皮碗、钢刷、刮板及弹簧等组成。清管器的皮碗略大于管内径1.6～3.2mm，圆盘的前方顶部留有数个控制清管器在管道中行走速度的旁通小孔。当清管器随油流移动时，皮碗可刮去结蜡层外部的凝油层，机械清管器上的刷子和刮板则除去管内壁上的硬蜡层。经过机械清管器清蜡后，管内壁残留的结蜡层约为1mm。机械清管器的清蜡效果较好，可刮掉较硬的积蜡，但结构比较复杂，对变形管道和障碍的通过能力较差。

泡沫塑料清管器和机械清管器如图3－14所示。

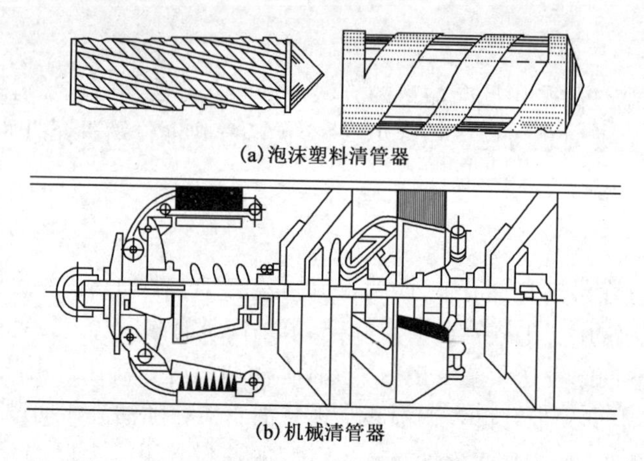

图3－14　泡沫塑料清管器(a)和机械清管器(b)

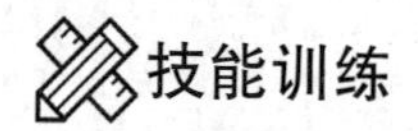

技能训练

管道清蜡操作

一、清管操作前的准备工作

(1)根据管道变形、结蜡等情况，正确选择清管器的过盈量；

(2)新建的清管器收发装置及相应的辅助设施，应按设计要求进行试压检漏；

(3)首次通清管器的管道应检查干线、弯头的变形情况，并应符合要求；

(4)检查校验清管器通过地段所安装的所有清管器通过指示器(包括报警器)以及进、出站测温测压仪表、油罐液位计、收发装置的操作机构等，使之处于完好工作状态；

(5)检查收发系统(包括污油和热水系统)有关阀门是否关严，阀门的操作机构、行程开关和动力系统均应完好灵活；

(6)装清管器前，要将发球筒内杂物清除；

(7)准备工作完成后，等待调度指令，准备操作。

二、正输倒接收清管器流程的操作(转发)

(1)按调度命令，准备倒接收清管器流程，并通知相关站及岗位，填写操作票；

(2)检查各有关阀门灵活好用,确认清管系统的有关仪表处于完好状态;

(3)检查清管器接收筒及其他各系统处于完好状态,接收指示器复位,站控指示仪投用正常,并校准时间;

(4)按规程倒通接收清管器流程;

(5)进行全面检查,确认操作无误后,通知调度和相关站及岗位,流程操作完毕。

三、正输接收清管器流程倒正输流程的操作(转发)

(1)清管器进站20min后,向调度汇报接收清管器时间并请示发送时间;

(2)按规程规定恢复正输流程;

(3)进行全面检查,确认操作无误后,通知调度和相关站及岗位,流程操作完毕。

四、正输倒发送清管器流程的操作(转发)

(1)按调度命令,准备倒清管器发送流程,并通知相关站及岗位,填写操作票;

(2)检查各有关阀门灵活好用,确认清管系统的有关仪表处于完好状态;

(3)检查清管器发送筒及其他各系统处于完好状态,发送指示器复位,站控指示仪投用正常,并校准时间;

(4)按规程倒通清管器发送流程,待发送指示器动作报警,确认清管器已经发出后,倒正输流程;

(5)进行全面检查确认无异常,通知调度和相关站及岗位,本站清管器出站。

五、正输倒接收清管器流程的操作(收发)

(1)按调度命令,准备倒接收清管器流程,通知相关站及岗位,填写操作票;

(2)检查各有关阀门灵活好用,确认清管系统的有关仪表处于完好状态;

(3)检查清管器接收筒及其他各系统处于完好状态,接收指示器复位,站控指示仪投用正常,并校准时间;

(4)进行清管器筒充油排气,按规程倒通接收清管器流程;

(5)进行全面检查确认无异常,通知调度和相关站及岗位,流程切换完毕。

六、正输接收清管器流程倒正输流程的操作(收发)

(1)清管器进站后,向调度汇报接收清管器时间并请示发送时间;

(2)按规程规定恢复正输流程;

(3)排净接收筒内污油,清除接收筒内的管道积蜡,将清管器从接收筒内取出,并装入发送筒内;

(4)进行全面检查确认无异常,通知调度和相关站及岗位,流程切换完毕。

七、正输倒发送清管器流程的操作(收发)

(1)按调度命令,准备倒发送流程,通知相关站及岗位,填写操作票。

(2)检查清管器发送筒及其他各系统处于完好状态,发送指示器复位,站控指示仪投用正常,并校准时间。

(3)检查发送筒内是否有存油;确认无存油后,可打开发送筒快速盲板;将清管器装入发送筒关上快速盲板。

(4)向发送筒内充油排气,排气结束后,按发送清管器操作规程,待发送指示器动作报警,确认清管器已经发出后,倒正输流程。

(5)将发送筒内原油排入污油池,发送筒放空备用。

(6)进行全面检查确认无异常,通知调度和相关站及岗位,流程操作完毕。

八、输油管道清蜡操作的要求

(1)收发筒充油排气的速度要控制适当,防止产生“气锤”。要排净空气,防止进入管路使泵抽空。

(2)凡清管器通过的阀门,操作前应将其行程开关调至最大安全开度,防止“卡球”和清管器的钢丝刷擦坏阀门密封面。

(3)应严密观察运行泵进出口压力变化情况和输油泵机械密封运行状况,防止清管器破碎进入泵入口,造成泵汽蚀或汇入压力超低保护停机。

(4)清管器发出后,发出站的各运行参数尽量保持稳定。若发现运行参数有变化,应立即把发生变化的时间和参数做好记录,向调度汇报,及时处理。

(5)为保证安全生产,清管器发出的时间和越过中间站的时间,需准确记录并报告调度。

(6)清管器发出前,下站倒好接收流程。

(7)清管器发送过程中,如无特殊情况,不得中途停输。

(8)同一管段内不得同时运行两台清管器。

知识拓展

清蜡周期的确定

清蜡周期是指相邻两次清蜡的时间间隔。周期太长,管壁结蜡严重,影响管道的正常运行;周期太短,既是不经济的,也是不必要的。确定合理的清蜡周期是必要的。

一、满负荷运行管道清蜡周期的确定

对于满负荷运行的管道,允许的结蜡厚度较小,在不考虑管壁结蜡对热力参数影响的条件下,一个清蜡周期内的单位输油费用可表示为

$$S_g = \frac{e_d N_\tau + e_z \tau_g + e_g}{G_\tau} \tag{3-43}$$

式中 S_g——单位输油费用,元/t;

e_d——电价,元/(kW·h);

e_z——固定资产折旧、维修费、人工费用等与输量无关的费用,元/h;

e_g——一次清管的费用,元;

τ_g——清管周期,h;

N_τ——一个清管周期内的输油耗电量,kW·h;

G_τ——一个清管周期内的输量,t。

在一个清蜡周期内,管道输量与耗电量随时间的变化关系分别为

$$G_\tau = \int_0^\tau G\mathrm{d}\tau, N_\tau = \int_0^\tau N\mathrm{d}\tau \tag{3-44}$$

将式(3-44)代入式(3-43),并令$\frac{\mathrm{d}S}{\mathrm{d}\tau}$可得

$$\frac{\int_0^{\tau_g} G\mathrm{d}\tau}{G_\tau}\left(N_\tau + \frac{e_z}{e_d}\right) = \int_0^{\tau_g} N\mathrm{d}\tau + \frac{e_z}{e_d}\tau_g + \frac{e_g}{e_d} \tag{3-45}$$

若取管壁结蜡引起的流量变化近似为线性关系,设单位时间内的流量下降率为 q,并忽略

电费变化对经济清管周期的影响,将式(3－45)整理可得

$$\tau_{j} = \frac{e_{g}}{e_{z}} + \sqrt{\frac{e_{g}}{e_{z}}\left(\frac{2G_{0}}{q} + \frac{e_{g}}{e_{z}}\right)} \tag{3-46}$$

式中 τ_{g}——最佳清管周期,h;

Q——单位时间内管道流量的下降率由管道的运行统计数据得到,t/h^2;

G_0——刚清蜡后的管道流量,t/h。

二、不满负荷运行管道清蜡周期的确定

对于达不到满负荷运行的管道,有时管道结蜡可以允许较厚,在确定清蜡周期时,应考虑结蜡对热力费用的影响。常用的计算步骤是:

(1)取不同的结蜡厚度 $\delta_1,\delta_2,\cdots,\delta_i,\cdots,\delta_n$,计算管壁结蜡后的传热系数,有

$$K_{iL} = \frac{K\lambda_{L}}{\lambda_{L} + K\delta_{iL}} \tag{3-47}$$

式中 K——管壁未结蜡时的传热系数,W/(m^2·℃);

K_{iL}——管壁结蜡厚度为 δ_i 时的传热系数,W/(m^2·℃);

λ_L——蜡的导热系数,一般在0.15～0.23W/(m^2·℃)之间。

(2)在确定的进站温度下,计算相应的出站温度 T_{icL},有

$$T_{jcL} = T_0 + (T_j - T_0)e^{\frac{KD\pi}{Gc}L_R} \tag{3-48}$$

(3)计算结蜡后的燃料费用日节约量 $¥_R$,有:

$$¥_{iL} = 24e_y\frac{Gc(T_{icL} - T_c)}{Q_H\eta_R} \tag{3-49}$$

式中 $¥_R$——管壁结蜡后的燃料费用日节约量,元/d;

G——管道的质量输量,kg/h。

(4)计算相应结蜡厚度时的站间管道的沿程压降,有

$$h_{iR} = \beta\frac{Q^{2-m}\nu_i^m}{d_i^{5-m}}L_R \tag{3-50}$$

式中 h_{iR}——结蜡厚度为 δ_i 时的加热站间沿程压降,m;

d——结蜡厚度为 δ_i 时的管道过流直径,m;

ν_i——结蜡厚度为 δ_i 时的油品黏度,m^2/s。

(5)计算结蜡前后的管道沿程压降的差值 Δh_{iR}:

$$\Delta h_{iR} = \beta Q^{2-m}L_R\left(\frac{\nu_i}{d_i^{5-m}} - \frac{\nu^m}{d^{5-m}}\right) \tag{3-51}$$

(6)计算结蜡后的动力费用日增加量 $¥_d$:

$$¥_d = 24e_d\frac{\rho gQ\Delta h_R}{\eta_d\eta_b} \tag{3-52}$$

式中 $¥_d$——管壁结蜡后的动力费用日增加量,元/d;

Q——管道的输量,m^3/h;

e_d——电价,元/(kW·h);

η_d、η_b——电动机和输油泵的效率,%。

(7)根据计算数据,在同一直角坐标系中,以结蜡厚度为横坐标,输油费用为纵坐标做出 $¥_d - f(\delta_L)$ 与 $¥_R - f(\delta_L)$ 的关系曲线,如图3-15所示。图中的 δ_0 为节约费用为正值时的最大结蜡厚度,可根据结蜡速度与结蜡厚度确定清蜡时间。

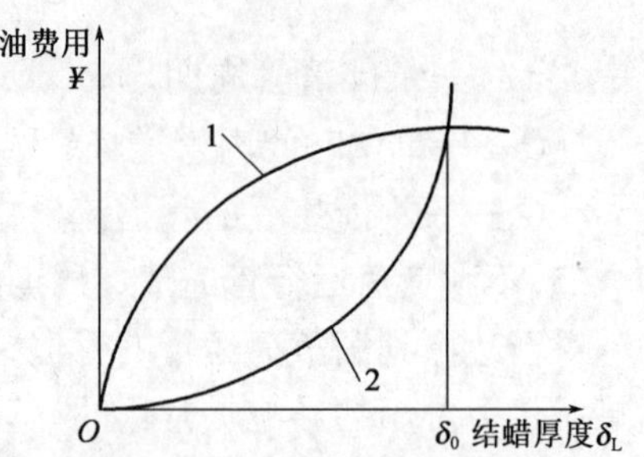

图3-15　管壁结蜡厚度与输油费用的关系
1—结蜡厚度与节约燃料费的关系曲线;
2—结蜡厚度与增加动力费的关系曲线

三、清管方案的编制

输油管道实施清管前,应预先编制清管方案。清管方案应包括以下主要内容。

1. 编制依据

编制输油管道清管方案的主要依据包括:有关的法规和规范,管道建设的安全与环境预评价上级有关的文件,设计资料,原油物性及地温等自然条件,管道概况描述,组织领导用分工,管道运行工作状况(包括各站的运行参数、清管器到达各站的时间预测等),清管器的选择,清管操作规程,故障预想及处理措施,清管工作日程安排。

2. 技术方案

清管技术方案主要包括:清管前管道运行参数计算结果,管道结蜡状况分析,清管过程用清管后运行参数测算,清管步骤和要求安排,清管安排及时间。

3. 清管前的检查

清管器的发、转、收系统,压力表和通球指示,扫线与排污系统,全线设备,清管所需的其他材料。

4. 流程与操作步骤

清管器发送流程,转发流程,接收流程,清管器跟踪,污物的排放与处理。

5. 安全要求

对操作人员、抢修人员的安全要求,清管过程中的安全管理规定,应急预案与事故处理措施。

6. 附件

输油站场工艺流程图,输油站场平面布置图,输油管道纵断面图,输油管道平面走向图,相关参数计算书等。

任务4　加热输油管道的停输再启动

知识目标

(1)了解热油管道停输后的温降过程。

(2)掌握热油管道停输后的温降规律。

技能目标

(1)能够在计划停输时,根据允许的再启动条件安排停输时间。

(2)能够在事故停输时,根据停输时间确定再启动压力等参数。

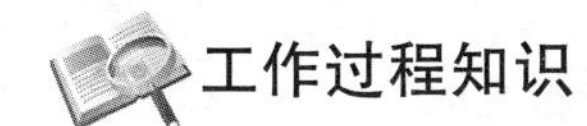

工作过程知识

输油管道的停输有两种情况:一是由于设备或管道的事故等原因造成的停输,这种停输是突发的,停输的时间是人为不能控制的;二是由于油源不足、计划检修等原因引起的停输,这种停输是人为计划安排的。

加热输油管道停输后,储存于管道中的输送温度下的热油就会通过管壁逐渐向周围环境散热,温度逐渐降低,黏度增加。对于含蜡油品,随着温度的降低,油品中的蜡就会析出,形成蜡晶体的网络结构。当温度降到油品的凝点以下时,管道中的存油就会凝结。若停输时间足够长,管道中存油的温度就会降到与管道周围的环境温度相同,热传递停止。

实际上,由于受到设备能力、管道强度等因素的限制,为了保证加热输油管道停输后再启动的顺利进行,加热输油管道停输后管内存油的允许温降程度也是有一定范围的。分析加热输油管道停输后的温降规律,以便在计划停输时,根据允许的再启动条件安排停输时间,或在事故停输时,由停输时间确定再启动压力等参数。

一、架空敷设的加热输油管道停输后的温降过程与允许停输时间

1. 架空敷设的加热输油管道停输后的温降过程

架空敷设的加热输油管道停输后的温降过程,就是管内存油、钢管壁、防腐层、保温层等材料的冷却过程,大致可分为三个阶段:

第一阶段是从开始停输降到管内存油的析蜡温度(40℃左右)。在这一阶段,管内存油的温度较高,黏度较小,对流放热热阻较小;同时,存油的温度与管道周围的环境温度相差较大,放热强度比较大,温降较快。由于架空敷设的管道管壁的热容量较小,这一阶段的温降时间比较短。

第二阶段从析蜡温度降至油品的凝点附近(30℃左右)。在这一阶段,一方面,由于管内存油蜡的大量析出,放出结晶潜热;另一方面,由于管壁凝油和结蜡厚度的不断增加,使传热热阻增加。同时,由于存油的黏度增大,使得对流放热热阻增大。这些因素的综合作用,使得第二阶段的传热系数有较大幅度的减小,温降比第一阶段慢得多。

第三阶段从油品的凝点附近至停输结束。在这一阶段,管内的存油已基本凝结或形成蜡晶体的网络结构,放热形式以热传导为主,传热的温差减小,温降速度介于第一阶段和第二阶段之间。

2. 架空敷设的加热输油管道允许停输时间的计算

架空敷设的加热输油管道停输后第一温降阶段的温降较快,传热系数变化不大,可近似按稳定传热的规律计算停输时间。影响第二、三温降阶段的因素较多,传热系数变化较大,目前还难以准确计算这两个阶段的停输时间。实际上,人们总是希望停输后再启动时管内存油的温度在其凝点以上。因此,在应用中,按第一温降阶段的规律计算允许停输时间,确定再启动参数是安全的。

按稳定传热的热平衡关系,可得到架空敷设的加热输油管道第一温降阶段中,停输时间的计算公式为

$$\tau = \frac{c_y \rho_y d_n^2 + c_g \rho_g (d_{gw}^2 - d_n^2) + c_f \rho_f (d_{fw}^2 - d_{gw}^2) + c_b \rho_b (d_{bw}^2 - d_{fw}^2)}{4 \times 3600 K' D} \ln \frac{T_{kj} - T_0}{T_\tau - T_0} \quad (3-53)$$

式中 d_n、d_{gw}、d_{fw}、d_{bw}——钢管的内径、外径、防腐层和保温层的外径，m；

c_y、c_g、c_f、c_b——管内存油、钢管、防腐层和保温层材料的比热容，J/（kg·℃）；

ρ_y、ρ_g、ρ_f、ρ_b——管内存油、钢管、防腐层和保温层材料的密度，kg/m^3；

T_{kj}——开始停输时管道终点(或加热站进站处)的管内存油的温度,℃；

T_τ——停输 τ 时间后的管内存油温度,℃,可根据再启动参数的要求确定；

T_0——停输时的管道周围环境温度,℃,

τ——允许的停输时间，h；

K'——加热输油管道停输温降过程中的传热系数，W/(m^2·℃)。

K'可参照稳定传热的方法计算,但需按自然对流的形式计算管内存油与管内壁的对流放热系数：

$$\alpha_l' = c\frac{\lambda_y}{d_n}(Pr \cdot Gr) \quad (3-54)$$

式中 c、n——与 Pr 和 Gr 乘积有关的常数,其值见表 3-8；

表 3-8 计算管内存油自然对流放热系数时的常数 c 和 n

$Pr \cdot Gr$	10^{-3} ~500	501 ~2×10^7	2×10^7 以上
c	1.18	0.54	0.135
n	0.125	0.25	0.333

二、埋地加热输油管道停输后的温降过程与允许停输时间

1. 埋地加热输油管道停输后的温降过程

埋地加热输油管道停输后的温降可分两个阶段。第一阶段从开始停输降到管内存油温度高于管壁处的土壤温度 2 ~ 3℃。在这一阶段,由于管内存油与管周围土壤的温差较大,且管内存油的热容量与管道周围土壤温度场的热容量相比要小得多,所以,存油的温降要比土壤温度场的温降快得多。因此可近似认为,在第一阶段的温降过程中,土壤温度场的温度不变,传热系数近似等于稳定输送时的数值。

第二阶段从管内存油温度高于管壁处的土壤温度 2 ~ 3℃到管道再启动。在这一阶段,要使存油温度继续降低,管道周围土壤温度场的温度就必须降低,由于土壤温度场的热容量很大,所以,第二阶段的温降较慢,延续时间较长,可以看作是预热过程温度场建立的反过程。

2. 埋地加热输油管道允许停输时间的计算

1) 第一温降阶段的时间计算

按稳定传热的热平衡关系,可得到第一温降阶段的温降时间 τ_1 为

$$\tau_1 = \frac{c_y \rho_y d_n^2}{4 \times 3600 K'} \ln \frac{T_k - T_0}{T_{\tau_1} - T_0} \quad (3-55)$$

式中 τ_1——埋地敷设的加热输油管道停输后第一温降阶段所需的时间，h；

T_{τ_1}——管道停输 τ_1 时间后的管内存油温度(通常取高于停输开始时管壁处土壤温度 2 ~3℃,实测数据表明,地温在 12 ~15℃、油温在 45 ~50℃时,油温与管壁处土壤温度

相差 3 ~ 6℃；地温为 2℃、油温为 35 ~ 40℃ 时，油温与管壁处土壤温度相差 8 ~10℃）。

2）第二温降阶段的时间计算

将第二温降阶段的温降过程看成是预热过程的反过程，按恒热流法的假设条件，整理可得第二温降阶段的温降时间为

$$\tau_2 = 0.1113 \frac{d_w^2}{a}\left(\frac{4h_t}{d_w}\right)^{\frac{2(T_{b0}-T_{br})}{T_{b0}-T_0}} \tag{3-56}$$

式中 T_{b0}——开始停输时管壁处土壤温度，℃；

T_{br}——停输结束时管壁处的土壤温度，℃；

τ_2——埋地敷设的加热输油管道停输后第二温降阶段所需的时间，h。

【例 3-3】 已知某加热输油管道的加热站站间距为 40km，进站温度为 45℃，出站温度为 70℃，管道直径为 ϕ529 × 7mm，防腐层厚度 5.5mm，管中心埋设深度 1.5m，土壤密度 2000kg/m³，土壤的含水率为 10%，导热系数为 1.2W/(m·℃)，管道传热情系数为 1.8W/(m·℃)，加热站配置加热设备的热负荷为 9.8×10^3kW。分别按埋地敷设和架空敷设计算管道的允许停输时间。

解：(1)架空敷设：由于保温材料的比热容和密度都较小，计算时忽略其影响。取防腐层材料与原油的比热容和密度相同，开始停输时加热站进站处管内存油的温度为 45℃，根据所输原油凝点 31℃，取停输结束时管内存油的温度为 35℃，停输过程中的传热系数近似取稳定状态时的值，将有关数据代入式（3-53），得

$$\tau = \frac{c_y\rho_y d_n^2 + c_g\rho_g(d_{gw}^2 - d_n^2) + c_f\rho_f(d_{fw}^2 - d_{gw}^2) + c_b\rho_b(d_{bw}^2 - d_{fw}^2)}{4 \times 3600K'D}\ln\frac{T_{kj} - T_0}{T_\tau - T_0}$$

$$= \frac{2000 \times 935 \times 0.515^2 + 480 \times 7850 \times (0.529^2 - 0.515^2) + 2000 \times 950 \times (0.54^2 - 0.529^2)}{4 \times 3600 \times 1.8 \times 0.535}$$

$$\ln\frac{45-20}{35-20} = 16.3(\text{h})$$

(2)埋地敷设第一阶段，取第一阶段结束时管内存油的温度为 40℃，将有关数据代入式（3-55）得

$$\tau_1 = \frac{c_y\rho_y d_n^2}{4 \times 36000K'}\ln\frac{T_k - T_0}{T_{\tau_1} - T_0}$$

$$= \frac{2000 \times 935 \times 0.515}{4 \times 3600 \times 1.8}\ln\frac{45-20}{40-20}$$

$$= 8.3(\text{h})$$

埋地敷设第二阶段，将有关数据代入式（3-56）得

$$\tau_2 = 0.1113 \frac{d_w^2}{a}\left(\frac{4h_1}{d_w}\right)^{\frac{2(T_{b0}-T_{b\tau})}{T_{b0}-T_0}}$$

$$= 0.1113 \times \frac{0.54^2}{0.0025} \times \left(\frac{4 \times 1.5}{0.54}\right)^{\frac{2\times(40-35)}{40-25}}$$

$$= 43.3(\text{h})$$

即:架空敷设管道的允许停输时间为16.3h;埋地敷设管道的允许停输时间为8.3+43.3=51.6(h)。

三、加热输油管道停输后的再启动

1. 管道全线为液相时的再启动

若管道停输一段时间后,管道沿线热力条件最差的管段管中心存油温度高于其凝点,则全线管内存油仍为液相。计划停输时,根据允许停输时间安排停输间隔,通常是这种情况。这种情况管道再启动时,可以启动输油泵或更换容积泵,利用小流量高温油流(必要时更换低黏度油品)冲刷,使管壁的凝油和结蜡逐渐熔化,管道流通面积逐渐增大,直到恢复任务输量,达到稳定工作状态。

2. 管道沿线有部分管段凝油时的再启动

若长距离输油管道的局部管段凝油,埋地热油管道的架空段、水下段等传热系数较大的管段可能出现这种情况。这时再启动管道的方法是:将凝油管段与主管道隔离,先利用临时泵或压力车在凝油管段中间施压,将凝油向两段挤推,待凝油段打通后,再连接管道,启动油泵或用容积泵,小流量高温油流全线冲刷启动。在凝油段很短时,也可以直接在凝油段中间向两端挤推。由于非牛顿流体的流动状态不仅与作用压力有关,还与作用时间有关,在施压挤推凝油管段的存油时,要采用逐步加压的方法,以便使施加的压力有充足的作用时间。

3. 管道全线或大部分凝油时的再启动

若长距离输油管道的大部分或全线出现凝油,应采用分段挤推的方法,逐段打通全线各段。每段的长度 L_i 可根据凝油开始移动时的力平衡计算:

$$L_{\mathrm{i}}=\frac{\Delta p_{\mathrm{i}}d_{\mathrm{n}}}{4\sigma_{\mathrm{y}}} \tag{3-57}$$

式中 L_{i}——分段挤推时每段的长度,m;

Δp_{i}——挤推时施加于管段两端的压差,MPa;

σ_{y}——胶凝原油的屈服强度,MPa。

屈服强度随油品性质、凝油条件、停输时间等不同而有较大的差别,在应用时要根据具体情况,具体分析,通常是现场取样分析,确定其数值。

典型案例

马惠宁输油管道

一、管道概况

马惠宁(马岭油田惠安堡—中宁)输油管道包括马惠线和惠宁线,总长270km,如图3-16。惠安堡热泵站将马惠宁管线分为可独立运行的马惠线和惠宁线两段。其中,马惠线起自位于甘肃省环县曲子镇的马岭油田首站,终点在宁夏惠安堡,全长164km,管径325mm,设计压力4.5MPa,设计输量350×10^4 t/a,1979年投产。惠宁线从惠安堡至宁夏中宁县石空镇,全长106km,管径377mm,设计压力4.0MPa,设计输量400×10^4 t/a,1978年投产。2003年增输改造后，惠宁线输量可达 470×10^4t/a。

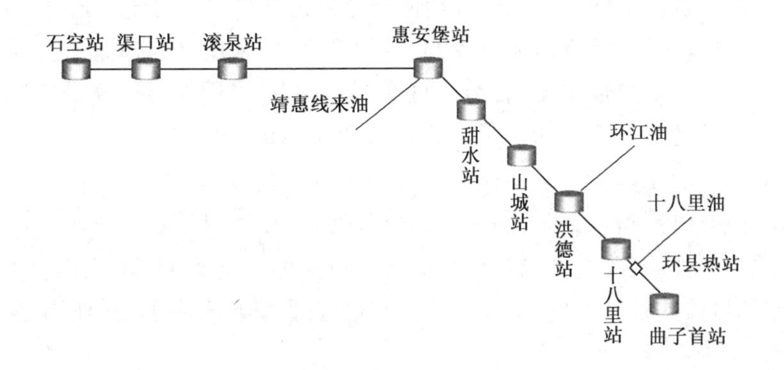

图 3－16　马惠宁管线示意图

马惠宁管线地处黄土高原西北部山区，气候寒冷，沿线管道埋深处全年最低地温为 2℃。马惠宁管输原油凝点一般在 10～18℃之间，低温下黏度较高，马岭原油在 5℃、11.5s^{-1}时的表观黏度一般高于 1360mPa · s，靖惠原油的表观黏度通常还要高一些。

二、输送工艺

马惠宁输油管道油源分散、量少，所输原油在环境条件下流动性差，不同站间管输原油的物性、输量不同且时常变化，有时输量波动还较大。马惠宁输油管道投产初期输量较低，曾在设计最低输量的 78% 左右运行。随着油田产量的增加及管道增输改造，2006 年以来惠宁线输油量超过了 480×10^4t。从而造成马惠宁输油管道运行条件差，输送困难，工艺复杂。

针对管道面临的特殊情况，马惠宁输油管道先后单独或综合应用了常温输送、加热输送、正反输、间歇输送、热处理输送、添加降凝剂综合处理输送、添加减阻剂增输等多种输油工艺方法应对含蜡原油管道低输量、超低输量运行，解决管道增输问题，并使管道在安全、经济的状态下运行。

1. 加热输送

原油的凝点、表观黏度等表征原油流动性质的流变参数对温度非常敏感。对于在环境条件下流动性差的易凝高黏原油，通过提高油温并保持运行温度可改善其流动性。热输工艺的弊端是能耗大，而且存在停输后难以启动的危险。

马惠宁输油管道最初的设计是采用逐站加热的方式输送。管道投产以后，长时间处于低输量状态。为了保障管道的运行安全，在投产后的几年内，采用加热后正反输交替运行工艺。为了降低能耗，曾经进行了间歇输送工业性试验，以尽量减少反输量。

2. 热处理工艺

通常含蜡原油被加热到一定温度后，在随后的降温过程中因其重结晶行为，会引起原油宏观性质的变化，表现为低温下的流动性得到改善，凝点、表观黏度均下降，有利于易凝高黏度原油的输送。为了节能，热处理工艺方法还可以在原油出站前通过换热器回收部分热能。

1981 年，马惠宁线开始进行热处理工艺方法研究，把原油加热到最佳热处理温度，经换热器换热后温度降至高于析蜡点的温度进入管道，效果十分显著。经热处理后，马惠原油凝点由

16℃降至 -1℃左右,5℃的表观黏度降黏率大于 90%。经首站热处理后,原油可实现热力越站运行,不需要沿线逐站加热。研究的成功使马惠宁输油管道的输送工艺自 1986 年由热输改为“二四六”运行方案:在夏季地温高于 20℃时的两个月,采用常温输送工艺;在地温低于 5℃时的冬季四个月,采用加热输送工艺;春秋两季六个月内,采用热处理输送工艺。与最初的热输相比,年节约燃油超过 1.5×10^4t,节约电能近 266×10^4 kW·h。

3. 添加降凝剂输送工艺

降凝剂是分子结构与石蜡相近的一种高分子聚合物,通过其在原油中的溶解—重结晶行为,可以改变原油的性质,改善原油在环境温度下的流动性。添加降凝剂输送工艺需要将加剂后的原油升温到最佳热处理温度,由于同时含有热处理和降凝剂的双重作用,通常称之为加剂综合处理工艺。

1987 年,马惠宁输油管道添加降凝剂改性输送工艺工业试验获得成功。在原油中添加一定量的降凝剂,经过最佳热处理温度的处理程序后进入管道输送。与单纯的热处理效果相比,加剂综合处理使原油凝点进一步下降 3 ~5℃,表观黏度降低 4% 左右;改性原油的稳定性和抗剪切能力提高;增加了热力越站的距离,或实现热力全越站运行;还可延长易凝管线的允许停输时间。1988 年,马惠宁输油管道将“二四六”运行方案中冬季四个月的加热输送改为添加降凝剂综合处理输送工艺。

此外,降凝剂的应用保证了马惠宁输油管道在 1990—1993 年管输量低谷期间超低输量时的运行安全。工业试验证明,最低输量仅为设计最低输量的 30.5%。添加降凝剂综合处理工艺大大提高了管道输量的弹性和运行的安全性。

4. 运行方案的调整

1994 开始,随油田产量的增加,马惠宁管线输量有所提高。基于多年的研究和管输实践,在充足的运行数据、油品物性跟踪分析的支持下,马惠宁输油管道开始探索延长夏季常温输送的时间。在靖惠线油源增加、惠宁段运行条件得到改善的情况下,调整靖惠线原油在惠安堡站的注入方式,提高靖惠线原油的注入比例,将运行方案逐步改为“三三六”运行方案:夏季三个月常温输送,冬季三个月添加降凝剂综合处理输送,春秋两季六个月热处理输送。新方案的实施,使年燃油消耗在“二四六”方案的基础上进一步节余超过 400t。

5. 插输

随长庆油田新区块的开发,新的油源需要从中间站进入马惠宁输油管道,如环县热站和洪德站。如果新掺入的原油处理不当,会引起管输原油的流动性恶化,使干线管道内原油的热处理、添加降凝剂综合处理的效果部分或全部消失,危及管道运行安全。通过研究不同物性的新油品进入干线管道的比例、温度、降凝剂添加浓度、改性处理温度等工艺参数,以及这些参数对管输原油流变参数的影响,确定了插输油品进入管道的方式和条件,使各区块不同物性的原油可以在中间站顺利进入干线管道并安全输送。

6. 添加减阻剂增输

添加到原油中的减阻剂通过改变管壁附近原油分子的运动状态,减少能量消耗,降低摩阻损失,达到增输的目的。随着马惠宁输油管道逐渐老化,承压能力下降,而油田产量却有所增加,管输任务加重。为解决这一矛盾,在管道增输改造的基础上,通过在局部管段注入减阻剂来提高输送能力。在滚泉—石空站间添加减阻剂,减阻率达到 39%,折合站间增输率达到 31%;在惠安堡、滚泉两站注入减阻剂,惠宁线增输率可达 17%。

易凝高黏油品的不加热输送

油品的加热输送，不仅增加了输送过程中的直接能耗，也使得运行过程中的管理、维修等费用提高。为了降低易凝、高黏油品的输送成本，国内外技术人员在这类油品的不加热输送方面做了大量的研究工作，常用的方法有热处理输送、降凝输送、稀释输送、乳化输送、加紊流减阻剂输送、水悬浮输送和磁处理输送等。

一、热处理输送

含蜡原油凝点高、常温下流动性差的主要原因是油品中的蜡在常温下结晶析出，并相互联结形成网络结构。含蜡原油的热处理，就是先将原油加热到一定温度，使原油中的石蜡、胶质、沥青质等溶解，分散在原油中，再以一定的温降速率和方式（动冷和静冷）冷却。在这种特定的加热—冷却过程中，析出的蜡晶的形态和强度都发生变化，原油的低温流动性得到改善。试验表明，每种原油都有一个最佳的热处理温度。在这个温度下，原油的凝点、表观黏度等均有较大幅度的下降。利用对原油的热处理，实现含蜡原油的常温输送或延长加热输油管道的站间距离，称为热处理输送。

根据热处理的深度和效果不同，目前的热处理输送可分两种情况。

一种是热处理等温输送，也称完全热处理输送，即经过热处理后的原油凝点降至管道敷设处的最低地温以下，可实现等温输送。这种热处理要求的处理设备庞大、条件苛刻、自动化水平高、投资大，适用于输送距离长、地温较高的情况下。如1963年投产的印度纳霍卡蒂雅管道就采取了这种热处理输送方式。该管道全长402km，输送油品的倾点为29～34℃、含蜡量15.4%，管道敷设处的最低地温18℃。

另一种是不完全热处理输送，也称简易热处理输送。其过程是：将原油在首站加热到最佳热处理温度，并经冷却油换热至管道热应力和防腐绝缘层允许的最高温度后，输入管道；热油在管道输送过程中，自然冷却降温，达到降凝、降黏、延长输送距离的目的。这种方法适用于管道不满负荷运行、地温较高的情况。如在我国的克独线、濮临线、马惠宁线等输油管道上都采用过这种输送方式。

二、降凝输送

降凝输送是在油品中加入某种降凝剂，以改善油品的低温流动性，从而实现不加热输送。降凝剂又称蜡晶改良剂，目前使用较多的是乙烯－醋酸乙烯醋共聚物（EVA）和丙烯酸高碳醇醋共聚物。降凝剂具有长烷烃主链和极性侧链，长链短与原油中蜡分布最集中的链长相近，具有相同的结晶温度范围，原油冷却时，降凝剂与蜡同时共晶析出，或吸附在蜡晶表面。新析出的蜡晶不断被降凝剂包围，形成树枝状结晶，不易形成网络结构，从而使原油的凝点降低，低温流动性得到改善。

在工程应用中，可将热处理和加降凝剂两种方法联合使用，图3－17是原油添加降凝剂的综合处理流程图。试验表明，我国大庆、华北、中原等油田的原油添加降凝剂综合处理后，可使凝点降低10～15℃，低温降黏率达80%以上。

三、稀释输送

稀释输送是将一定量的低凝、低黏油品加入到被输送的高凝、高黏油品中，使混合油中的

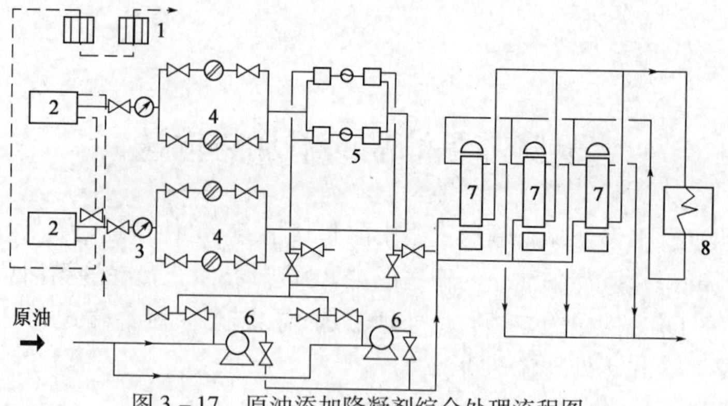

图 3－17　原油添加降凝剂综合处理流程图

1—降凝剂预热装置;2—降凝剂储罐;3—流量计;4—过滤器;
5—比例泵;6—输油泵;7—换热器;8—加热炉

蜡、胶质及沥青质的浓度下降,蜡的析出温度、油品的黏度、凝点下降,低温流动性能得到改善。所用稀释剂的密度、黏度越小,其降凝、降黏效果越明显。

在我国,稠油的集输与外输,大都采用稀释加热输送的方式,如图 3－18 所示为掺油稀释接转站工艺流程。

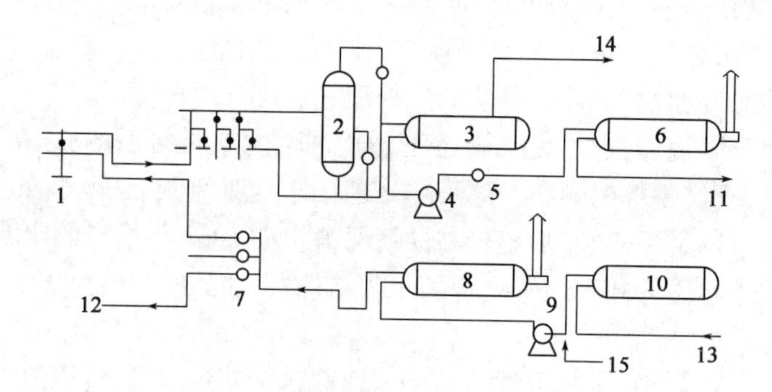

图 3－18　掺油稀释接转站工艺流程图

1—井口;2—计量分离器;3—分离,缓冲罐;4—外输泵;5—流量计;
6—外输加热炉;7—稀油分配阀组; 8—稀油加热炉;9—掺油泵;
10—稀油缓冲罐;11—外输;12—掺油;13—外来稀油;14—外输气;
15—加药

稠油的稀释加热输送,可以通过调节油温及稀释比进行运行工况的调节,在具体调节时,应注意以下几点:

一是稠油输送管道大都在层流状态下工作,若因稀释剂的加入使其进入紊流,则稀释降黏减阻的效果就会下降。因此,在确定稀释比时,应以保持层流输送为限。

二是考虑掺入的稀释剂对油品性质、加工方案及综合经济效益的影响。如我国单家寺油田的稠油是生产优质道路沥青的原料,若掺入较多的含蜡原油,将使沥青的质量下降。

三是考虑稀释剂与被稀释油品的种类、稀释比、输送温度等参数的相互影响,以及对运行费用的综合影响,需进行不同条件下的经济比较,并确定最低运行费用下的最优稀释比范围。

四、乳化输送

乳化输送是将表面活性剂水溶液加入被输送油品中,在适当的温度和剪切作用下,使油品以很小的滴状分散在水中,形成油为分散相、水为连续相的水包油型(O/W)乳状液。该乳状液在管道中流动时,液体与管壁间的摩擦为水与管壁间的摩擦,液体与液体间的内摩擦为水与水之间的摩擦，使得管道的输送摩阻大大降低。乳状液输至管道终点后，再改变温度和剪切条件，并加入一定的破乳剂，将乳化时掺入的水脱除。

目前，乳化输送主要用于高黏稠油的集输，常用的乳化剂有：阴离子型表面活性剂，如氢氧化钠、氢氧化钾、乙胺、三乙醇胺等；非离子型表面活性剂，如环氧乙烯烷基苯酚醚、环氧乙烯聚氧丙烯二醇醚、聚丙烯酰胺等。

在输送时，先将表面活性剂按所需放度溶于水中，再将被输油品与表面活性剂水溶液按比例泵送，通过混合器，即可形成管道水包油型乳状液。

五、加紊流减阻剂输送

紊流减阻剂是某些高分子聚合物，如聚—对—异丁基苯乙烯（PIBS）、聚甲基丙烯酸月桂醋（PLMA）等。这些高分子聚合物的相对分子质量大都大于 5×10^4，并具有较长的直链和适当长度及数目的支链。研究认为：当一定数量的减阻剂加入到被输油品中时，在管壁附近的层流边界层和管中心的紊流核心之间形成一个弹性底层。在这一弹性底层中，弹性聚合物分子储存漩涡变化的应变能，使漩涡运动受到抑制，能量的损耗减少，摩阻下降。这种减阻剂的减阻作用只有在紊流状态的雷诺数达到一定数值后，才能显示出来。在雷诺数较小或在层流状态时，减阻剂不起作用，故称为紊流减阻剂。

由于减阻剂的抗剪切能力较差，经过泵剪切后容易降解失效，需要再次加剂，且减阻剂的价格较高，故这种方法，目前只用于短期、应急的增输场合。

六、水悬浮输送

水悬浮输送是将高凝点的油品注入温度比油品凝点低得多的水中，在一定的混合条件下，凝成大小不同的冻油粒，形成油粒为分散相、水为连续相的悬浮液。这种悬浮液在输送过程中，越靠近管壁处，液流的速度梯度越大，油粒外侧受到的剪切力大于内侧，油粒向管中心移动，在管壁周围形成水环，从而使管道输送的摩阻大为降低。

这种方法的适用性和经济性，主要取决于被输油品性质和供排水条件。与管道中悬浮液的流动状态与油品的性质、混合时的油水温差、管道周围的环境温度、液流速度、油水混合装置、中间泵站的流程等一系列因素有关。到目前，只在印度、美国等建有少量水悬浮输送的管道，我国也进行了这方面的研究试验。

七、磁处理输送

试验表明，原油经过磁处理后，其物理性质会发生暂态改变，如原油的析蜡温度降低、黏度减小，管壁结蜡减少且容易清除等。磁处理输送就是通过一定的磁化措施，使被输油品磁化，以达到减少管壁结蜡、结垢，降低管道摩阻的目的。油品的磁化，可以通过设置在管外壁的、具有一定磁场强度和形态的磁处理段实现，也可以通过设置于管道内的一定磁场区间实现，分别称为外磁式和内磁式处理。目前，这种方法主要用于油井油管的防蜡、防垢，在长输管道上的工业试验也见到一定的效果。

以上介绍的易凝高黏油品的不加热输送方法，大都还处于研究试验阶段。随着管道输送技术和其他相关技术的发展，为了适应油品运输不断降本增效的要求，这些输送方法将会不断地成熟、完善。同时，还会不断研究出新的输送方法。

课后练习

1. 原油采用加热输送的目的是什么？
2. 热油输送管道有什么特点？

3. 热油输送管道都存在哪些能量损失？

4. 热油输送管道的水力和热力计算能解决什么问题？

5. 苏霍夫温降公式是什么？

6. 热油管道进站温度怎样确定？

7. 热油输送管道沿途温降有什么变化？

8. 根据热油管道 $Q—h$ 特性曲线，管道应在什么区域工作为好？

9. 什么是加热输送管道的传热系数？

10. 用平均温度怎样计算热油管道的站间摩阻？

11. 加热输油管道的投产过程包括哪些？

12. 管道预热的目的是什么？

13. 管壁结蜡对加热输油管道运行参数有什么影响？

14. 常用的清蜡方法有哪些？

15. 常用的清管器有哪些？

16. 简述清管器清蜡的原理。

17. 智能检测清管器有什么作用？

18. 清管前应做什么准备工作？

19. 清管操作中应注意哪些事项？

20. 加热输油管道停输后的再启动如何操作？

21. 某热油管道的加热站均匀分布，冬季环境温度为0℃，60℃出站时的进站温度为40℃，在其他参数不变的条件下，保证进站温度不变，计算说明夏季环境温度为25℃时，能否压力越站运行。

学习情境四　油品顺序输送

在同一管道内，按一定顺序连续地输送几种油品，这种输送方式称为顺序输送。长距离管道输送成品油时一般都采用这种输送方式。这主要是因为成品油的品种多，而每一种成油品的批量有限，当输送距离较长时，为每一种油品单独敷设一条小口径管道既不经济，也基本不可能。而采用顺序输送，各种油品输量相加，可敷设一条大口径管道，输油成本将大大降低。为了避免不同原油的掺混导致优质原油"降级"，几种不同品质的原油也可采用由一条管道顺序输送。国外有些管道还实现了原油、成品油和化工产品的顺序输送。

在发达国家，管道顺序输送是成品油的主要运输方式。我国的管道顺序输送技术相对较落后，成品油主要靠铁路、公路运输。目前只有三条管道可以实现各种汽油和柴油等油品的顺序输送，它们是：格尔木—拉萨管道，全长1080km，管径159mm；抚顺—营口鲅鱼圈管道，全长236km，管径355/377mm；克拉玛依—乌鲁木齐管道，全长285km，管径250mm。当然，随着我国国民经济的发展，成品油管道的顺序输送也会快速发展。

本学习情境主要学习顺序输送混油的检测与控制、混油的接收与处理，以及顺序输送的运行方案的设计。

项目一　混油的检测与控制

知识目标

（1）了解顺序输油管道混油产生的原因。
（2）掌握顺序输油管道混油的检测方法。

技能目标

能够对顺序输油管道中的混油量进行检测与控制。

工作过程知识

成品油管道运行过程中，由于多种油品的顺序输送，相邻两个批次的油品首尾相交的区域内，不可避免地会产生混油。混油作为不合格油品，只有经过适当的处理才能按成品油出售。准确地跟踪和检测混油并合理地切割和掺混，可以减少混油、降低混油处理费用。

一、顺序输油管道中混油的产生

成品油顺序输送的混油可分为两类：一类是泵站内的混油，另一类是沿程混油。一般来说，泵站内的混油不好计算，而且如果操作管理得当，站内混油所占比例很小，因此一般不作详细计算。下面主要讨论在油品交界面处引起的沿程混油。

1. 混油的形成过程

在顺序输油管道中两种油品交替时，两种油品的接触面随管流向前移动的过程中，会产生两种油品的混合。产生混油的主要原因有：一是层流时，在管道横截面上，油流沿管道径向的流速分布不均匀，越接近管轴线处流速越快，越接近管壁处流速越慢，从而使后行油品呈楔形进入前行油品；二是由于管道内油流分子的扩散作用，使一种油品分子不断扩散到另一种油品中。

油流的流态对混油的产生有较大的影响。层流时，管流截面上的速度梯度较大，管轴线处的流速一般为平均流速的2倍，从而形成楔形油头，楔形油头的存在是产生混油的主要原因。由于层流的扰动较弱，混油浓度变化缓慢，混油后的楔形油头沿管道传播的距离较长，混油量较大；而紊流时，管流截面上的速度梯度较小，管道中心液体的流速一般是平均流速的1.18～1.25倍，紊流扰动较强，分子扩散是造成混油的主要原因，混油浓度变化较快，混油段较短，混油量比层流时少。混油产生的过程如图4－1所示。

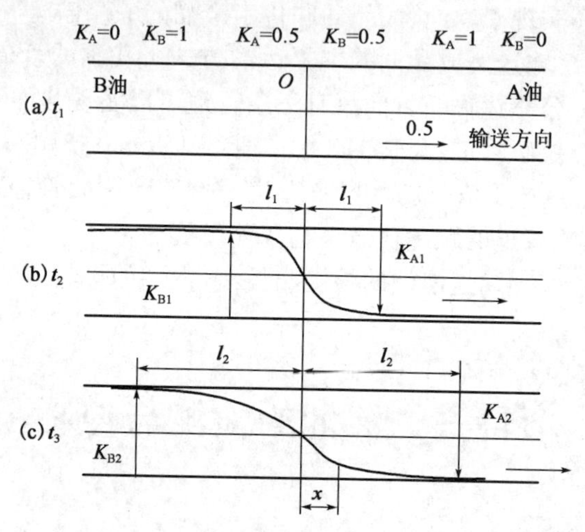

图4－1　顺序输油管道混油的产生过程

K_A—前行油品浓度；K_B—后行油品浓度

在输油管道中，从输送A油品开始转入输送B油品的t_1时刻，接触面0－0前后分别为纯净的A油品和B油品，接触面上两种油品的浓度相同，即$K_{AO}=K_{BO}=0.5$。

经过一段时间，到t_2时刻，起始接触面0－0的前后各形成长为l_1的混油段。在混油段内，油品A的浓度逐渐减小，油品B的浓度逐渐增加，同一截面上两种油品的浓度之和为1，即$K_{A1}+K_{B1}=1$。随着时间的推移，混油段长度不断增加，油品浓度的变化趋于平缓。到t_3时刻，混油段的长度为$2l_2$，起始接触面0－0前后的油品浓度分别为K_{A2}和K_{B2}。

从图4－1中可以看出，在起始接触面0－0前面，管道沿线的同一截面上，前行油的浓度逐渐减小，即$K_{A1}>K_{A2}$，后行油品的浓度逐渐增大，即$K_{B1}<K_{B2}$；在起始接触面0－0后面，管道沿线的同一截面上，前行油品的浓度逐渐增大，即$K_{A1}<K_{A2}$，后行油品的浓度逐渐减小，即$K_{B1}>K_{B2}$。

2. 影响混油量的因素

1）主要因素

根据混油量的计算公式，影响混油量的主要因素有：

（1）管内径D：管径越大，混油量越大；

（2）管长L：管道越长，混油量越大；

(3)雷诺数 Re：Re 越大，混油量越小。

2)其他因素

(1)停输混油。在顺序输送管道发生停输的情况下，相邻油品密度的差异可大大增加混油量，特别是线路起伏、高密度油品处于斜坡的上方、低密度油品处于斜坡的下方时更是如此。因所输油品之间的密度差，较轻的油品上浮，较重的油品下沉，这会导致混油长度显著增加。停输时混油的增加量与停输时间、沿线地形、油品密度差有关。

(2)黏度差混油。黏度差对混油量的影响与顺序输送油品的次序有关：黏度小的油品后行时的混油量比黏度小的油品前行时的混油量多10%～15%。在我国的管道顺序输送试验和运行中也发现，油品交替时，黏度小的油品顶替黏度大的油品所形成的混油长度大于次序相反时的混油长度，两者比值在1.04～1.36之间，随流速和输送距离的变化而不同。

(3)初始混油和过站混油。顺序输送工艺规定管道首站更换油品时不能停输，当切换油罐时，在管汇中形成的混油段称为初始混油。初始混油量的大小取决于输送流速和油罐切换的时间。

(4)其他混油。在顺序输送的管道中可能存在不满流段，不满流段的油流只局部充满管道。由于重新建立的流速断面以及湍流强度、扩散过程的变化，油品混掺与满管时的情况不同，也会在一定程度上增大混油量。输量调节、中途分输或进油、油品交替、管径变化等引起流速变化，管道沿线温度变化以及管道沿线的支管、旁通管等都将影响输送中形成的混油量。

二、混油的检测

对于多种油品的顺序输送，准确地检测和跟踪混油界面并能及时进行油品分输和末站混油界面切割，是保证输送油品质量的关键。

1. 混油界面跟踪技术

由嵌在管道SCADA系统中的调度计划软件完成。它可预估出混油段抵达末站的时间，在混油段到达前的一定时间发出警报，可使末站的操作人员有时间针对到达的油品选择合适的接收流程，并且配合使用界面检测仪器，准确地进行油品切割操作。

2. 常见油品界面检测方法

1)密度检测法

混合油品的密度与各组分的密度、浓度之间的关系为

$$\rho_H=\rho_A K_A+\rho_B K_B, K_A+K_B=1 \tag{4-1}$$

$$K_A=\frac{\rho_H-\rho_B}{\rho_A-\rho_B}, K_B=\frac{\rho_H-\rho_A}{\rho_B-\rho_A} \tag{4-2}$$

式中 ρ_H——A、B两种油品混合后的密度，kg/m^3；

ρ_A、ρ_B——A、B两种油品的密度，kg/m^3；

K_A、K_B——同一截面处A、B两种油品的浓度，%。

A、B两种油品的密度都是已知的，只要测得沿线不同截面处的混合油品密度，就可根据上式求得混油的浓度。根据这一原理，在管道沿线安装能自动连续测量油品密度的检测仪表，

通过连续检测混油密度的变化，从而计算出混油浓度的变化。这是国内外成品油管道顺序输送普遍采用的、比较直接的界面检测法。

2）超声波检测法

在常温条件下，油品的密度越大，超声波在油品中的传播速度就越快。混油浓度的超声波检测法，就是根据超声波在不同密度油品中的传播速度不同的特性，在管道沿线安装超声波检测仪表，通过连续测量超声波通过管道的声时，确定管内油流的密度，从而检测混油的浓度。

声时是指超声波在某一油品中，在一定温度和压力下通过管道两倍管径距离所需的时间，单位是 μs。

利用超声波检测仪表检测混油浓度的操作步骤如下：

（1）首先通过实验测定，分别做出不同油品在不同温度、压力下与声时的关系曲线。图 4－2为常见油品在管径为 150mm 的管道中的输送温度与声时的关系曲线，图 4－3 为输送压力与声时的关系曲线，常压下常见油品的声时实测值见表 4－1。

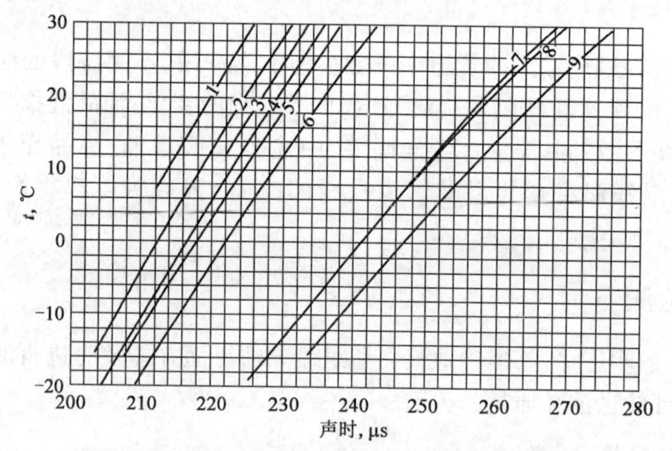

图 4－2　常见油品的输送温度与声时的关系曲线

1—0#柴油；2—20#柴油；3—10#柴油；4—灯用煤油；5—35#柴油；6—2#航空煤油；
7—加油站 66#汽油；8—炼油厂 66#汽油；9—80#汽油

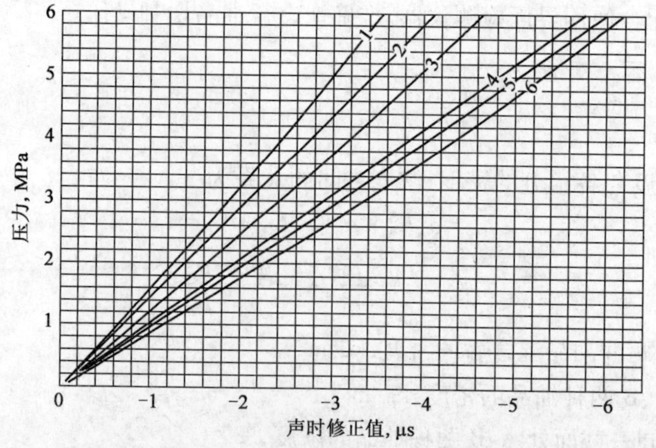

图 4－3　常见油品的输送压力与声时的关系曲线

1—柴油；2，3—航空煤油；4，5，6—汽油

表 4-1　常压下常见油品的声时实测值

曲线号	油品	温度,℃	声时值,μs	曲线号	油品	温度,℃	声时值,μs
1	柴油	4.5	213.32	4	汽油	2.2	241.44
2	航煤	-2.3	221.48	5	汽油	7.4	245.88
3	航煤	7.7	228.34	6	汽油	12.6	250.31

(2)在相应的关系曲线上求得输送单一油品在测点温度和压力下的声时值 T_A 和 T_B。

(3)由检测仪记录下不同时刻混合油品的声时值 T_{hKA},根据下式计算不同时刻的油品浓度:

$$K_A = 1 - \frac{T_{hKA} - T_A}{T_B - T_A}, K_B = 1 - K_A \tag{4-3}$$

(4)根据管流速度和时间的关系,换算得到不同管道截面处的油品浓度。

检查仪表通常安装在接收油品的末站,利用两个同类型的仪表,一个安装在末站的接收罐前面,一个安装在距末站 10~15km 处。这种布置是为了预先获得混油到达信息和混油长度的浓度分布,以便在混油到达之前 1~2h 内能够完成必要的计算。

目前,性能比较先进的超声波检测仪,具有温度、压力自动补偿,以及声时值与混油浓度的自动记录、转换、显示等功能,应用比较方便。

3)记号材料检测法

记号材料检测法是先将荧光材料、化学惰性气体等具有标识功能的物质溶解在与输送油品性质相近的有机溶剂中,制成标识溶液。检测时,在管道起点两种油品的初始接触区加入少量的标识溶液,该标识溶液随油流一起流动,并沿轴向扩散,在管道沿线检测油流中标识物质的浓度分布,即可确定混油段和混油界面。

记号材料检测法使用的标识物质应该能与输送的油品很好地混合,对油品无污染,并能使用仪器测定其在油品中的浓度。这种方法具有方便、可靠的特点。该方法目前已经在美国和加拿大的一些管道公司得到了应用。

油品特性千差万别,一种检测方法往往难以精确地测定所有界面,一旦发生误差,将造成事故和经济损失,因此对输送多种油品的管道采用多种手段联合检测是有必要的。例如加拿大的省际管道,采用颜色观察、荧光度、含硫物、振动式密度计、声速界面检测仪和不间断比色仪,同时通过 SCADA 系统收集流量、压力,温度、密度、泵工况等信息,由中央控制室进行监控。可提供批量位置大概到达的时间(误差 ±1min)。

三、混油的控制

1. 混油的影响因素

在油品的顺序输送中,初始混油、流速变化、黏度差异和停输都会对混油的形成产生影响。

1)初始混油的影响

通常情况下,成品油管道首站是在不停输的情况下进行油品切换的。切换时,在阀门快速动作的一段时间内,两种成品油同时进入管道,于是在管道首段便形成初始混油。混油量的大小和阀门的切换时机与速度有关。掌握好切换时机后,阀门切换时间越长,混油量越大。为了减少初始混油量,应尽量缩短开关阀的时间,如用球阀来代替开关时间较长的闸板阀，可明显减少混油量。一般来说，初始混油量是一定的，因此初始混油对短管道影响较大。

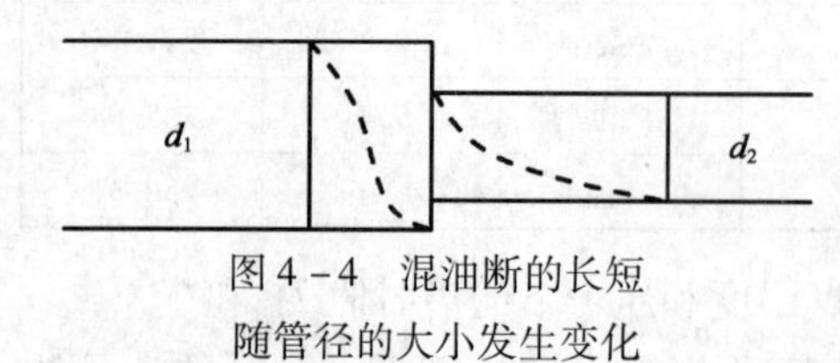

图 4-4　混油断的长短随管径的大小发生变化

2)流速变化的影响

产生流速变化的原因有：管道变径、中途卸油、流速调节以及两种油品的黏度和密度差异等。混油会在流速变化的情况下形成，例如在管道变径的位置，若管径由粗变细，流速由小变大，混油段将被“拉长”；若管径由细变粗，流速由大变小，混油段将被“压短”，如图 4-4 所示。

3)黏度差异的影响

当顺序输送黏度差异很大的两种油品时，混油量会增加。如果两种油品的黏度不同，其输送顺序对混油量和浓度沿混油段的分布具有一定的影响。如果黏度较大的油品在前，黏度较小的油品在后，那么这种顺序输送的混油量要比相反顺序输送这两种油品时的混油量多10% ~15%，为了减小因黏度差异形成的混油，需合理安排油品的输送次序。一般做法如下：

(1)一般应先输黏度小的油品，后输黏度大的油品。尽量把黏度和密度接近的两种油品一起先后输送，两种油品黏度和密度越接近，顺序输送时造成的混油量越少；利用相邻两种油品的质量潜力保证其首尾形成的混油有一定的质量补偿。

(2)根据需要和油罐容积允许，合理安排输油批次，尽量将同一种油品集中输送，增大输油批量，尽可能减少输油中油料品种的改变次数。

(3)尽量提高输送的流速。研究表明，流速越大，造成的混油量越少。当油流的雷诺数 $Re > 10000$时，混油量很少。

4)停输的影响

对顺序输送的两种油品来说，其密度的差异对混油量的影响远小于黏度的差异对混油量的影响，在正常的输送条件下这种影响可忽略不计。但在混油段发生事故性停输的情况下，密度的差异对混油量影响则必须考虑。尤其是在地形崎岖不平段，高密度油品处于斜坡的上方停输，由于高密度油品具有沿斜坡向下的流展性，从而会大量增加混油量。因此，为减少混油量应该尽量减少停泵，必须停泵时，应尽量使两种油品的交界面处在比较平坦的地段上。若必须在交界面处于较大坡度的地段停泵，则应使密度小的油品在高处，密度大的油品在低处。

另外，如果混油段的停输发生在大口径水平管道，混油量也会有明显的增加。停输时间超过4h，应将混油段相邻的两端阀门关闭。主管道上的死岔线和线路上的平行副线也能影响混油量。

2. 混油的控制

控制油品顺序输送管道中混油量的常用措施如下：

1)一般技术措施

(1)简化流程，减少管阀件，采用快速电动或液动阀门等；

(2)管道沿线应尽量不用副管，在不可避免时，用变径代替副管；

(3)应尽量避免管道沿线翻越点的出现；

(4)确定输送次序时，尽量选择性能相近的两种油品相邻输送；

(5)两种油品交替时,应尽量加大输量,一般应使雷诺数大于10000;

(6)中间泵站应尽量采用“从泵到泵”的输送流程;

(7)在油品交替过程中,应尽量避免停输。

2)隔离措施

隔离措施就是在顺序输送时,借助某种设施或介质将两种油品隔开,从而基本消除混油。目前,隔离方法主要有机械隔离法和液体隔离法。

(1)机械隔离法。

机械隔离法就是在顺序输送时将一定的机械装置投放于两种油品中间,将两种油品隔离,以减少油品的混合。投放于管内的隔离设施,在油流的推动下,随油流一起流动。常用的隔离设施有橡胶隔离球和皮碗式隔离器等。

①橡胶隔离球。

橡胶隔离球是一种厚壁中空的橡胶球体,如图4-5所示。球的壁厚一般为30~50mm,外径为输油管道内径的1.01~1.03倍。球内充以一定压力的水或所输油品,充压后的过盈量可达管道内径的3%~5%。这样,可使隔离球与管内壁之间产生一定的密封压力,并可防止隔离球在管内油流压力作用下发生变形。隔离球通常用丁腈橡胶、聚氨酯橡胶、氯丁橡胶等耐油、耐磨的材料制造。为了增加隔离效果,可以在混油段内间隔一定的距离投放2~5个隔离球。

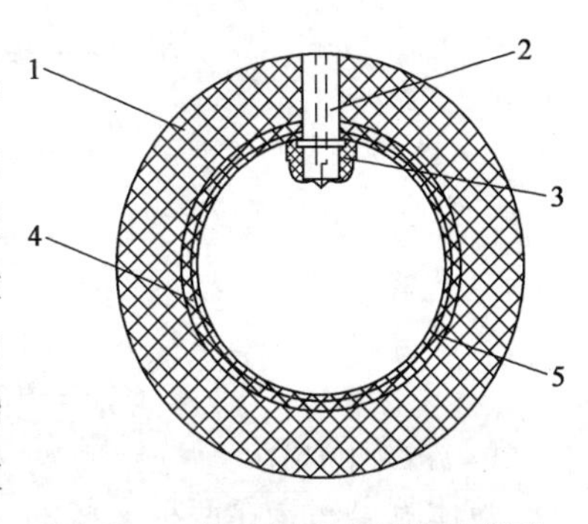

图4-5　橡胶隔离球结构示意图

1—球体;2—嘴子;3—嘴套;4—内胎;5—夹布

②皮碗式隔离器。

皮碗式隔离器主要由筒体、皮碗和紧固件组成,如图4-6所示。其中,筒体为金属构件,筒体上安装两个或多个弹性材料制成的皮碗。皮碗通常为锥形、盘形和球形。盘形皮碗的外径一般为管道内径的1.1倍,锥形皮碗的外径一般为管道内径的1.15~1.2倍。

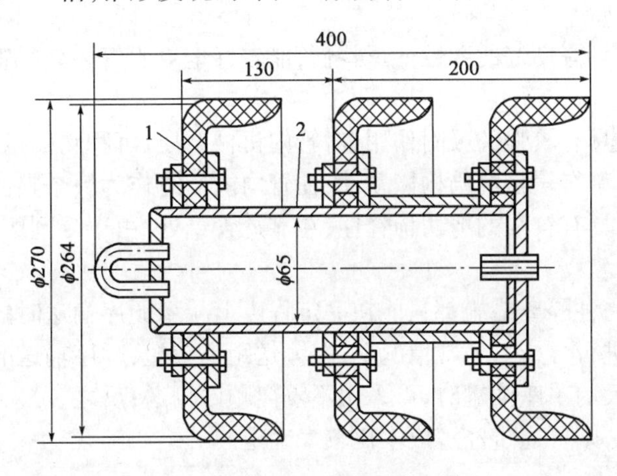

图4-6　皮碗式隔离器结构示意图

1—皮碗;2—筒体

为了检测隔离器在管道中的位置,通常在隔离器内部或尾部装有信号发射机,通过地面接收装置来接收信号发射机不断发出的电磁波信号,监视机械隔离器在管道中的运行情况,确定隔离器在管道中的位置。同时,在顺序输送管道的终点或穿(跨)越等特殊管段还要安装隔离器通过指示器,以便及时准确地掌握隔离器的通过情况。

隔离器指示器主要由摆杆机构、计数机构和指示牌等部分组成,如图4-7所示。当隔离器通过时,摆杆位移经过传动、转换,变为指示牌的就地显示或远传信号。就地显示的指示牌显示后必须手动复位,远传指示器可自动复位。这种指示器,不仅能显示隔离器是否通过,而且还可以记录通过隔离器的数量。

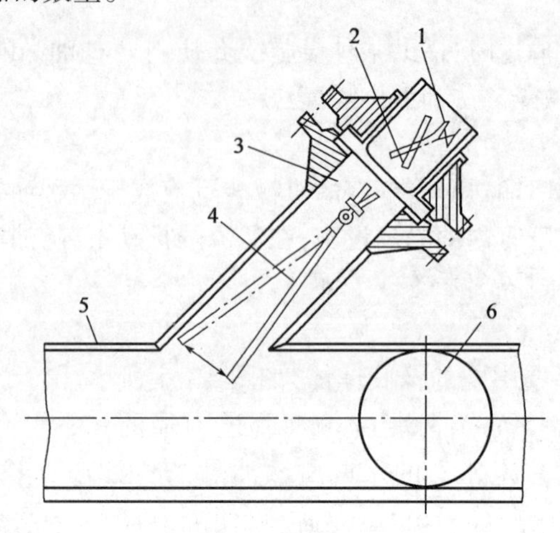

图4-7　隔离器通过指示器结构示意图

1—电接点;2,3—磁极;4—摆杆;5—管道;6—隔离球

(2)液体隔离法。

液体隔离法是在两种交替的油品之间注入隔离液,以减少混油量。这种方法简单易行,不需改变原管道和设备,对管道也没有特殊的要求。常用作隔离液的物质有:与两种油品性质接近的第三种油品,两种油品的混合油,水和油的凝胶体、其他化合物的凝胶体等。其中凝胶体隔离液具有较好的应用特性,这是因为:

①凝胶体隔离液能充满管道横截面,具有良好的密封性,可以清除管壁处层流边界层内的油品;

②凝胶体隔离液具有良好的弹性变形特性,能较好地克服管内变径管接头、弯头等管件的扰动影响;

③凝胶体隔离液具有较强的吸附作用,对管内机械杂质、沉积物的携带作用较强;

④凝胶体隔离液具有较强的结构恢复性,在管内能始终作为一个整体塞状物沿管道运动;

⑤凝胶体隔离液具有较强的剪切稀释性,在靠近管壁处,由于受到剪切力的作用,黏度低,摩擦阻力小。

一般来说,任何一种隔离措施都只能在一定程度上减少顺序输送时的混油量,在实际应用时,要根据具体情况进行分析。通常情况下,在输送距离较短,顺序输送的油品性质接近,批量较大,且具有容量较大的单座油罐时,可采用不隔离顺序输送;反之,可采用隔离顺序输送。至于选用哪种隔离措施,则要通过经济成本比较来确定。

项目二　混油的切割与处理

知识目标

掌握计算允许混油浓度的方法。

技能目标

能够对混油进行切割和处理。

工作过程知识

在顺序输送管道的终点，必须对输送过程中产生的混油进行接收和处理。通常情况下，需考虑纯净油品中允许另一种油品混入的浓度和纯净油储罐的容量，计算一种油品允许另一种油品混入的量，从而确定管道终点混油段的切割浓度，切换油罐，并对混油进行分段处理。

一、允许混油浓度

通常情况下，一种油品混入少量的另一种油品是允许的，其允许混入浓度的大小取决于两种油品的性质、油品质量指标要求等因素。如车用 $85^{\#}$ 和 $90^{\#}$ 汽油，其质量指标中主要是辛烷值不同，但差别不大；炼油厂在油品出厂时，其质量指标又有一定的裕量，所以，$92^{\#}$ 汽油中混入一定量的 $89^{\#}$ 汽油，对 $92^{\#}$ 汽油的使用质量并没有太大的影响。这两种油品比较适合交替输送。而柴油中若混入少量的车用汽油，其闪点就会明显降低，这在使用和销售质量指标中是不允许的，所以，这两种油品一般不直接交替输送。表 4－2 给出了 $2^{\#}$ 航空煤油掺入汽油、灯用煤油后的性能值。

表 4－2　$2^{\#}$ 航空煤油中掺入汽油、灯用煤油后的性能值

性能参数		$2^{\#}$ 航空煤油		掺入 0.5% $66^{\#}$ 汽油	掺入 1% $66^{\#}$ 汽油	掺入 3% 灯用煤油
		质量标准	实测值			
馏程	初馏点，℃	≤150	142	141	137	141
馏程	10% 馏出温度，℃	≤165	157	157	155	157
馏程	50% 馏出温度，℃	≤195	184	183	183	184
馏程	90% 馏出温度，℃	≤230	222	222	222	224
馏程	98% 馏出温度，℃	≤250	236	236	236	250
馏程	残留及损失，%	≤2.0	1.8	1.4	1.7	1.9
相对密度		≥0.775				
酸度，mg		≤1.0	0.48			
闪点，℃		≥28	34	32	28	34
20℃黏度，$mm^2 \cdot S^{-1}$		≥1.25	1.43	1.42	1.42	1.46
结晶点，℃		≤－50	－52			－52
胶质含量，$mg \cdot 0.01mL^{-1}$		≤5	1.2			1.2

从表 4－2 中可以看出，$2^{\#}$ 航空煤油掺入 $66^{\#}$ 汽油后，其闪点明显下降，当汽油的含量超过 1% 时，$2^{\#}$ 航空煤油的闪点将低于 28℃ 的质量标准。所以，$2^{\#}$ 航空煤油中 $66^{\#}$ 汽油的最大允许掺入浓度为 1%。

$2^{\#}$ 航空煤油中灯用煤油的掺入量超过 3% 时，其 98% 的馏出温度超过质量标准的规定。所以，$2^{\#}$ 航空煤油中灯用煤油的最大允许混入浓度为 3%。

除了用化验分析的方法确定一种油品中另一种油品的最大允许混入浓度外，还可以用计

算的方法来确定。

(1)汽油中混入柴油时,汽油的初馏点将升高,可以根据汽油的最高允许初馏点确定汽油中允许混入的柴油浓度,即

$$K_d = \frac{(t_{g0} - 124)^2 - (t_g - 124)^2}{28 \times (\rho_{20} - 753)} \tag{4-4}$$

式中 K_d——汽油中允许混入的柴油浓度,%;

t_{g0}——汽油质量标准中规定初馏点的最高允许值,℃;

t_g——汽油初馏点的实际值,℃;

ρ_{20}——掺入的柴油在20℃时的密度,kg/m^3。

(2)柴油中混入汽油时,柴油的闪点将降低,可以根据柴油的最低允许闪点确定柴油中允许混入的汽油浓度,即

$$K_g = \frac{16.7t_{10} - 32}{t_s + 55}\lg\frac{t_{s0}}{t_s} \tag{4-5}$$

式中 K_g——柴油中允许混入的汽油浓度,%;

t_{10}——汽油的10%馏出,℃;

t_{s0}——柴油质量标准中规定的最低允许闪点,℃;

t_s——柴油闪点的实际值,℃。

二、管道终点混油段的切割浓度

设从 t_1 时刻开始,油流进入接收A油的储罐,此时油流的浓度为 $K_A = 1, K_B = 0$;随着混油段到达管道终点,K_A 逐渐减小,K_B 逐渐增大。到 t 时刻,到达管道终点的油流中两种油品的浓度分别为 K_{At} 和 K_{Bt}。若管道中的稳定流量为 Q,则在 dt 时间内,进入A油罐的A油量为 $QK_A dt$,B油量为 $QK_{Bt}dt$。到 t_2 时刻,A油罐装满调和后,A油罐中B油的浓度 K_{ByA} 恰好为A油中允许混入B油的最大浓度。t_2 为两种油品的切割时间。t_2 以后的混油段必须收入专门的混油罐中。在 t_2 时刻,管道终点的油流中两种油品的浓度分别为 K_{At2} 和 K_{Bt2},其中 K_{At2} 称为分割混合油头的切割浓度。从 t_2 开始,管道中的混油进入混油罐,到 t_3 时刻,管道终点流出的混油中A的浓度降为 K_{At3},自 t_3 时刻开始,终点油流进入B油罐,B油罐装满调和后,B油罐中A油的浓度 K_{AyB} 恰好为B油中允许混入A油的最大浓度。这时的 K_{At3} 称为混油尾的切割浓度。

在应用中,可根据图4-8所示的函数曲线确定混油头、混油尾的切割浓度以及进入混油罐的混油量,有

$$\xi_A = \frac{V_{gA}}{2V_g}\sqrt{\frac{vL}{D_T}}, \xi_B = \frac{V_{gB}}{2V_g}\sqrt{\frac{vL}{D_T}} \tag{4-6}$$

式中 V_{gA}, V_{gB}——A油储罐和B油储罐的容量,m^3;

V_g——管道的几何容积,m^3;

D_T——油品的有效扩散系数,m^2/s;

L——管道的长度,m;

v——油流的速度,m/s。

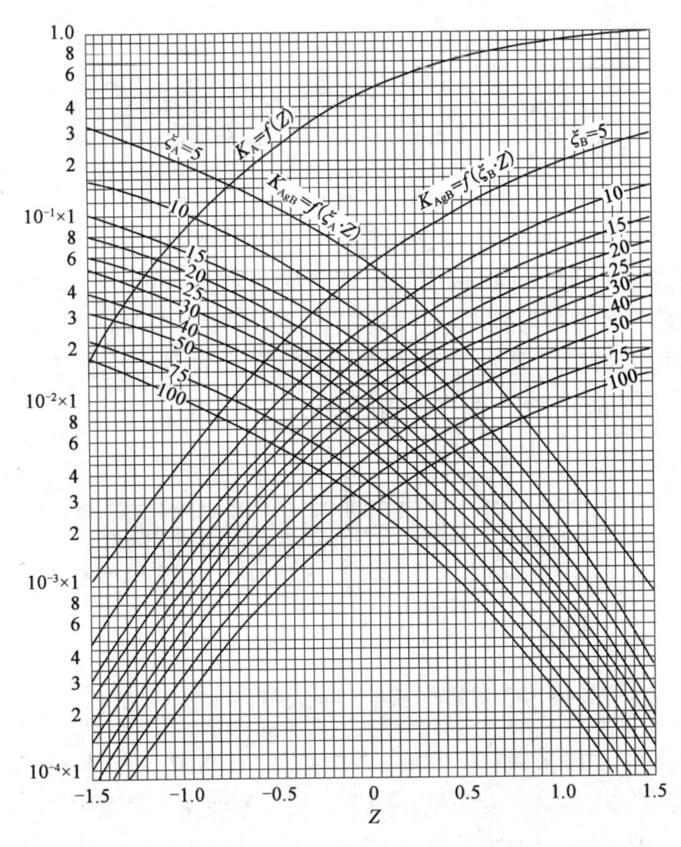

图 4－8　$K_{BgA}=f(\xi_A,Z)$，$K_{AgB}=f(\xi_B,Z)$，$K_A=f(Z)$的函数图

三、混油切割与处理

在顺序输送管道的终点接收和处理混油时，要按照保证油品质量、减少经济损失、简化操作程序的原则，根据具体情况，确定具体的混油接收和处理措施。

1. 混油的切割方式

1）不同品种油品混油的切割方式

在交替输送的两种油品的性质相差较大，相互间允许的混油浓度比较小，或终点接收油品的储罐容积较小时，通常只有部分混油头和混油尾的油品可以直接收入各自的纯净储罐，中间部分的混油段则需收入单独的混油罐。

如图 4－9 所示，当不同品种油品的混油到达末站切割时，按其密度（或浓度）变化和切割点将其分为 4 个关键点（A、B、C、D）和 5 个区域。5 个区域分别是前行油品、混油头、中段混油、混油尾和纯净后行油品。将富含前（后）行油品的混油头（尾）按一定比例对应切入储存纯净前（后）行油品的油罐内，中间混油段切入相应的混油罐内，然后再对混油罐内的油品进行掺混或其他方式处理。

2）同品种、不同牌号油品的切割方式

当顺序输送的两种油品性质比较接近，且两种油品都具有较大的储罐时，可考虑将全部混油切割为两段，将混油段分别收入前、后两种纯净油品的储罐内。例如不同牌号的汽油或不同

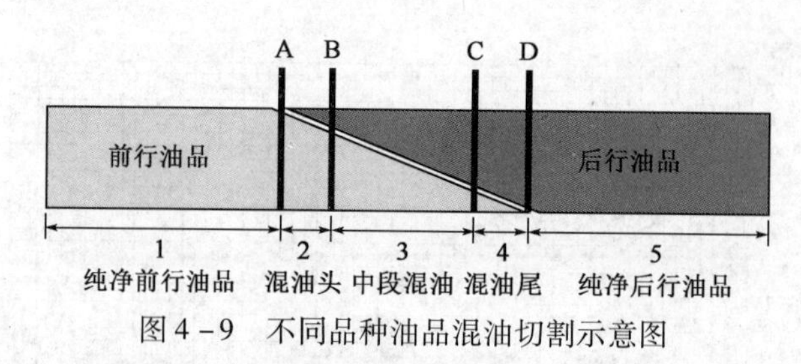

图4-9 不同品种油品混油切割示意图

牌号的柴油交替输送时，一般都可以采用两段切割法。如图4-10所示，当同品种、不同牌号油品混油到达末站切割时，按其密度变化和切割点将其分为3个关键点（A、B、C）和4个区域。4个区域分别是纯净前行油品、混油头、混油尾和纯净后行油品。将混油头、混油尾分别切入存放纯净前、后行油品的油罐中，不产生中间混油段。

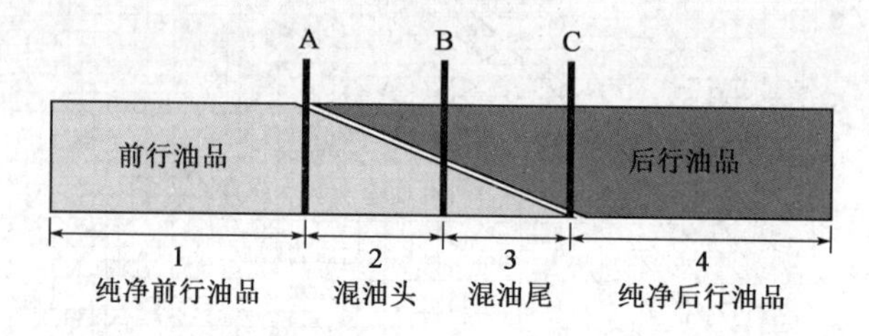

图4-10 同品种、不同牌号油品混油切割示意图

例如，柴油—汽油混油段采取“两刀切”方式，如图4-9中B点、C点切割，将富含前行油品较多的混油头、富含后行油品的混油尾分别切入相应的纯净油品罐中，中间段混油进入单独的混油罐；89#汽油与92#汽油混油段采取“一刀切”方式，如图4-10中B点，混油头尾按预测比例分别进入相应的纯净油品罐中，没有中间段混油产生。

国内现有混油切割方式见表4-3。

表4-3 国内现有混油切割方式

管道	前行油品	后行油品	混油头切割比例	混油尾切割比例
管道1	柴油	汽油	98:2	7:93
	汽油	柴油	93:7	2:98
	89#汽油	92#汽油	—	30:70
	92#汽油	89#汽油	70:30	—
管道2	柴油	汽油	99:1	1:99
	汽油	柴油	99:1	1:99
	89#汽油	92#汽油	—	30:70
	92#汽油	89#汽油	70:30	—

通常情况下，为了减少顺序输送中混油的贬值损失，在保证满足油品质量标准要求的前提下，应尽量向售价较高的油品中切入的混油量多一些。

2. 混油切割比例计算

混油切割比例的选择与该批次混油总量、接收纯净油品油罐的有效罐容和油品的质量潜力有关。

根据管输不同油品可掺混的最大比例计算值、现场的混油参数预测经验值以及仿真模拟经验因素等，推出用于计算不同品种油品的混油切割比例计算公式：

$$Z < \sqrt{A \times \frac{B \times K \times V_2 - V_t}{V}} \tag{4-7}$$

式中 Z——切割时管道截面混油瞬时比例；

V——混油总体积，m^3；

V_2——混油切割后持续注入的纯净油品的体积，m^3；

V_t——混油尾中含的少量油品的体积，m^3；

K——混油的最大允许掺混比例；

A——仿真模型的可靠性安全系数（视模型可靠性大小，取值范围为0~1，在首次进行现场试验时，应以油品安全为第一原则，建议取值0.5以上）；

B——少数油品在主油品中扩散程度安全系数（若少数油品部分扩散至主油品中，则视扩散程度在0~1间取值）。

在实际操作中为了保证油品质量，可采取以下措施：

（1）接收混油头（尾）的管输纯净油品储罐最多按注入至80%安全液位计算，即剩余20%的安全液位高度，用于罐内油品不合格时掺入纯净油品；

（2）仅考虑混油在随后注入的纯净油品中的扩散，不考虑在罐底底油中的扩散。

3. 混油处理

处理混油有两种方法。一是在保证油品质量标准要求的前提下，分批将混油掺入纯净油中销售。如在顺序输送汽油和柴油时，可以把汽油浓度高的混油段接收在汽油混油储罐中，柴油浓度高的混油段接收在柴油混油储罐中，将两种混油分别小批量地掺入汽油和柴油的纯净油中销售。这种方法适用于混油程度较轻，且终点两种油品的销售量都较大的情况。二是将混油就近输至炼油厂加工处理。若管道末站离炼油厂较远，也可在管道的末站设置常压分馏装置对混油进行分馏处理，这种方法适用于混油程度较重，或终点混合油品的纯净销售量较小的情况。

四、减少混油的措施

（1）在保证操作要求的前提下，尽量采用最简单的流程，以减少基建投资与混油损失。工艺流程应做到盲支管少，管路的扫线、放空没有死角；线路上应尽量少用管件，以减少可能积存的死油和增加混油的因素；转换油罐或管路的阀门，应安装在靠近干线处，并采用快速遥控的电动或液动阀门，在不产生水击的情况下开关时间越短越好，以减少切换油品时的初始混油。

（2）尽量不用副管和变径管。因为副管会增加混油，尤其当副管管径和干管不同时，由于副管和干管内液流的流速不同，在干管和副管的汇合处会造成激烈的混油。变径管也会使混油增加，但当输油管全线各管段输量存在较大差别时，变径管的使用是难以避免的。

（3）尽可能消除不满流管段。当管道沿线存在翻越点时，翻越点后自流管段内油品的不满流以及流速的陡增会造成混油。

（4）确定输送次序时，应尽量选择性质相近的两种油品相邻输送，以减少混油损失，简化混油处理工作。

（5）在两种油品交替时，应尽量加大输量。流速大时，相对混油体积要小一些。一般两种油品交替时，最好在大于计算的临界雷诺数的情况下切换油品。

（6）油品交替时最好不要停输。如果必须停输时，应尽量做好计划，使混油段停在平坦地段；若是高差起伏管道，应考虑油品输送顺序，尽量使停输时重油在下、轻油在上。

(7)在起点、终点、分油点、进油点储罐容量允许的前提下，尽量加大每种油品的一次输送量。

(8)混油头和混油尾应尽量收入大容量的纯净油品的储罐中，以减少进入混油罐的混油量。

【例 4-1】 已知某输油管道长 $L=900\text{km}$，内径 $d=0.28\text{m}$，顺序输送汽油和煤油时的有效扩散系数 $D_T=0.72\text{m}^2/\text{s}$，管内的平均流速 $v=1\text{m/s}$，管道终点接收汽油和煤油的储罐容积 $V_{gA}=V_{gB}=1000\text{m}^3$，汽油中允许混入的最大煤油浓度 $K_{ByA}=1\%$，煤油中允许混入的最大汽油浓度 $K_{ByA}=2\%$。试确定混油头和混油尾的切割浓度 K_{At2}，K_{At3}，以及进入混油罐的混油量 V_h。

解：由已知条件得：

$$V_g=\frac{\pi}{4}d^2L=\frac{\pi}{4}\times 0.28^2\times 9\times 10^5=5.54\times 10^4(\text{m}^3)$$

$$Pe_d=\frac{vL}{D_T}=\frac{1\times 9\times 10^5}{0.72}=1.25\times 10^6$$

$$\xi_A=\xi_B=\frac{V_{gA}}{2V_g}\sqrt{\frac{Lv}{D_T}}=\frac{1000}{2\times 5.45\times 10^4}\sqrt{1.25\times 10^6}=10.1$$

根据 $K_{ByA}=1\%$，$\xi_A=10.1$；$K_{AyB}=2\%$，$\xi_B=10.1$，查图 4-11 可得：

$$Z_2=0.5, K_{At2}=76\%; Z_3=-0.23; K_{At3}=38\%$$

由此可得，$V_h=V_g\dfrac{2(Z_1-Z_2)}{\sqrt{Pe_d}}=5.54\times 10^4\times\dfrac{2\times(0.5+0.23)}{\sqrt{1.25\times 10^6}}=72.3(\text{m}^3)$

即在管道终点，管流中汽油浓度 K_A 高于 76% 的部分可以收入 A 油(汽油)储罐，K_A 低于 38% 的部分可以收入 B 油(煤油)储罐。K_A 从 76%～38% 的部分需要收入混油储罐，混油量为 72.3m^3。

技能训练

已知某输油管道的长 $L=1000\text{km}$，内径 $d=0.30\text{m}$，顺序输送汽油和煤油时的有效扩散系数 $D_T=0.72\text{m}^2/\text{s}$，管内的平均流速 $v=1\text{m/s}$，管道终点接收汽油和煤油的储罐容积 $V_{gA}=V_{gB}=3000\text{m}^3$，汽油中允许混入的最大煤油浓度 $K_{ByA}=1\%$，煤油中允许混入的最大汽油浓度 $K_{ByA}=2\%$。试确定混油头和混油尾的切割浓度 K_{At2}、K_{At3}，以及进入混油罐的混油量 V_h。

项目三　顺序输送运行方案设计

知识目标

熟悉顺序输送运行方案设计的主要内容。

技能目标

能够进行油品顺序输送运行方案的初步设计。

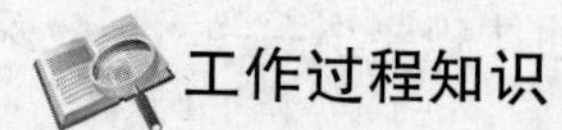

工作过程知识

顺序输油管道的运行方案设计主要包括输送次序的安排、循环周期的确定和输油泵匹配等。

一、输送次序的安排

为了减少顺序输油管道的混油损失，通常是将密度相近、产生的混油容易处理的油品相邻排列。顺序输送油品中只有成品油时，通常排列顺序是：优质汽油——普通汽油——航空燃料——柴油——轻燃料油——柴油——航空燃料——普通汽油——优质汽油；顺序输送油品中含有原油时，通常排列顺序是：优质汽油——普通汽油——隔离液（煤油）——柴油——轻燃料油——隔离液（柴油）——轻质原油——重质原油——轻质原油——隔离液（柴油）——轻燃料油——隔离液（煤油）——普通汽油——优质汽油。顺序输送 m 种油品，按油品性质相接近的程度安排输送次序的一般形式是：

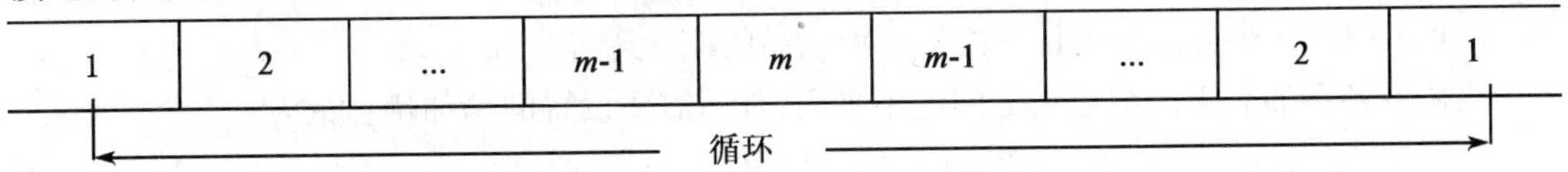

二、循环周期的确定

一个预定的输送次序为一个循环，完成一个循环需要的时间称为循环周期，一年内完成的循环周期称为循环次数。从管道的运营来说，循环次数越少，每一种油品的一次输量越大，形成的混油段和混油损失就越少。从油品的生产、运输和消费的协调来说，循环次数越多，各种油品的积压就越小。从油品的生产消费的协调来说，循环次数越少，管道终点需要建造的储油设备就越多，管道的建设和维修费用就越多。所以，确定顺序输送管道的循环次数要综合考虑油品的生产、运输、消费等多方面的因素。

若输油管道输送 m 种油品，在一个循环内输送第 1 种油品的时间为 t_1，输送第 2 种油品的时间为 $2t_2$……输送第 m 种油品的时间为 t_m，则循环周期为

$$T = t_1 + 2t_2 + \ldots + 2t_{m-1} + t_m = t_1 + t_m + 2\sum_{i=2}^{m-1} t_i \quad (4-8)$$

在该循环内不输送第 1 种油品的时间为

$$T - t_1 = t_m + 2\sum_{i=2}^{m-1} t_i \quad (4-9)$$

由于炼油厂生产的连续性，在 $T-t_1$ 时间内，炼油厂仍向管道的首站输送第 1 种油品，则首站必需设置第 1 种油品的储罐容量为

$$V_{1H} = q_{1H}(T - t_1) \quad (4-10)$$

式中 q_{1H}——炼油厂向管道首站输送的第 1 种油品的输量，m^3/h；

V_{1H}——首站需设置的第 1 种油品的储罐容量，m^3。

若管道沿线共有 s 个进油点分别与相邻的炼油厂相连接，在 $T-t_1$ 的时间内，第 1 种油品都不能进入管道，需要在进油点设置储油罐把炼油厂的来油储存起来，各进油点储存第 1 种油品的储油罐总容量为

$$\sum_{j=1}^{s} V_{1j} = \sum_{j=1}^{s} q_{1j}(T - t_1) \quad (4-11)$$

式中 q_{1j}——第 j 个进油点第 1 种油品的来油量，m^3/h；

V_{1j}——第 j 个进油点需设置的第 1 种油品的储油罐容量，m^3。

同样，由于用户对油品需求的连续性，在 $T-t_1$ 时间内，管道末站需仍向用户供应第 1 种

油品，因此末站必需设置第1种油品的储罐容量为

$$V_{1k} = q_{1k}(T - t_1) \tag{4-12}$$

式中 q_{1k}——末站向用户供应的第1种油品的供油量，m^3/h；

V_{1k}——末站需设置的第1种油品的储罐容量，m^3。

若管道沿线共有 r 个分输点向不同的用户供油，在 $T-t_1$ 的时间内，第1种油品都不能分输，需分输点设置储油罐储存油品，各分输点需设置的第1种油品的储油罐总容量为

$$\sum_{i=1}^{r} V_{1i} = \sum_{i=1}^{r} q_{1i}(T - t_1) \tag{4-13}$$

式中 q_{1i}——第 i 个分油点第1种油品的供油量，m^3/h；

V_{1i}——第 i 个分油点需设置的第1种油品的储油罐容量，m^3。

为协调各种油品生产与运输之间的不平衡，首站需要设置的储油罐容量为

$$\sum_{p=1}^{m} V_{pH} = \sum_{p=1}^{m} q_{pH}(T - t_p) \tag{4-14}$$

式中 q_{pH}——在1个循环内第 p 种油品向首站的来油量，m^3/h；

V_{pH}——第 p 种油品在首站需要设置的储油罐容量，m^3；

t_p——在1个循环内第 p 种油品向首站的输送时间，h。

为协调各种油品运输与销售之间的不平衡，末站需要设置的储油罐容量为

$$\sum_{p=1}^{m} V_{pK} = \sum_{p=1}^{m} q_{pK}(T - t_p) \tag{4-15}$$

式中 q_{pK}——在1个循环内第 p 种油品向末站的输油量，m^3/h；

V_{pK}——第 p 种油品在末站需要设置的储油罐容量，m^3。

为协调沿线各进油点各种油品生产与运输之间的不平衡，需要设置的储油罐容量为

$$\sum_{p=1}^{m}\sum_{j=1}^{s} V_{pj} = \sum_{p=1}^{m}\sum_{j=1}^{s} q_{pj}(T - t_p) \tag{4-16}$$

式中 q_{pj}——1个循环内第 p 种油品在第 j 个进油点向管道的进油量，m^3/h；

V_{pj}——第 p 种油品在第 j 个进油点需要设置的储油罐容量，m^3。

为协调沿线各分输点各种油品运输与销售之间的不平衡，需要设置的储油罐容量为

$$\sum_{p=1}^{m}\sum_{i=1}^{r} V_{pi} = \sum_{p=1}^{m}\sum_{i=1}^{r} q_{pi}(T - t_p) \tag{4-17}$$

式中 q_{pi}——1个循环内第 p 种油品在第 i 个分输点向用户的供油量，m^3/h；

V_{pi}——第 p 种油品在第 i 个分输点需要设置的储油罐容量，m^3。

管道全线需要设置的储油罐总容量为

$$V = \frac{1}{N}\left[\sum_{p=1}^{m} q_{pH}(D - D_p) + \sum_{p=1}^{m} q_{pK}(D - D_p) + \sum_{p=1}^{m}\sum_{j=1}^{s} q_{pj}(D - D_p) + \sum_{p=1}^{m}\sum_{i=1}^{r} q_{pj}(D - D_p)\right] = \frac{B}{N} \tag{4-18}$$

式中 D——输油管道全年的工作时间，h；

D_p——输油管道全年输送第 p 种油品的时间，h；

N——输油管道一年中的循环次数。

管道储油罐区的建设、管理费用和混油贬值损失的年费用总值为

$$S_z = (J_z E + G)(V + V_{KH}) + AN \tag{4-19}$$

其中 $A = \sum_{i=1}^{n} a_i, V_{KH} = (V_h - V_s)N$

式中 S_z——管道储油罐区的管理费用和混油贬值损失的年费用总值，元；

J_z——单位有效容积储油罐的建设费用，元/m^3；

E——按相关规定的设备投资年折旧率，%；

G——储油设备单位有效容积的经营费用，元/($m^3 \cdot a$)；

V_{KH}——管道终点接收混油的储罐容积，m^3；

A——一个循环内的混油贬值损失，元。

将式对循环次数 N 求导，并令此导数等于0，可以求得总损失费用最小时的循环次数 N_{op}：

$$\frac{dS_z}{dN} = \frac{d}{dN}\left\{(J_z E + G)\left[\frac{B}{N} + (V_h - V_s)N\right]\right\} + AN = 0 \tag{4-20}$$

$$N_{op} = \left[\frac{B(J_z E + G)}{A + (J_z E + G)(V_h - V_s)}\right]^{0.5} \tag{4-21}$$

式(4-22)是基于管道全年均衡输送，管道终点混油处理方式一定的条件下得到的。实际上，由于季节不同、油品供应计划变化等原因，通常管道的输量是不均衡的。这种情况下，管道全线的储油罐容量为定值，每一循环的油品批量和最优循环次数需根据油品的实际供求量和沿线的油罐容量来确定。

三、配泵计算

由于在顺序输油管道中两种油品交替时，接触面前后的油品性质不同，水力坡降也不同，而且在顺序输油管道的沿线要有分输或汇入，所以顺序输油管道全线经常是不等管径的。这些都使得输油管道在进行水力计算时与等温的加热输油管道有一些差别，下面通过实例加以说明。

【例4-2】 有一条成品油管道，共设有 A、B、C、D、E 五个站场，其中 A 为首站，B 为分输站、C 为分输站、D 为分输站、E 为末站。A 站配置3台给油泵，给油泵出口压力恒定为0.5MPa；配置3大1小4台主输泵，大泵特性方程为 $H=366-945Q^{1.75}$，小泵的特性方程为 $H=200-800Q^{1.75}$。B 站设有3大1小4台主输泵，大泵特性方程为 $H=300-795Q^{1.75}$，小泵特性方程为 $H=170-814Q^{1.75}$。C 站设有3大1小4台主输泵，大泵特性曲线方程为 $H=380-785Q^{1.75}$，小泵特性方程为 $H=190-480Q^{1.75}$。各站参数见表4-4。

表4-4　某顺序输油管道工艺参数

站名	最低进站压力，MPa	最高进站压力，MPa	高程，m	站间距，km	管径(外径×壁厚)，mm×mm	输量或下载量，m^3/h
A	恒定0.5	8.5	100	120	ϕ406.4×7.1	650(输量)
B	0.5	8	300	130	ϕ406.4×7.1	100(下载量)
C	0.8	8	250	83	ϕ355.6×7.1	70(下载量)
D			330	55	ϕ323.9×6.4	200(下载量)
E	0.5		400			280(下载量)

根据各站节流最少，进站压力最低的最优供能原则，确定管道输送柴油（在输送温度下柴油黏度为$6\times10^{-6}m^2/s$）时的配泵方案。在各站均无节流时，E站的进站压力是多少？

解：

（1）计算各管段的流量。

$$Q_{AB}=650m^3/h=0.1806m^3/s$$

$$Q_{BC}=650-100=550(m^3/h)=0.1528(m^3/s)$$

$$Q_{CD}=550-70=480(m^3/h)=0.1334(m^3/s)$$

$$Q_{DE}=480-200=280(m^3/h)=0.0778(m^3/s)$$

（2）计算各段流速。

$$v_{AB}=\frac{4Q_{AB}}{\pi d_{AB}^2}=\frac{4\times0.1806}{3.14\times0.3922^2}=1.4957(m/s)$$

$$v_{BC}=\frac{4Q_{BC}}{\pi d_{BC}^2}=\frac{4\times0.1528}{3.14\times0.3922^2}=1.3102(m/s)$$

$$v_{CD}=\frac{4Q_{CD}}{\pi d_{CD}^2}=\frac{4\times0.1334}{3.14\times0.3922^2}=1.458(m/s)$$

$$v_{DE}=\frac{4Q_{DE}}{\pi d_{DE}^2}=\frac{4\times0.0778}{3.14\times0.3111^2}=1.0241(m/s)$$

（3）计算各段雷诺数。

$$Re_{AB}=\frac{v_{AB}d_{AB}}{\nu}=\frac{1.4957\times0.3922}{6\times10^{-6}}=97769$$

$$Re_{BC}=\frac{v_{BC}d_{BC}}{\nu}=\frac{1.3102\times0.3922}{6\times10^{-6}}=85643$$

$$Re_{CD}=\frac{v_{CD}d_{CD}}{\nu}=\frac{1.458\times0.3414}{6\times10^{-6}}=82960$$

$$Re_{DE}=\frac{v_{DE}d_{DE}}{\nu}=\frac{1.0241\times0.3111}{6\times10^{-6}}=53100$$

（4）计算各段摩阻系数。

各段雷诺数均小于10^5，按水力光滑区计算，则

$$\lambda_{AB}=\frac{0.3164}{Re_{AB}^{0.25}}=\frac{0.3164}{97769^{0.25}}=0.0179$$

$$\lambda_{BC}=\frac{0.3164}{Re_{BC}^{0.25}}=\frac{0.3164}{85643^{0.25}}=0.0185$$

$$\lambda_{CD}=\frac{0.3164}{Re_{CD}^{0.25}}=\frac{0.3164}{82960^{0.25}}=0.0186$$

$$\lambda_{DE}=\frac{0.3164}{Re_{DE}^{0.25}}=\frac{0.3164}{53100^{0.25}}=0.0208$$

（5）计算各段沿程压降。

$$h_{AB}=\lambda_{AB}\frac{V_{AB}^2}{2g}\frac{L_{AB}}{d_{AB}}=0.0179\times\frac{1.4957^2}{2\times9.8}\times\frac{120000}{0.3922}=642.5(m)$$

$$p_{AB}=850\times9.8\times642.5=5.35(MPa)$$

$$h_{BC}=\lambda_{BC}\frac{V_{BC}^2}{2g}\frac{L_{BC}}{d_{BC}}=0.0185\times\frac{1.3102^2}{2\times9.8}\times\frac{130000}{0.3922}=563.5(\text{m})$$

$$p_{BC}=850\times9.8\times563.5=4.69(\text{MPa})$$

$$h_{CD}=\lambda_{CD}\frac{V_{CD}^2}{2g}\frac{L_{CD}}{d_{CD}}=0.0186\times\frac{1.458^2}{2\times9.8}\times\frac{83000}{0.3414}=490.5(\text{m})$$

$$p_{CD}=850\times9.5\times490.5=4.09(\text{MPa})$$

$$h_{DE}=\lambda_{DE}\frac{V_{DE}^2}{2g}\frac{L_{DE}}{d_{DE}}=0.0208\times\frac{1.0241^2}{2\times9.8}\times\frac{55000}{0.3111}=212.2(\text{m})$$

$$p_{DE}=850\times9.8\times212.5=1.77(\text{MPa})$$

(6)计算 A 站出站压头，确定 A 站配泵方案。

A 站所需输油的泵站扬程为

$$H_A=h_{AB}+\Delta Z_{BA}+H_{BS}-H_{AS}$$
$$=642.5+200+0.5-0.5=842.5(\text{m 液柱})$$

根据 A 站配置输油泵的特性，可考虑的配泵方案为两大一小串联和三大串联两种。

两大一小串联时的泵站扬程为

$$H_{A1}=[(366\times2+200)-(945\times2+800)]Q_{AB}{}^{1.75}$$
$$=932-2690\times0.1806^{1.75}=7974(\text{m 液柱})$$

显然，$H_{A1}<H_A$，泵站扬程不足，不可取。

三台大泵串联时的泵站扬程为

$$H_{A2}=366\times3-945\times3Q_{AB}{}^{1.75}$$
$$=1098-2835\times0.1806^{1.75}=956.3(\text{m 液柱})$$

$H_{A2}>H_A$，且无节流时，A 站的出站压力为

$H_{AC}=(956.3\times850\times9.8)\times10^{-6}+0.5=8.466\text{MPa}<8.5\text{MPa}$，满足工艺要求。

故 A 站的配泵方案应为三台大泵串联运行。

(7)计算 B 站的进站压力(剩余压力)。

A 站三台大泵串联运行且无节流时，B 站的进站压力为

$H_{BS}=[(956.3-842.5)\times850\times9.8]\times10^{-6}+0.5=1.448\text{MPa}<0.5\text{MPa}$，符合要求。

(8)计算 B 站出站压头，确定 B 站配泵方案。

B 站所需输油的泵站扬程为

$$H_B=h_{BC}+\Delta Z_{CB}+H_{CS}-H_{BS}=563.5-50+$$
$$[(0.8-1.448)\times10^6]\div850\div9.8\approx435.7(\text{m 液柱})$$

根据 B 站配置输油泵的特性，可考虑的配泵方案有一大一小串联和二大串联两种。

一大一小串联时的泵站扬程为

$$H_{B1}=(300+170)-(795+814)Q_{BC}{}^{1.75}$$
$$=470-1609\times0.1528^{1.75}\approx540.6(\text{m 液柱})$$

$H_{B1}<H_B$，泵站扬程不足，不可取。

二台大泵串联时的泵站扬程为

$$H_{B2}=300\times2-795\times2Q_{BC}{}^{1.75}$$
$$=600-1590\times0.1528^{1.75}\approx540.6(\text{m 液柱})$$

$H_{B1}<H_B$，且无节流时，B 站的出站压力为

$H_{BC}=(540.6\times850\times9.8)\times10^{-6}+1.448=5.95\text{MPa}<8.0\text{MPa}$，满足工艺要求。

故 B 站的配泵方案为两台大泵串联运行。

(9)计算 C 站的进站压力(剩余压力)。

B 站二台大泵串联运行且无节流时，C 站的进站压力为

$H_{CS}=[(540.6-563.5+50)\times850\times9.8]\times10^{-6}+1.448=1.674\text{MPa}<0.8\text{MPa}$，符合要求。

(10)计算 C 站出站压头，确定 C 站配泵方案：

C 站所需输油的泵站扬程为

$$H_C=h_{CD}+h_{DE}+\Delta Z_{EC}+H_{ES}-H_{CS}=490.5+212.2+150+[(0.5-1.674)\times10^6]\div850\div9.8=712(\text{m 液柱})$$

根据 C 站配置输油泵的特性，可考虑二大串联配泵方案，泵站的扬程为

$$H_{C1}=380\times2-785\times2Q_{AB}^{1.75}=760-1597\times0.1334^{1.75}=713(\text{m 液柱})$$

$H_{C1}>H_C$，且无节流时，C 站的出站压力为

$H_{CC}=(712\times850\times9.8)\times10^{-6}+1.674=7.61\text{MPa}<8.0\text{MPa}$，满足工艺要求。

故 C 站的配泵方案为两台大泵串联运行。

(11)计算 E 站的进站压力(剩余压力)：

C 站二台大泵串联运行且无节流时，E 站的进站压力为

$H_{ES}=[(713-490.44-212.2-150)\times850\times9.8]\times10^{-6}+1.674=0.51\text{MPa}>0.5\text{MPa}$，符合要求。

技能训练

某成品油管道有 A、B、C 三座输油站场。A 为首站，外输流量为 $500\text{m}^3/\text{h}$；B 和 C 为分输站。AB 站间管容为 5000m^3，充满 a 油品；BC 站间管容为 7000m^3，充满 b 油品。计划 A 站输送 a、b、c、d、e 这 5 种油品，5 种油品的输送量分别为 6000 m^3、8000 m^3、2000 m^3、3000m^3、3000 m^3。B 站下载油品 a、c、d，C 站下载油品 d 和 e。要求油品 c 在 d 之前输送，e 在 d 之后输送，输送完毕后各管段中充满的油品与输送前油品相同。

在运行操作最少的条件下，解决以下问题：

(1)确定 a 油品的输送的位置；

(2)B 站开始接收首站外输 a 油品的时间。

项目四　顺序输送管道的运行管理

知识目标

熟悉顺序输送的日常运行操作规范。

技能目标

(1)能够进行全线的启动、停输操作。

(2)能够进行分输下载操作。

工作过程知识

一、全线启输

(1)启输前相关流程的手动阀门或设施均已投用,并得到书面确认。

(2)全线启输前各站进站阀全开、出站阀关闭,越站阀关闭,调节阀置于20%开度,末站应基本无流量通过。

(3)具有给油泵的泵站,启泵时应遵循先启给油泵,再启主输泵的原则;停泵时应遵循先停主输泵,再停给油泵的原则。

(4)全线启输时,应从前往后逐站启输,并控制流量。先使管线系统按最小输量启输,平稳后,再逐步增加到计划流量。

(5)全线启输时,应使管线内的油品流量平稳增加,防止出现憋压、液柱分离和压力流量大幅度波动的现象。

(6)各站在启输时,主输泵之间应根据电气专业要求,从后往前依次启运。

二、全线停输

(1)计划全线停输时,沿线各站场从前向后依次停输。

(2)非计划全线停输时,某站上游可按照从后往前依次停输,某站下游可按照从前往后依次停输;反顺序停输时,按正顺序停输的逆过程进行。

(3)全线停输时,可采用先降输量、再全线停输的方式。

(4)本站停输,应按照先停分输、后停主输的原则。

(5)停泵时,调节出站调节阀,调节阀前后压差大于1台泵提供扬程的80%时,即可停运该泵。

(6)保证各站进站压力达到或高于该站进站最低压力。

(7)停输时,应使管线内的油品流量平稳减少,防止出现憋压、液柱分离和压力流量大幅度波动的现象。

三、分输下载

(1)各分输站的油品分输下载时,首先由生产调度中心安排下载计划,各分输站采用均匀连续或部分间断分输下载油品的方式进行操作,即在一种油品经过某一下载站时,在干线无油品切换的情况下,此站的下载瞬时量一般设定为一个定值,以减少对干线输油的冲击和影响,保持输油工况的基本平稳。

(2)当站场达到分输下载条件(如达到允许分输下载的进站压力、监测系统检测到将下载油品等),启动分输下载操作。

分输下载流量较大($50m^3/h$以上)的站场,可采用阶梯式递增或递减分输下载量的方式,以保持全线的平稳运行。分输下载时应先导通减压阀后流程,再导通减压阀前流程;在进行下载油品切换时,下载进库阀应同时开关,当关闭(或开启)阀门超时未关(或未开)时,关闭下载进库阀和下载减压阀。在进行油品分输下载和混油界面切割时,采用密度测量法进行油品界面检测和界面跟踪。在进行分输下载时,当密度计信号与当前计划下载油品不符时,要立即中断当前分输下载程序。

四、切换泵

在实际操作中可有5种主输泵切换方式:小泵切换至大泵;大泵切换至小泵;增启小泵或大泵;停运小泵或大泵;同型号泵的切换。在大的工况调整时,通常是上述5种切换方式的某种组合。在确定切换泵方式之前,需要认真分析从一种工况调整至另一种工况是增加能量还是减少能量。

(1)当需要增加能量时,通常可采取以下两种方式:

一是小泵换大泵。对于处于平缓地带的站场,可采用先启后停或先停后启两种方式切换。只要保证泵电机电流在额定范围内压力振幅不大,均可接受。若泵切换的站场下游是上坡地段,则应尽量选择“先启后停”,避免刚启运的泵,因长时间没有流量而导致泵进出口机械密封出现损坏。如果不允许采用“先启后停”的方式,则要考虑在站场内大幅度节流,上下游站场适当节流等措施。此时,先停运一台泵,待另一台泵启运后应立即释放站场压力,使得适当的流量通过该站,从而避免损坏机械密封。

二是增启小泵或大泵。增启泵时,一般要通过出站调节阀控制流量(此时调节阀主要起调节流量作用),以保证泵电机电流在额定范围内。待泵启运正常后,须逐步释放压力。

(2)当需要减少能量时,可采取以下两种方式:

一是大泵换小泵。站场节流的压力达到大泵在当前流量下提供压力的40%以上即可。

二是停启小泵或大泵。在停启小泵或大泵之前,需要在站场内大幅度节流,必要时在上游站场也需要节流。站场内节流的压力至少要达到小泵或大泵在当前流量下提供压力的80%以上。停泵后应立即开启调节阀,避免过站流量过小。

典型案例

兰成渝成品油管道

一、管道概况

兰成渝(兰州、成都、重庆)成品油管道是我国第一条长距离、多出口、多品种顺序输送的成品油管道,于2002年建成投产。管道起点为兰州市,经过甘肃省、陕西省、四川省,终点是重庆市,全长1250km。兰成渝成品油管道线路途经黄土高原、秦岭山区、四川盆地、川渝丘陵,地形错综复杂,管道最大落差达2245.9m。管道全线采用变管径设计,兰州—江油段管径为508mm,江油—成都段管径为457mm,成都—重庆段管径为323.9mm。全线设计压力等级10.0MPa,局部最高压力14.7MPa,兰成段最大输送能力为500×10^4t/a,成渝段最大输送能力为250×10^4t/a。兰成渝管道全线有13个分输点。

二、相关技术

输送介质的多样性和多进多出的特点,决定了兰成渝成品油管道运行的复杂性。成品油管道的水力工况、控制参数量大且多变,调度运行计划、混油控制、界面检测等都是成品油管道运行中的重要问题。

1. 调度运行计划

调度运行计划是成品油管道运行最基本的依据。调度运行计划表按每日、每时、每分详细制订,调度人员严格按调度表执行和下达各项指令。调度运行计划要在大量的变化中做出决策安排。在油源、管道运营和市场销售分离的机制下,调度运行计划的编制更为复杂,难度更大,目前技术仍在很大程度上依赖编制输送计划人员的水平和能力。调度运行计划的优劣与管道公司的运营技术水平、信用和经济效益直接相关。

根据国情和企业性质,我国成品油管道的计划编制有自身特色。企业既是委托商,又是承运商,油源配置、计划调度和市场销售是同一个系统的不同部分,在计划编制和调整时较为灵活。我国成品油管道的计划编制一般遵循以分输为基础的方式,指定油品到达的时间,在合理的批次安排下计算油品注入时间。以分输为基础,即以市场需求为基础,这种方式可以较好地保障下游市场供应的稳定。

2. 混油控制及界面检测

兰成渝成品油管道穿越的复杂地形在世界管道线路中少有,控制混油的难度非常大。在遵循成品油管道控制混油一般原则的同时,兰成渝成品油管道通过长期跟踪,结合自身情况,确定了使混油量基本趋于稳定的输量——在大落差地段减少混油的停输界面位置。

兰成渝成品油管道主要通过高精度在线密度计监测顺序输送的油品界面,并根据混油段两种油品浓度的比例,分别在混油段的前端和后端各取确定浓度对应的位置进行切割,以满足单一批次油品的质量要求,减少混油。

成品油管道一般采用两种方法处理混油:掺混和回炼。兰成渝管道在设计上以掺混为主,在成都和重庆两站设有计量掺混设备。目前成都不掺混,全部混油到重庆分输。重庆站也只掺混少量混油,混油主要通过处理,分离出柴油和汽油。

课后练习

一、思考题

1. 顺序输送工艺特点是什么?
2. 顺序输油管道产生混油的原因是什么?
3. 油流的流态对混油的产生有什么影响?
4. 顺序输油管道的运行方案主要包括什么内容?
5. 确定顺序输送管道中油品输送次序的原则是什么?
6. 混油的检测方法有哪些?
7. 混油的控制措施是什么?
8. 混油的处理方法是什么?

二、计算题

1. 一条平原地区的成品油管道,长277.9km,全线设3座泵站。站间距离为$L_1 = 105.2$km,$L_2 = 74.1$km,$L_3 = 98.5$km,各站间管内径分别为$d_1 = 400$mm,$d_2 = 350$mm,$d_3 = 350$mm。每个泵站配二台大泵,一台小泵,串联流程。大泵特性为$H_{b1} = 362.5 + 0.04592Q - 1.3964 \times 10^{-5}Q^2$;小泵特性为$H_{b2} = 190.6 + 0.01657Q - 1.3964 \times 10^{-5}Q^2$。管内充满柴油和汽油,三个批次,两个油头。柴油密度为850kg/m^3,汽油密度为740kg/m^3。首站正在输入管道的柴油充满管道160km,中间汽油段长110km,末段柴油7.9km。首站输柴油流量600m^3/h,二号站最小下载流量100m^3/h。中间站、末站允许最低进站压力0.4MPa。不考虑首站来油压力和站内压力损失。汽油、柴油的混油黏度为3.87mm²/s。

按全线节流损失最小的原则，给出全线合理下载计划（流量）和开泵方案。

2. 某成品油管道有A、B、C三座输油站场。A为首站，外输流量为$500m^3/h$；B为分输站，分输下载流量为$500m^3/h$；C为分输站，分输下载流量为$450m^3/h$；AB站间管容为$5000m^3$，充满a油品；BC站间管容为$7000m^3$，充满b油品。计划A站输送a、b、c、d、e这5种油品，5种油品的输送量分别为$6000m^3$、$8000m^3$、$2000m^3$、$3000m^3$、$3000m^3$。B站下载油品a、c、d，C站下载油品b和e。要求油品c在d之前输送，e在d之后输送，输送完毕后各管段中充满的油品与输送前油品相同：

(1)确定5种输送油品的输送顺序；

(2)确定C站接收油品e的开始时间；

(3)确定B站接收首站外输a油品的开始时间。

学习情境五　天然气管道输送

天然气密度小、体积大，常用的输送方式是管道输送。长距离输气管道是连接天然气产地与消费地的运输通道，所输送的介质一般是经过净化处理的、符合管输气质要求的商品天然气。长距离干线输气管道管径大、压力高，距离可达数千千米，大口径干线的年输气量高达数百亿立方米。长距离输气管道主要包括：输气管段、首站、压气站（也叫压缩机站）、中间气体接收站、中间气体分输站、末站、清管站、干线截断阀室等。实际上，一条输气管道的结构和流程取决于这条管道的具体情况，不一定包括所有部分。

本学习情境主要介绍输气管道的设计与运行管理。

项目一　输气管道设计

输气管道的设计包括输气干线设计和压气站布置两大部分。其中输气干线设计的主要任务是在水力计算和热力计算的基础上，设计简单输气管道和输气管道末端的长度、管径、壁厚。长输管道的末端，有时由于城镇用气量的不均衡，要承担城市用气量的调峰任务。天然气的温度在进入输气管道时，一般高于管道埋深处的土壤温度，管道与周围土壤的热传导，使天然气在管道的输送过程中温度会逐渐与埋管深处的地层温度相平衡。所以，天然气在输气管道中的流动也不完全是等温过程。水力计算着重讨论在等温稳定流动和等温非稳定流动两种情况下管道长度、管径、壁厚的设计，热力计算着重讨论在稳定流动情况下输气管道平均温度的计算。

由于气田原始压力高低不同，天然气输送距离不同，而且天然气输送过程中，管道内的压力由于流动阻力，会逐渐下降。因此，在长距离输送的过程中都需要建设压气站，利用压缩机增压，保证天然气长距离输送具有足够的能量。

任务1　输气管道的水力计算

知识目标

(1)掌握输气管道流态划分及水力摩阻系数的计算方法。

(2)掌握平坦地区、地形起伏地区输气管道流量的计算方法。

(3)掌握输气管道压降的计算方法。

技能目标

(1)能设计简单输气管道的管径和壁厚。

(2)会计算输气管道末段长度和管径。

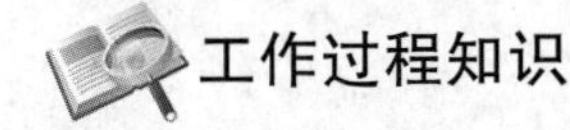

水力计算的目的在于分析流量与压力之间的关系。由于气体输送管道影响因素的复杂

性，其水力计算要比液体输送管道复杂得多。为了简化计算，假设气体在管道中的流动为等温稳定流动过程，以下讨论都建立在这个假设的基础之上。

一、输气管道流态划分及水力摩阻系数

1. 输气管道流态的划分

1）雷诺数

雷诺数是输气管道流态划分的依据，其计算公式为

$$Re = 1.536\frac{Q\rho_{d}}{d_{n}\mu} \tag{5-1}$$

式中 μ——气体的动力黏度，Pa·s；

ρ_{d}——天然气的相对密度，kg/m^3；

d_n——管道内径，m；

Q——输气管道流量，m^3/s。

2）管壁粗糙度

输气管道的管壁粗糙度一般比输油管小。对于新管，我国通常取绝对当量粗糙度 k_s = 0.05mm。美国气体协会测定了输气管道在各种情况下的绝对粗糙度，见表5-1。管道的绝对当量粗糙度考虑了管道形状对沿程损失的影响，一般比绝对粗糙度大2% ~11%。从表5-1中的数据可以看出，内涂层可较大幅度地减少管壁的粗糙度。

表5-1　常用输气管道的绝对粗糙度

管道种类及状态	绝对粗糙度，mm	管道种类及状态	绝对粗糙度，mm
新钢管	0.013 ~0.019	清管器清扫后的钢管	0.008 ~0.013
室外暴露6个月	0.025 ~0.032	喷砂处理后的钢管	0.005 ~0.008
室外暴露12个月	0.038	有内涂层的钢管	0.005 ~0.008

3）流态的划分

输气管道的雷诺数高达10^6 ~10^7，是输油管道的10 ~100倍。一般干线输气管道的流态都在阻力平方区，城市及居民的配气管道的流态多在水力光滑区。用下面两个临界雷诺数可划分输气管道的流态：

$$Re_1 = \frac{59.7}{\left(\frac{2k}{d_n}\right)^{8/7}} \tag{5-2}$$

$$Re_2 = \frac{11}{\left(\frac{2k}{d_n}\right)^{1.5}} \tag{5-3}$$

式中 k——管道的绝对当量粗糙度，mm；

d_n——管道的内径，mm。

不同流态对应的雷诺数见表5-2。

表 5-2　输气管道流态划分

流态	对应雷诺数
层流	$Re<2000$
临界区	$2000<Re\leqslant 3000$
紊流水力光滑区	$3000<Re\leqslant Re_1$
紊流混合摩擦区	$Re_1<Re\leqslant Re_2$
紊流阻力平方区	$Re>Re_2$

2. 水力摩阻系数

输气管道的水力摩阻系数主要受流动状态和管壁粗糙度的影响。由于影响输气管道运行状态因素的复杂性，计算水力摩阻系数 λ 的公式很多，常用的计算公式见表 5-3。

表 5-3　输气管道水力摩阻系数计算公式

流态	对应水力摩阻系数
层流	$\lambda=\frac{64}{Re}$
临界区	$\lambda=0.0025\sqrt{Re}$
紊流水力光滑区	$\lambda=\frac{0.1844}{Re^{0.2}}$
紊流混合摩擦区	$\lambda=0.067\left[\frac{158}{Re}+\frac{2k}{d_n}\right]^{0.2}$
紊流阻力平方区	管径 160~610mm：$\lambda=\frac{1}{11.81Re^{0.1461}}$（潘汉德尔公式 A） 管径大于 610mm：$\lambda=\frac{1}{68.03Re^{0.0392}}$（潘汉德尔公式 B）

【例 5-1】　某输气管道年任务输气量 $100\times10^8\text{m}^3$，全长 659km，采用 $\phi1016\times8$mm 管材，管道内壁绝对当量粗糙度为 60μm，输送温度下天然气相对密度 0.5925，黏度 13.48×10^{-6} Pa·s。判断该管道流态，并计算其水力摩阻系数。

解：$Re=1.536\frac{Q\rho_d}{d_n\mu}=1.536\frac{100\times10^8\times0.5925}{350\times24\times3600\times1\times13.48\times10^{-6}}=1.45\times10^7$

$$Re_2=\frac{11}{\left(\frac{2k}{d_n}\right)^{1.5}}=\frac{11}{\left(\frac{2\times60\times10^{-6}}{1}\right)^{1.5}}=8.46\times10^6$$

$Re>Re_2$，为紊流阻力平方区，管径大于 610mm，则

$$\lambda=\frac{1}{68.03Re^{0.0392}}=\frac{1}{68.03\times(1.45\times10^7)^{0.0392}}=0.008$$

二、平坦地区输气管道的流量计算

1. 稳定流动气体管流的基本方程

稳定流动气体在管道中流动的运行方程，可写成：

$$-\mathrm{d}p = \rho\lambda \frac{\mathrm{d}x}{d_{\mathrm{n}}} \cdot \frac{\nu^2}{2} + \rho g \mathrm{d}s + \rho \frac{\mathrm{d}\nu^2}{2} \tag{5-4}$$

式中 p——压力,MPa;

ρ——气体密度,kg/m^3;

λ——水力摩阻系数;

x——管道的轴向长度,m;

d_n——管道内径,m;

v——管内气体流速,m/s;

g——重力加速度,m/s^2;

s——高程,m。

上式说明输气管道的总压降由管道的沿程压降、气体上升克服高差的压降、流速变化产生的动能与势能的转化压降三部分组成。

2. 平坦地区输气管道的流量计算

1)质量流量的计算

输气管道的沿线地形起伏高差小于200m,高差产生的压降很小,在工艺计算时可以忽略其影响。这样的管道视为水平管道,管道与水平面间倾角 $\theta = 0$,即 $\mathrm{d}s = 0$,式(5-4)可写成:

$$-\mathrm{d}p = \rho\lambda \frac{\mathrm{d}x}{d_{\mathrm{n}}} \cdot \frac{\nu^2}{2} + \rho \frac{\mathrm{d}\nu^2}{2} \tag{5-5}$$

式(5-5)中有 p 、ρ 、ν 三个变量,必须利用连续性方程和气体状态方程共同求解。

整理后可得输气管道的质量流量计算公式为

$$M = \sqrt{\frac{(p_Q^2 - p_Z^2)A^2}{ZRT\left(\lambda \frac{L}{d_n} + 2\ln \frac{p_Q}{p_Z}\right)}} = \frac{\pi}{4}\sqrt{\frac{(p_Q^2 - p_Z^2)d_n^4}{ZRT\left(\lambda \frac{L}{d_n} + 2\ln \frac{p_Q}{p_Z}\right)}} \tag{5-6}$$

式中 M——天然气的质量流量,kg/s;

p_Q——输气管道计算段的起点压力,MPa;

p_Z——输气管道计算段的终点压力,MPa;

d_n——管道内径,m;

λ——水力摩阻系数;

Z——天然气在管输条件下的压缩系数;

R——天然气的气体常数,$m^2/(s^2 \cdot K)$;

T——天然气的平均温度,K;

L——输气管道计算管段的长度,m;

A——输气管道的径向截面积,m^2。

式(5-6)中, $2\ln \frac{p_Q}{p_Z}$ 表示随着压力下降,流速增加对流量 M 的影响。对长距离输气管而言,由于距离长, $2\ln \frac{p_Q}{p_Z}$ 与 $\lambda \frac{L}{d_n}$ 相比是很小的,可以忽略。因此,对于长距离水平输气管,式(5-6)可简化为

$$M = \frac{\pi}{4}\sqrt{\frac{(p_Q^2 - p_Z^2)d_n^5}{\lambda ZRTL}} \tag{5-7}$$

2）体积流量的计算

为使用方便，常将质量流量换算成工程标准状况（压力 $p_0=1.01325\times10^5\text{Pa}$，温度 $T_0=293\text{K}$）下的体积流量：

$$Q=\frac{M}{\rho_0} \tag{5-8}$$

其中

$$\rho_0=\frac{p_0\rho_d}{R_a T_0} \tag{5-9}$$

将式(5－7)和式(5－9)代入式(5－8)，可得

$$Q=\frac{\pi}{4}\cdot\frac{T_0\sqrt{R_a}}{p_0}\sqrt{\frac{(p_Q^2-p_Z^2)d_n^5}{\lambda Z\rho_d TL}} \tag{5-10}$$

式中 ρ_0——工程标准状况下的气体密度；

ρ_d——天然气的相对密度，通常在0.58～0.62之间；

R_a——空气的气体常数，取287.1J/(kg·K)。

令

$$C_0=\frac{\pi}{4}\cdot\frac{T_0}{p_0}\sqrt{R_a} \tag{5-11}$$

上述公式中常数的数值随各参数所用的单位而定。如果公式中所有的参数均采用国际单位，有

$$C_0=\frac{\pi}{4}\cdot\frac{293}{1.01325\times10^5}\sqrt{287.1}=0.03848 \tag{5-12}$$

按输气管道工程设计规范（GB 5051—2015），水平输气管道体积流量的计算公式为

$$Q=C_0\sqrt{\frac{(p_Q^2-p_Z^2)d_n^5}{\lambda Z\rho_d TL}}=0.03848\sqrt{\frac{(p_Q^2-p_Z^2)d_n^5}{\lambda Z\rho_d TL}} \tag{5-13}$$

【例5－2】 例5－1中输气管道起点压力10MPa，终点压力不小于4MPa，夏季年最高月平均地温25℃，输送温度下天然气压缩因子0.7。计算该管道的输气量。

解：

$$Q=0.03848\sqrt{\frac{(p_Q^2-p_Z^2)d_n^5}{\lambda Z\rho_d TL}}=0.03848\sqrt{\frac{(100\times10^{12}-16\times10^{12})\times1^5}{0.008\times0.7\times0.5925\times298\times659}}=1.38\times10^3(\text{m}^3/\text{s})$$

三、地形起伏地区输气管道的流量计算

地形起伏高差在200m以上的输气管道，在进行工艺计算时，需要考虑高差和地形的影响。如图5－1所示的管道，可以看作是由不同终点与起点高差、坡度均匀向上或向下的若干直管段组成。

如图5－1，设各管段的长度为 $L_1,L_2,\cdots,L_Z$，压力为 $p_Q,p_1,\cdots,p_Z$，高程为 $s_Q,s_1,\cdots,s_Z$。令起点高程 $s_Q=0$，各直管段的高差为 $\Delta s_1=s_1-s_Q,\Delta s_2=s_2-s_1,\cdots,\Delta s_Z=s_Z-s_Q$，则输气管道的体积流量可表示为

$$Q=C_0\sqrt{\frac{[p_Q^2-p_Z^2(1+as_Z)]d_n^5}{\lambda Z\rho_d TL[1+\frac{a}{2L}\sum_{i=1}^{Z}(s_i+s_{i-1})L_i]}} \tag{5-14}$$

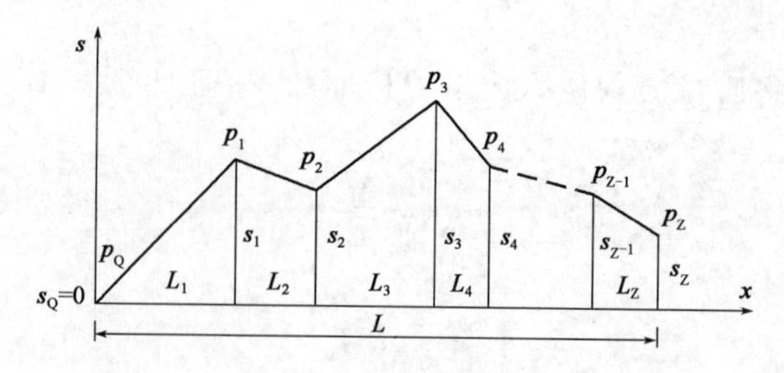

图 5－1　地形起伏的输气管道

式中，C_0 值同式(5－12)，$a=2g/ZRT$。

上式中的 $1+a\Delta s$ 表示输气管终点与起点高差对输气管输送能力的影响。终点比起点位置越高(相对高程越大)，则输气能力越高，反之亦然。

$1+\frac{a}{2L}\sum_{i=1}^{Z}(s_i+s_{i-1})L_i$ 是考虑沿线地形起伏对输气能力的影响，也就是线路纵断面特征对输气能力的影响。因为 $\frac{1}{2}\sum_{i=1}^{Z}(s_i+s_{i-1})L_i=F$ 是线路纵断面线与从起点开始所画的水平线之间所包含面积的代数和，如图 5－2 所示，纵断面线高于水平线的地方，面积取正值，低于水平线的地方，面积取负值。由式(5－14)可以看出，当其他条件相同时，面积代数和 F 较小的输气管，有较大的输气能力。起终点相同，路径不同的输气管道的输送能力是不同的。

【例 5－3】　试分析图 5－3 中，三条输气管道Ⅰ、Ⅱ、Ⅲ，哪一条管道的输气能力最大。

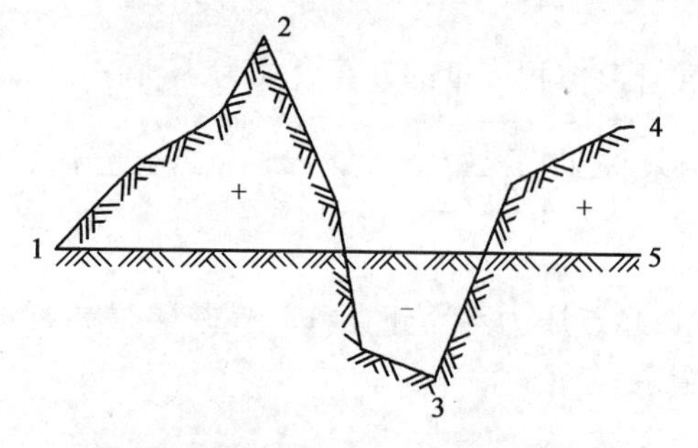

图 5－2　管路纵断面图特征示意图

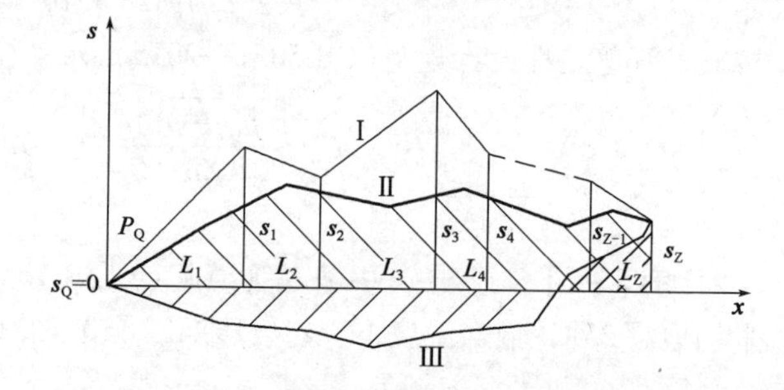

图 5－3　沿线不同高程的线路方案

解：由图 5－3 可知，三条输气管道具有相同起点高程和终点高程，且距离相等。由式(5－14)可知，面积的代数和 $\frac{1}{2}\sum_{i=1}^{Z}(s_i+s_{i-1})L_i=F$ 较小的输气管，有较大的输气能力，因此输气管道Ⅲ具有最大的输气能力。

由以上分析可知，输气管道不但与输油管道一样，起、终点高差对管道输送能力存在影响，而且还存在输油管道上所没有的沿线地形起伏对输送能力的影响，这是输气管道所特有的现象。其原因是在输气管道中，随着气体的流动，输气管道沿线的压力降低，密度减小，流速增大，压降增大，用于上坡管段的能量损失在下坡管段不能由管段中气体获得的位能完全补偿。

四、输气管道的压降计算

1. 沿线压力分布

设有一段输气管道 AC 长为 L，以 x 表示管段上任意一点 B 至起点 A 的距离，B 点的管内

压力为 p_x，输气管道流量为 Q，如图 5－4 所示。

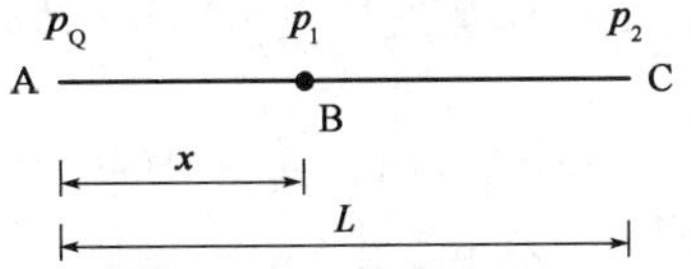

p_Q　p_1　p_2
A　B　C
x
L

图 5－4　输气管道沿线任意点的压力

计算整理得

$$p_x^2 = p_Q^2 - \frac{p_Q^2 - p_Z^2}{L}x \qquad (5-15)$$

$$p_x = \sqrt{p_Q^2 - (p_Q^2 - p_Z^2)\frac{x}{L}} \qquad (5-16)$$

式(5－15)和式(5－16)说明输气管道的压力平方 p_x^2 和 x 的关系为一直线，如图 5－5 所示；压力 p_x 与 x 的关系为一抛物线，如图 5－6 所示。

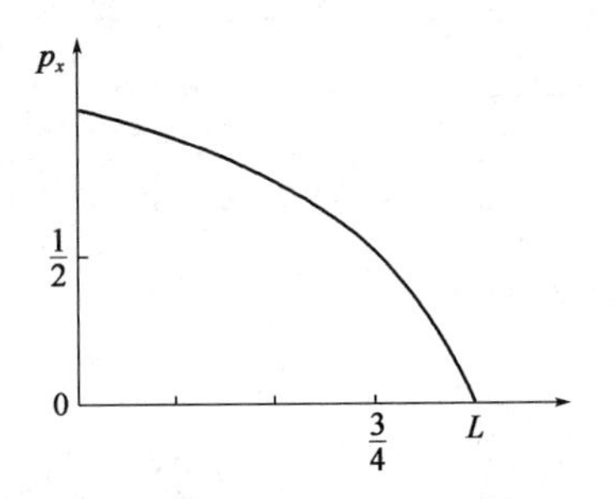

图 5－5　输气管道的压降曲线

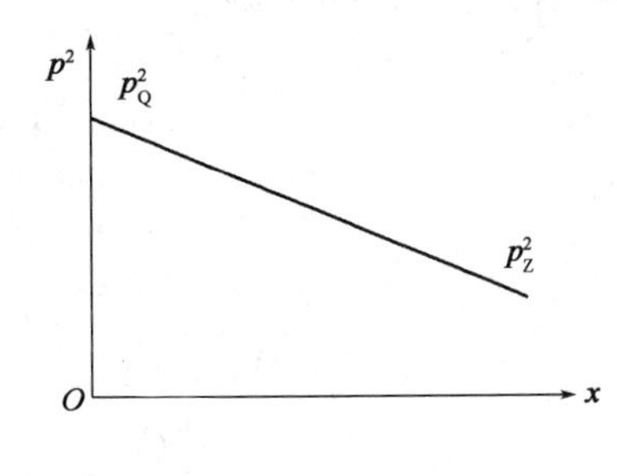

图 5－6　输气管道沿线距离与压力平方的关系曲线

从图 5－5 可以看出，靠近起点压力降落比较慢，距起点越远，压力降落越快，坡度越陡。在前 3/4 的管段上，压力损失约占一半，另一半消耗在后面的 1/4 管段上。因为随着压力下降，流速增大，单位长度的摩阻损失也增加。这也说明高压输气节省能量，经济性好。

输气管道的压降曲线或 p_x^2 与 x 的关系在输气管道的实际操作中有很重要的意义。利用实测的压降曲线可判断输气管道的内部状态(是否有脏物、水合物、凝析液的积聚等)，大致确定局部阻塞(形成水合物)或漏气地点等。

2. 平均压力

输气管停止输气时，管内压力并不像输油管那样立刻消失，而是高压段的气体逐渐流向低压段，起点压力逐渐下降，终点压力逐渐上升，最后全线达到某一压力值，即平均压力。这就是输气管的压力平衡现象。根据管内平衡前后质量守恒可得平均压力：

$$p_{pj} = \frac{1}{L}\int_0^L p_x \mathrm{d}x = \frac{1}{L}\int_0^L \sqrt{\left[p_Q^2 - (p_Q^2 - p_Z^2)\frac{x}{L}\right]}\mathrm{d}x = \frac{2}{3}\left(p_Q + \frac{p_Z^2}{p_Q + p_Z}\right) \qquad (5-17)$$

【例 5－4】　某输气管道长 20km，起点压力为 10MPa，终点压力不小于 4MPa，该管道壁厚应当按多大压力设计？

解：该管道的平均压力 p_{pj} 为

$$p_{pj} = \frac{2}{3}\left(p_Q + \frac{p_Z^2}{p_Q + p_Z}\right) = \frac{2}{3}\left(10 + \frac{4^2}{10 + 4}\right) = 7.43(\mathrm{MPa})$$

假设该输气管道上距离起点 x_0 处的管内压力等于平均压力，

由沿线压力分布公式 $p_x^2 = p_Q^2 - \frac{p_Q^2 - p_Z^2}{L}x$ 得

$$x_0 = \frac{p_Q^2 - p_{pj}^2}{p_Q^2 - p_Z^2}L = \frac{10^2 - 7.43^2}{10^2 - 4^2} \times 20 = 10.67(\mathrm{km})$$

该管道前 10.67km，壁厚应按 10MPa 压力设计；该管道后 9.33km，壁厚应按 7.43MPa 的压力设计。

【例 5－5】 某天然气输送管道全长 310km，年任务输气量 $5\times10^6\,m^3$，起点压力为 4MPa，终点压力不小于 2.5MPa，平均输气温度为 25℃，年工作天数 365 天，试设计该输气管道的管径和壁厚。

已知：所输天然气的相对密度 $\rho_d=0.603$，动力黏度 $\mu=11.65\times10^{-6}\,Pa\cdot s$，压缩因子 $Z=0.924$，管壁绝对当量粗糙度 $k=0.05mm$。

解：(1) 设计管径。

①预取管内径 $d_n=385mm$，则

$$Q=\frac{5\times10^6}{365\times24\times3600}=19(m^3/s)$$

判断流态：

$$Re_2=\frac{11}{\left(\frac{2k}{d_n}\right)^{1.5}}=\frac{11}{\left(\frac{2\times0.05}{0.385}\right)^{1.5}}=2.63\times10^6,$$

$$Re=1.536\frac{Q\rho_d}{d_n\mu}=1.536\times\frac{519\times0.603}{0.385\times11.65\times10^{-6}}=3.92\times10^6$$

$Re>Re_2$，为紊流阻力平方区。

计算水力摩阻系数 λ：

因管径小于 610mm，则

$$\lambda=\frac{1}{11.81Re^{0.1461}}=\frac{1}{11.81\times(3.92\times10^6)^{0.1461}}=0.0132$$

计算该管径下流量：

$$Q=0.03848\sqrt{\frac{(p_Q^2-p_Z^2)d_n^5}{\lambda Z\rho_d TL}}$$

$$=0.03848\sqrt{\frac{[(5\times10^6)^2-(2.5\times10^6)^2]\times(0.385)^5}{0.0132\times0.924\times0.603\times298\times310\times10^3}}=19.11(m^3/s)$$

因为 $Q=19.11m^3/s>19m^3/s$，所以 $d_n=385mm$ 符合要求。

②预取管内径 $d_n=380mm$。

判断流态：

$$Re_2=\frac{11}{\left(\frac{2k}{d_n}\right)^{1.5}}=\frac{11}{\left(\frac{2\times0.05}{0.380}\right)^{1.5}}=2.58\times10^6$$

$$Re=1.536\frac{Q\rho_d}{d_n\mu}=1.536\frac{519\times0.603}{0.380\times11.65\times10^{-6}}=3.97\times10^6$$

$Re>Re_2$，为紊流阻力平方区。

计算水力摩阻系数 λ：

因管径小于 610mm，则

$$\lambda=\frac{1}{11.81Re^{0.1461}}=\frac{1}{11.81\times(3.97\times10^6)^{0.1461}}=0.0133$$

计算该管径下流量：

$$Q = 0.03848\sqrt{\frac{(p_Q^2 - p_Z^2)d_n^5}{\lambda Z\rho_d TL}}$$

$$= 0.03848\sqrt{\frac{[(5\times10^6)^2-(2.5\times10^6)^2]\times(0.38)^5}{0.0133\times0.924\times0.603\times298\times310\times10^3}} = 18.43(\text{m}^3/\text{s})$$

因为 $Q=18.43\text{m}^3/\text{s}<19\ \text{m}^3/\text{s}$，所以 $d_n=380\text{mm}$ 不满足要求。

(2)设计壁厚。

管道平均压力 $p_{pj} = \frac{2}{3}(p_Q + \frac{p_Z^2}{p_Q + p_Z}) = \frac{2}{3}\times(5 + \frac{2.5^2}{5+2.5}) = 3.89(\text{MPa})$

假设该输气管道上距离起点 x_0 处的管内压力等于平均压力，由沿线压力分布公式 $p_x^2 = p_Q^2 - \frac{p_Q^2 - p_Z^2}{L}x$ 得

$$x_0 = \frac{p_Q^2 - p_{pj}^2}{p_Q^2 - p_Z^2}L = \frac{5^2 - 3.89^2}{5^2 - 2.5^2}\times300 = 157.92(\text{km})$$

该管道前157.92km，壁厚按4MPa设计，该管道后142.08km，壁厚按2.5MPa设计。

五、输气管道末段储气

输气管道末段，是指最后一个压气站出口到城市配气站进口之间的管段，其终点压力是城市配气站的进站压力，流量是配气站向城市的供气流量，其值均随着城市耗气量的变化而变化。输气管道的末段，具有一定的储气能力，可以在一定程度上调节城市用气的日平衡。

1. 输气管道末段储气能力的计算

当用气量小于供气量时为储存过程，如图5-7中的AB段。当用气量大于供气量时为消耗过程，如图5-7中的CD段。在储存过程中，末段起点压力由 $p_{1\min}$ 上升到 $p_{1\max}$，终点压力由 $p_{2\min}$ 上升到 $p_{2\max}$；在消耗过程中则正好相反，如图5-8所示。

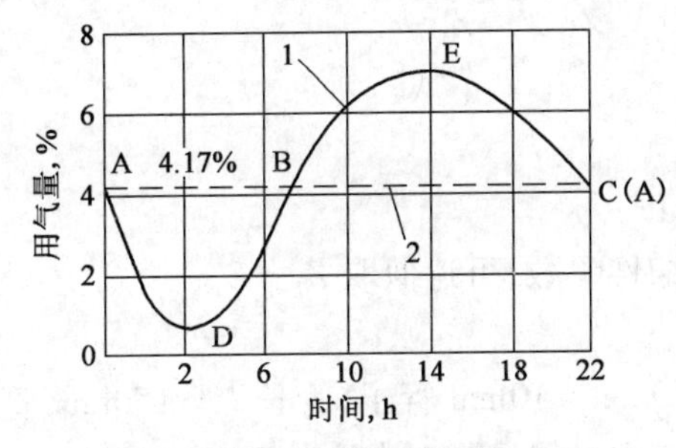

图5-7 昼夜耗气量

1—耗气曲线；2—气体平均流量

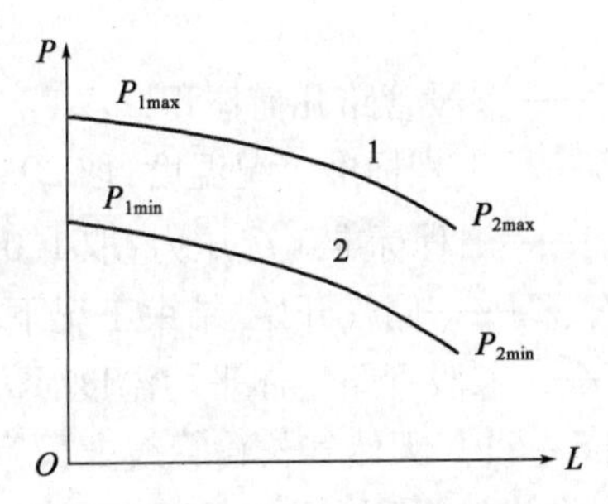

图5-8 输气管道末段气体压力变化曲线

1—储气结束时的气体压降曲线；2—储气开始时气体的压降曲线

末段储气能力近似计算的思路是储气容积等于末段管路内最高压力和最低压力下气体的容积差。为此要计算起点和终点最高、最低压力下的平均压力。由式(5-17)可得：

$$p_{pj\min} = \frac{2}{3}\left(p_{1\min} + \frac{p_{2\min}^2}{p_{1\min} + p_{2\min}}\right) \tag{5-18}$$

$$p_{pjmax} = \frac{2}{3}\left(p_{1max} + \frac{p_{2max}^2}{p_{1max} + p_{2max}}\right) \tag{5-19}$$

式中 p_{pjmin}——末段管路平均最低压力,Pa;

p_{pjmax}——末段管路平均最高压力,Pa;

p_{1min}——末段管路起点最低压力,Pa;

p_{2min}——末段管路终点最低压力,Pa;

p_{1max}——末段管路起点最高压力,Pa;

p_{2max}——末段管路终点最高压力,Pa。

其中,末段管路终点最低压力 p_{2min} 应不低于配气站要求的最低供气压力,因此为已知值,但此时对应的起点最低压力 p_{1min} 为未知;起点最高压力 p_{1max} 应不超过管线的承压能力,因此 p_{1max} 是已知值,但对应的终点最高压力 p_{2max} 未知。有

$$p_{1min} = \sqrt{p_{2min}^2 + Cl_Z Q^2} \tag{5-20}$$

$$p_{2max} = \sqrt{p_{1max}^2 - Cl_Z Q^2} \tag{5-21}$$

其中

$$C = \frac{1}{C_0^2} \times \frac{\lambda Z \rho_d T}{d_n^5} \tag{5-22}$$

式中 l_Z——末段管路长度,m;

Q——输气管道稳定输量,m^3/s。

储气开始时末段管路中的存气体积为

$$V_{min} = \frac{p_{pjmin} V T_0}{p_0 Z_1 T} \tag{5-23}$$

输气终了时末段管路中的存气体积为

$$V_{max} = \frac{p_{pjmax} V T_0}{p_0 Z_2 T} \tag{5-24}$$

末段储气能力为

$$V_S = V_{max} - V_{min} = \frac{VT_0}{p_0 T}\left(\frac{p_{pjmax}}{Z_2} - \frac{p_{pjmin}}{Z_1}\right) \tag{5-25}$$

式中 V——末段管路几何体积,m^3;

T_0——工程标准工况温度,取293K;

p_0——工程标准工况压力,取 1.01325×10^5 Pa;

Z_1、Z_2——储气开始、结束工况下气体的压缩性参数,可近似取 $Z_1 = Z_2$;

T——末段管路气体平均温度,K。

【例5-6】 天然气长输管线末段管路为 ϕ720mm×10mm 管子,管长 $l_z = 150$km,管道中燃气最大允许绝对压力为5.5MPa,进入城市前管道中燃气最小允许绝对压力1.3MPa,正常情况下管道流量为 $1.1 \times 10^7 m^3/d$,求管道的储气量。

已知:系数 $C = 3910.2$,压缩因子 $Z = 1$,平均温度 $T = 293$K,管道的水力摩阻系数 $\lambda = 0.0103$。

解:(1)计算 p_{1min} 和 p_{2max}。

$$p_{1min} = \sqrt{p_{2min}^2 + Cl_Z Q^2} = \sqrt{(1.3 \times 10^6)^2 + 3910.2 \times 150000 \times \frac{1.1 \times 10^7}{3600 \times 24}}$$

$= 4.3 \times 10^6 (\text{Pa})$，

$$p_{2\max} = \sqrt{p_{1\max}^2 + Cl_Z Q^2} = \sqrt{(5.5 \times 10^6)^2 - 3910.2 \times 150000 \times \frac{1.1 \times 10^7}{3600 \times 24}}$$

$$= 3.66 \times 10^6 (\text{Pa})$$

(2)计算平均压力。

$$p_{\text{pjmin}} = \frac{2}{3}\left(p_{1\min} + \frac{p_{2\min}^2}{p_{1\min} + p_{2\min}}\right) = \frac{2}{3}\left(4.3 \times 10^6 + \frac{(1.3 \times 10^6)^2}{4.3 \times 10^6 + 1.3 \times 10^6}\right)$$

$$= 3.07 \times 10^6 (\text{Pa})，$$

$$p_{\text{pjmax}} = \frac{2}{3}\left(p_{1\max} + \frac{p_{2\max}^2}{p_{1\max} + p_{2\max}}\right) = \frac{2}{3}\left(5.5 \times 10^6 + \frac{(3.66 \times 10^6)^2}{5.5 \times 10^6 + 3.66 \times 10^6}\right)$$

$$= 4.65 \times 10^6 (\text{Pa})$$

(3)管道容积。

$$V = 0.7^2 \times 150000 \times \frac{\pi}{4} = 57697.5 (\text{m}^3)$$

(4)储气能力。

近似取 $Z_2 = Z_1 = 1, T = T_0$，则

$$V_S = V_{\max} - V_{\min} = \frac{VT_0}{p_0 T}\left(\frac{p_{\text{pjmax}}}{Z_2} - \frac{p_{\text{pjmin}}}{Z_1}\right) = \frac{V_0}{p_0}(p_{\text{pjmax}} - p_{\text{pjmin}})$$

$$= \frac{57697.5}{1.01325 \times 10^5} \times (4.65 \times 10^6 - 3.07 \times 10^6) = 899699.5 (\text{m}^3)$$

2. 输气管道末段最优长度和最优管径

输气管道末段最优长度为

$$l_{Z,b} = \frac{p_{1\max}^2 - p_{2\min}^2}{2CQ^2} \tag{5-26}$$

输气管道末段最优管径为

$$D = \left\{\frac{V_{\text{Smax}} Q^2}{A_* \left[p_{1\max}^3 + p_{2\min}^3 - \frac{\sqrt{2}}{2}(p_{1\max}^2 + p_{2\min}^2)^{1.5}\right]}\right\}^{1/7} \tag{5-27}$$

其中

$$A_* = \frac{\pi C_0^2}{6} \frac{T_0}{p_0 T^2 Z^2 \lambda \rho_d} \tag{5-28}$$

式中　V_{Smax}——末段管道最大储气量。

3. 计算末段长度和管径的方法

设计一条新的输气管，如将末段作为储气的手段之一，则计算必须从末段开始，首先确定它的长度和管径。当要求末段具有一定的储气能力 V_S，且 $p_{1\max}$，$p_{2\min}$ 和 Q 已知时，根据式(5-27)和式(5-28)很容易计算出末段的管径 D 和长度 L_Z。这样得到的 D 和 L_Z 值，从储气角度来看是最优的，但它并不一定符合整个输气管的最优方案，或者受管材的限制不能采用。所以在实际工作中，往往在满足储气和工作压力的条件下，要计算新的末段长度和管径。

具体步骤如下：

(1)预先选定末段长度和管径；

(2)确定末段管路起点最高压力 p_{1max}、末段管路终点最低压力 p_{2min}；

(3)按式(5-20)、式(5-21)计算末段管路起点最低压力 p_{1min}、末段管路终点最高压力 p_{2max}；

(4)按式(5-18)、式(5-19)计算末段管路平均最低压力 p_{pjmin}、末段管路平均最高压力 p_{pjmax}；

(5)按式(5-27)计算末段储气能力，并与要求的储气能力相比较。若相互接近，则所选定的末段长度和管径满足工艺要求，否则，需重复上述步骤，直到满足工艺要求。

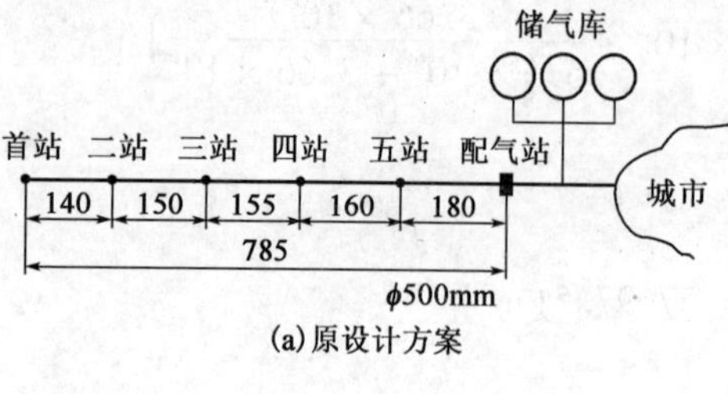

(a)原设计方案

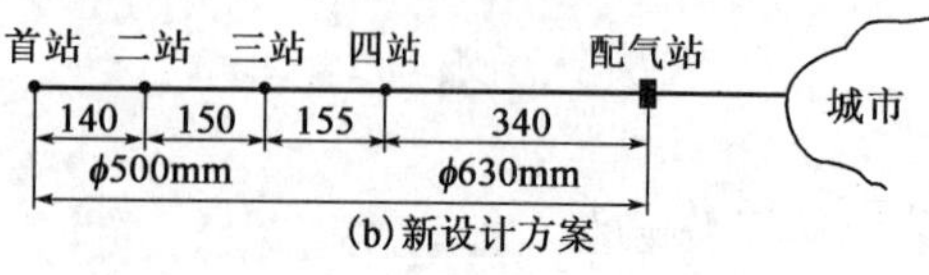

(b)新设计方案

图5-9　方案示意图(距离单位为km)

【例5-7】 某设计任务规定向某城市每昼夜输送天然气 $5\times10^6 m^3$，要求最大储气量 $2\times10^5 m^3$，为日输气量的40%，原设计方案采用了大量储气罐，其压气站布置如图5-9(a)所示。现在要求不用储气罐，而改为末段储气，试求输气管末段长度、末段管径。

已知：所输天然气的相对密度 $\rho_d=0.58$，压缩因子 $Z=0.93$，平均温度 $T=288K$；输气管总长785km，到城市前的最低压力 $p_{2min}=1MPa$，末段起点最高压力不得超过压缩机出口的最高压力5.5MPa，管道的水力摩阻系数 $\lambda=0.019$。

解：由于原方案不能满足储气要求，必须另行确定末段的长度与管径。

(1)求满足储气要求的末段最优管径和最优长度。

由式(5-27)得

$$A_*=\frac{\pi C_0^2}{6}\frac{T_0}{p_0T^2Z^2\lambda\rho_d}$$

$$=\frac{\pi\times0.03848^2}{6}\quad\frac{293}{101325\times288^2\times0.93^2\times0.0119\times0.58}=4.8152\times10^{-9}$$

由式(5-27)得最优管径：

$$D=\left\{\frac{V_{Smax}Q^2}{A_*\left[p_{1max}^3+p_{2min}^3-\frac{\sqrt{2}}{2}(p_{1max}^2+p_{2min}^2)^{1.5}\right]}\right\}^{1/7}$$

由于

$$Q=\frac{5\times10^6}{24\times3600}=57.87(m^3/s)$$

所以

$$D=\left\{\frac{2\times10^6\times57.87^2}{4.8152\times10^{-9}\times\left[5.5^3\times10^{18}+10^{18}-\frac{\sqrt{2}}{2}(5.5^2\times10^{12}+10^{12})^{1.5}\right]}\right\}^{1/7}=0.611(m)$$

由式(5-22)得

$$C=\frac{1}{C_0^2}\times\frac{\lambda Z\rho_dT}{d_n^5}=\frac{0.0119\times0.93\times0.58\times288}{0.03848^2\times0.611^5}=14661.4$$

由式(5-26)得最优末段长度：

$$l_{Z,b}=\frac{p_{1max}^2-p_{2min}^2}{2CQ^2}=\frac{5.5^2\times10^{12}-10^{12}}{2\times14661.4\times57.87^2}=297860.88m=297.86(km)$$

(2)取消原有第五个压气站，则末段长度为 180 + 160 = 340(km)，并设末段管径为 ϕ 630mm ×6mm。

计算最低起点压力 p_{1min} 和最高终点压力 p_{2max}：

$$C=\frac{1}{C_0^2}\times\frac{\lambda Z\rho_d T}{d_n^5}=\frac{0.0119\times0.93\times0.58\times288}{0.03848^2\times0.618^5}=13849.6,$$

$$p_{1min}=\sqrt{p_{2min}^2+Cl_ZQ^2}$$
$$=\sqrt{10^{12}+13849.6\times57.87^2\times340000}=4.10\times10^6(Pa),$$

$$p_{2max}=\sqrt{p_{1max}^2+Cl_ZQ^2}$$
$$=\sqrt{(5.5\times10^6)^2-13849.6\times57.87^2\times340000}=3.81\times10^6(Pa)$$

计算最低平均压力 p_{pjmin} 和最高平均压力 p_{pjmax}：

$$p_{pjmin}=\frac{2}{3}\left(p_{1min}+\frac{p_{2min}^2}{p_{1min}+p_{2min}}\right)$$
$$=\frac{2}{3}\left(4.1\times10^6+\frac{10^{12}}{4.1\times10^6+10^6}\right)=2.86\times10^6(Pa)$$

$$p_{pjmax}=\frac{2}{3}\left(p_{1max}+\frac{p_{2max}^2}{p_{1max}+p_{2max}}\right)$$
$$=\frac{2}{3}\left(5.5\times10^6+\frac{(3.81\times10^6)^2}{5.5\times10^6+3.81\times10^6}\right)=4.71\times10^6(Pa)$$

管道容积：$V=0.618^2\times340000\times\frac{\pi}{4}=101935.5(m)^3$

储气能力：

$$V_S=V_{max}-V_{min}=\frac{VT_0}{p_0T}\left(\frac{p_{pjmax}}{Z_2}-\frac{p_{pjmin}}{Z_1}\right)$$
$$=\frac{101935.5\times293}{1.01325\times10^5\times288}\times\left(\frac{4.71\times10^6}{0.93}-\frac{2.86\times10^6}{0.93}\right)=2.04\times10^6(m^3)$$

由于 V_S 大于末段要求的最大储气量 $2\times10^5m^3$，故证明末段长度为 340km，管径为 ϕ630mm ×6mm 能满足储气要求，如图 5 -9(b)所示。

技能训练

(1)某输气管道年任务输气量 $100\times10^8m^3$，全长 659km，采用 ϕ1016 ×8mm 管材，管道内壁绝对当量粗糙度为 60μm，输气管道起点压力 10MPa，终点压力不小于 4MPa，夏季年最高月平均地温 25℃，输送温度下天然气压缩因子 $Z=0.7$，天然气相对密度 $\rho_d=0.6$。该输气管道沿线地形参数见表 5 -4 所示，计算该管道的输气量。

表 5 -4　某输气管道沿线地形参数

位置，km	0	88	121	216	276	360	432	481	527	592	659
高程，m	145	200	450	157	118	14	110	200	42	70	23

(2)某水平输气管道,末段管路长度 150km,管道内径 1m,正常情况(标准状况)下输气量 $Q=3\times10^{7}\text{m}^3/\text{d}$,管道允许最高工作压力及配气网允许最低压力分别为 6MPa 和 0.5MPa,已知天然气的相对密度 $\rho_d=0.6$、压缩因子 $Z=0.9$,平均温度 $t=27℃$,试求输气管末段的储气能力。

任务2　输气管道的热力计算

知识目标

(1)掌握输气管道的温降规律。

(2)掌握输气管道中天然气水合物的生成条件判断。

技能目标

(1)会计算输气管道的平均温度。

(2)能采取措施预防输气管道中天然气水合物的生成。

工作过程知识

长距离输气管道的温度分布不存在等温流动。不论是气田的地层温度,或是压缩机的出口温度,或是从净化厂出来的气体温度,一般都超过输气管道埋深处的土壤温度。因此,气体在管道内流动过程中,温度逐渐降低,在管道末端趋近于甚至低于周围介质温度。为此,必须了解输气管道的温度分布,以便正确选取参数(T、Z)。

一、输气管道的温降规律

1. 输气管道温降基本公式

输气管道温降基本公式为

$$T=T_0+(T_Q-T_0)e^{-ax}+D_i e^{-ax}\int\frac{dp}{dx}e^{ax}dx \tag{5-29}$$

其中

$$a=\frac{K\pi D}{MC_P} \tag{5-30}$$

式中　x——管道的长度,m;

T——距起点 x 处油温,℃;

T_0——管道敷设处环境温度,℃;

T_Q——管道起点油温,℃;

K——管道的总传热系数,W/(m²·℃);

D——管道的外壁直径,m;

M——气体的质量流量,kg/s;

C_p——气体质量定压热容,J/(kg·℃);

D_i——焦耳—汤姆逊系数,℃/MPa;

p——气体的压力,MPa。

式中最后一项是考虑焦耳—汤姆逊效应的影响，焦耳—汤姆逊效应也叫节流效应，这一项是小于0的，说明考虑节流效应后温度比不考虑节流效应时下降得快。所谓节流效应，就是气体在不与外界进行热交换的情况下，其本身的冷却现象。输气管道沿线压力逐渐降低，气体不断膨胀，气体分子间的距离增大，从而必须消耗能量来克服分子间的引力，在外界不补充能量的情况下，这个能量就由气体本身供给，从而使气体本身冷却。

2. 输气管道温降曲线

从图5-10可以看出，输气管道的温降曲线与输油管道的温降曲线有所不同，输气管道终点处的气体温度可以降至管道敷设处的环境温度以下，这是由于焦耳—汤姆逊效应导致的。

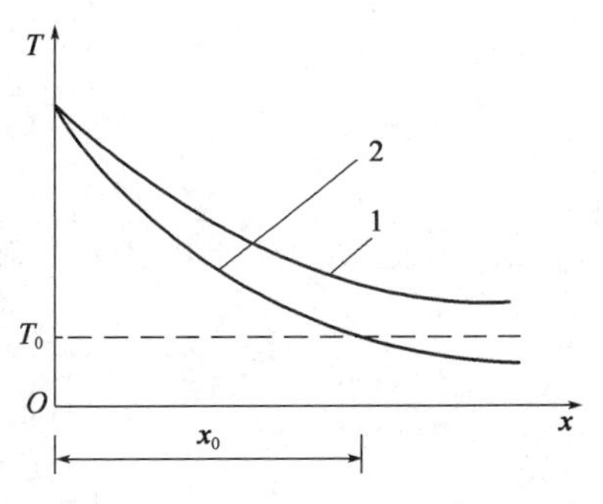

图5-10 管道温降变化示意图
1—输油管道；2—输气管道

3. 输气管道的平均温度

输气管道中气体的平均温度 T_{pj} 为

$$T_{pj} = \frac{1}{L}\int_0^L T\mathrm{d}x \tag{5-31}$$

不考虑焦耳—汤姆逊效应，有

$$T_{pj} = T_0 + (T_Q - T_0)\frac{1 - e^{-aL}}{aL} \tag{5-32}$$

考虑焦耳—汤姆逊效应，有

$$T_{pj} = T_0 + (T_Q - T_0)\frac{1 - e^{-aL}}{aL} - D_i\frac{p_Q - p_Z}{aL}\left[1 - \frac{1}{aL}(1 - e^{-aL})\right] \tag{5-33}$$

从式中可以看出，地温越高，平均温度也越高，由前面水力计算公式可知道，温度越高，输气能力越小。因此，在进行管道设计时，应按照夏季地温的平均温度作为计算温度。

二、输气管道中天然气水合物

1. 天然气水合物的性质

天然气水合物也称水化物，它是由碳氢化合物和水组成的一种复杂的但又不稳定的白色结晶体，形成天然气水合物的主要气体为甲烷。标准状态下，$1m^3$ 的天然气水合物可储存 $150 \sim 180m^3$ 的天然气。天然气水合物外观类似于压实的冰雪，遇火可燃烧，俗称“可燃冰”，它在自然界主要储存在大陆边缘海底与永久冻土带沉积物中。

2. 天然气水合物的生成条件

天然气水合物的生成是需要一定条件的，形成水合物的主要条件是：

(1) 天然气必须处于或低于水汽的露点，出现“自由水”；

(2) 适当的压力，即水蒸气的分压等于或超过在水合物体系中与天然气的温度所对应的水的饱和蒸汽压；

(3) 适当的温度，天然气的温度必须等于或低于其在给定压力下的水合物形成温度。

图5-11中的曲线为形成天然气水合物的压力—温度曲线，曲线上方为水合物的形成区，曲线下方为不存在区。根据该图可以大致确定水合物形成的压力和温度，但对含 H_2S 的天然

气误差较大，不宜使用。从图中可知：温度越低，压力越高，越容易生成水合物；气体相对密度 ρ_{gr}越高，越容易生成水合物。

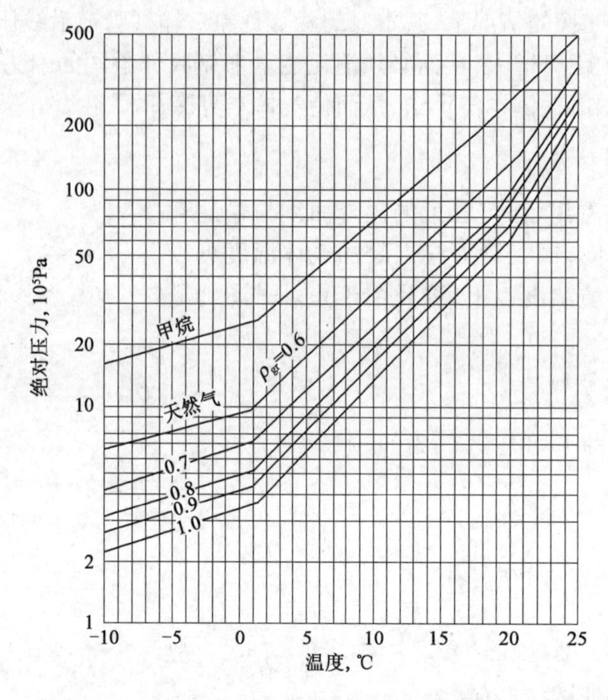

图 5－11　不同相对密度气体形成水合物的温度、压力条件

天然气形成水合物有一个临界温度，也是水合物存在的最高温度，若超过这个温度，不但不会形成水合物，而且已经形成的水合物也会分解。表 5－5 列出了几种天然气组分形成水合物的临界温度。

表 5－5　天然气组分形成水合物的临界温度

名称	CH_4	C_2H_6	C_3H_8	iC_4H_{10}	nC_4H_{10}	CO_2	H_2S
临界温度，℃	21.5	14.5	5.5	2.5	1.0	10.0	29.0

3. 输气管道中水合物生成的判断

天然气在输气管道中流动，由于其温度压力都会变化，因此可能会形成水合物。

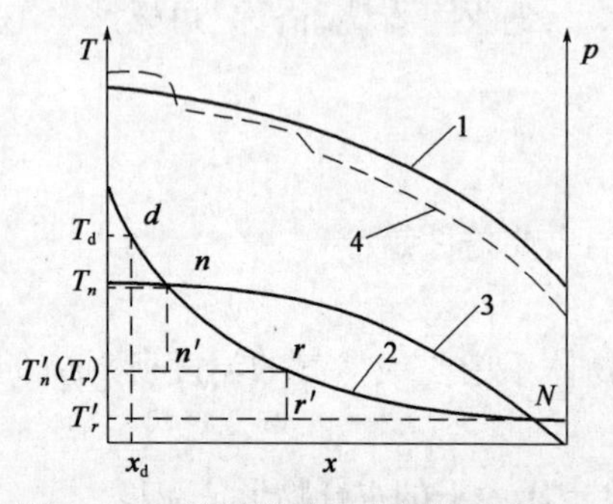

图 5－12　输气管道中水合物形成区

1—压降曲线；2—温降曲线；3—水合物形成温度曲线；4—形成水合物后的压降曲线

图 5－12 中 T_d 为天然气的露点，在天然气进入管道后，由于温度高于露点，在 $x < x_d$ 的管段上没有水析出，不会形成水合物。当天然气输至 x_d 处，温度降至 T_d 时，有水析出，但此时天然气温度高于生成水合物温度 T_n，不会形成水合物。到达 n 点时，天然气的温度等于生成水合物的温度 T_n，自此点至 N 点就是可能生成水合物的区域。由于在 n 点开始生成水合物，天然气中的部分水蒸气转变为水合物，使天然气的含水量降低，露点从 T_d 降到 T_n。如果 T_n 低于输气管道中气体的最低温度，气体流动过程中不会发生天然气冷凝，因此也就不会有水合物生成；如果 T_n 高于输气管道中气体的最低

温度,则还可能形成水合物。当天然气输送到 r 点时,天然气温度 T_r 降低至露点温度 T_n,因此在此点生成第二处水合物,并使露点温度降至 T_n。同理,又可能生成第三处,第四处,以此类推,直至露点降低至输气管道温度之后就不再可能生成天然气水合物。由此可知:水合物只能在 nN 段内的某些地段形成。

4. 预防输气管道中水合物形成的措施

要防止水合物的形成,不外乎破坏水合物形成的温度、压力和水分条件,使水合物失去存在的可能。这类方法很多,主要有:

1) 加热

在保持压力不变的状态下,给气体或输气管上可能形成水合物的地段加热,使气体温度高于水合物形成的温度,可以抑制天然气水合物的形成。

2) 降压

在保持温度不变的状态下,降低压力也可以使天然气水合物不形成。这个方法主要用于暂时解除某些管线上已形成的冰堵。此时,将气体放空,压力急剧下降,已形成的水合物将会分解。

3) 干燥脱水

气体在长距离输送前脱水是防止水合物形成的最彻底、最经济有效的方法,应用也最多。脱水后气体的露点应低于输气温度 5 ~ 10℃。

4) 添加抑制剂

通过在天然气中添加抑制剂,吸收部分水蒸气,并将其转移至抑制剂的水溶液中。天然气中水蒸气分压低于水合物的蒸汽压之后,就不会形成水合物了。常用的水合物抑制剂有甲醇、乙二醇、二甘醇和三甘醇等,也有用氯化钙的。

技能训练

一条水平输气管,采用 $\phi720 \times 10$mm 管材,某输气管道年任务输气量 $20 \times 10^6 m^3$,全长 600km,管道内壁绝对当量粗糙度为 60μm,输气管道起点压力 7.5MPa,终点压力不小于 1MPa,夏季年最高月平均地温 20℃,输送温度下天然气压缩因子 $Z = 0.91$,天然气相对密度 $\rho_d = 0.6$。该输气管道在沿线平均总传热系数为 1.75 W/(m² · ℃),天然气出站温度 14.81℃,比定压热容 2200 J/(kg · ℃),沿线气象资料见表 5 - 6。计算表 5 - 6 中各点气体温度。

表 5 - 6 某输气管道沿线的气象资料

位置,km	年平均地温,℃	夏季平均地温,℃	冬季平均地温,℃	最大冻土层厚度,mm
0	11.9	14.2	8.1	460
360	12.8	16.3	8.1	510
590	13.2	17.9	8.2	300

任务 3 输气管道沿线压气站配置

知识目标

(1) 掌握输气管道的供能特性。

(2)掌握压气站站间距和压气站数的确定方法。

技能目标

会对全线压气站进行布置。

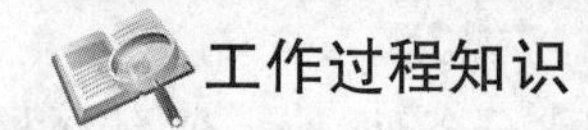

工作过程知识

一、输气管道供能特性

1. 离心式压缩机的特性

1) 离心式压缩机的 ε—Q_1 特性

离心式压缩机的压缩比与进气量的关系称为 ε—Q_1 特性,其表达式为

$$\varepsilon^2 = a - b_0 Q_1^2 \tag{5-34}$$

式中 ε——压缩机的压缩比,压缩机的出口压力与进口压力之比;

Q_1——压缩机进口状态下气体的体积含量,m^3/s。

a 和 b_0 是压缩机在转速一定时的特性常数,可由 n 组 ε 和 Q_1 的实验数据,用最小二乘法回归得到,其表达式为

$$a = \frac{\sum Q_1^2\varepsilon^2 \sum Q_1^2 - \sum \varepsilon^2 \sum Q_1^4}{\left(\sum Q_1^2\right)^2 - n\sum Q_1^4} \tag{5-35}$$

$$b_0 = \frac{\sum Q_1^2 \sum \varepsilon^2 - n\sum Q_1^2\varepsilon^2}{n\sum Q_1^4 - \left(\sum Q_1^2\right)^2} \tag{5-36}$$

2) 出口压力 p_2 与标准状况下流量 Q_0 的关系

压气站常以工程标准状态下的体积流量 Q_0 表示 Q_1,p_2 与 Q_0 之间的关系式为

$$p_2^2 = ap_1^2 - b_0\left(\frac{p_0 Z_1 T_1}{T_0}\right)^2 Q_0^2 \tag{5-37}$$

令 $b = b_0\left(\frac{p_0 Z_1 T_1}{T_0}\right)^2$,则有

$$p_2^2 = ap_1^2 - bQ_0^2 \tag{5-38}$$

式中 p_2——压缩机出口的气体压力,Pa;

p_1———压缩机进口的气体压力,Pa;

Q_0——工程标准状况下气体的体积流量,m^3/s;

p_0——标准状况下气体的压力,Pa;

T_0——标准状况下气体的温度,K;

Z_1——吸入条件下气体的压缩系数。

式(5-38)就是求解工作点应用最多的离心式压缩机的特性方程。

2. 压气站的特性

一个压气站有多台压缩机共同工作,相互间根据需要,有的并联、有的串联,或者并联、串联联合使用,多台压缩机联合工作的特性就是压气站的特性。

1）并联压气站的特性

当输气管道输量很大，一台压缩机难以完成输气任务时，可用多台并联工作，在压气站上可采用多台特性相同的压缩机并联，也可采用特性不同的压缩机并联。

图5－13为两台不同性能的压缩机并联工作特性曲线。曲线Ⅰ和Ⅱ为两台压缩机单独工作时的特性曲线，曲线Ⅰ＋Ⅱ为两台压缩机并联后的总特性曲线。

并联工作的压缩机的进口状态是一样的，并联后的总特性曲线是由并联工作的两台压缩机各自的特性曲线在同一压力比下的流量“叠加”而得到的。图5－13中曲线1为管道特性曲线，并联后的工作点为S，流量为Q_1，相应第一台压缩机工作点为S_1，流量为Q_1'，第二台压缩机工作点为S_2，流量为Q_1''，显然$Q_1 = Q'_1 + Q''_1$。

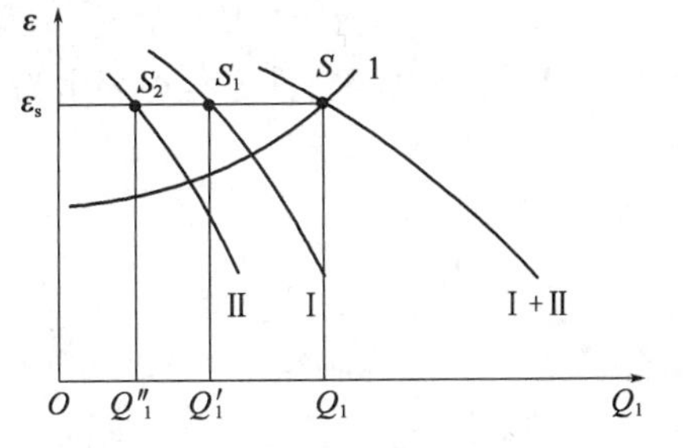

图5－13　不同性能的压缩机并联工作特性曲线

如果第一台压缩机的特性方程为$\varepsilon_1{}^2 = a_1 - b_{01}Q'^2_1$，第二台压缩机的特性方程为$\varepsilon_2^2 = a_2 - b_{02}Q''^2_1$。

令$Q_1^2 = Q'^2_1 + 2\,Q_1'Q_1'' + Q''^2_1$，则不同性能压缩机并联后的特性方程可表示为

$$Q_1^2 = \frac{a_1 - \varepsilon^2}{b_{01}} + 2\sqrt{\frac{(a_1 - \varepsilon_1^2)(a_2 - \varepsilon_2^2)}{b_{01}b_{02}}} + \frac{a_2 - \varepsilon^2}{b_{02}} \qquad (5-39)$$

若两台压缩机的性能完全相同，即$a_1 = a_2 = a$，$b_{01} = b_{02} = b$，$Q_1' = Q_1'' = \frac{Q_1}{2}$，由式（5－39）也可得出类似于式（5－38）的，以出口压力p_2、进口压力p_1和工程标准状况下的流量Q_0表示的并联压气站特性方程：

$$p_2^2 = Ap_1^2 - BQ_0^2 \qquad (5-40)$$

其中
$$A = a,B = B_0\left(\frac{p_0T_1Z_1}{T_0}\right)^2 = \frac{b_0}{4}\left(\frac{p_0T_1Z_1}{T_0}\right)^2 \qquad (5-41)$$

从图5－13可以看出，并联工作时，每台压缩机的工作点与单独在同一管道系统工作时的工作点是不同的。前者的流量要比后者小，所以并联工作时的流量小于每台压缩机独立工作于同一管道系统时各自流量之和。

并联工作时，如果由于某种原因，管道系统的特性曲线变得很陡，工作点的流量减小，压缩机Ⅱ将比压缩机Ⅰ更容易达到最小流量而喘振，使并联工作系统遭到破坏。为了使并联工作时有较宽的稳定工作范围，较小的压缩机Ⅱ应有尽可能大的稳定工作范围。

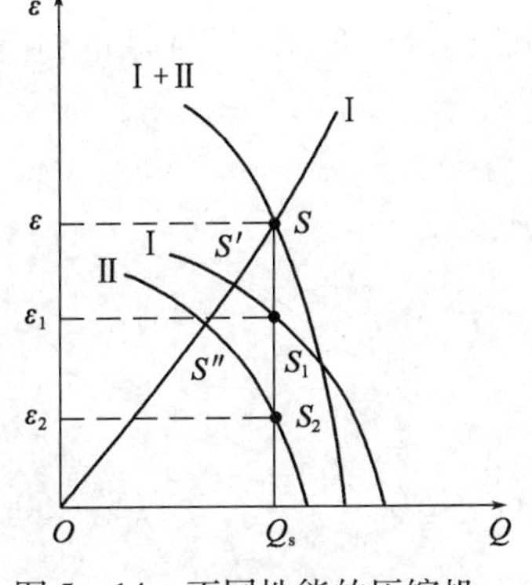

图5－14　不同性能的压缩机串联工作特性曲线

Ⅰ—压缩机Ⅰ的特性曲线；Ⅱ—压缩机Ⅱ的特性曲线；Ⅰ＋Ⅱ—压缩机Ⅰ和Ⅱ的串联特性曲线；Ⅰ—输气管道的特性曲线；S—输气管道系统的工作点；S_1—压缩机Ⅰ对应的工作点；S_2—压缩机Ⅱ对应的工作点

2）串联压气站的特性

压缩机串联工作的主要目的是提高出口输送压力，根据需要，可采用相同特性的压缩机串联，也可采用不同特性的压缩机串联。图5－14表示的是两台不同性能的压缩机串联工作时的情况。

两台压缩机串联使用时，其质量流量相同，体积流量不同，第

二台压缩机的体积流量小于第一台压缩机的体积流量，它们之间的关系为

$$Q_{12} = \frac{\rho_{11}}{\rho_{12}} Q_{11} \tag{5-42}$$

式中 ρ_{11}——一级压缩机进口气体密度，kg/m^3；

ρ_{12}——二级压缩机进口气体密度，kg/m^3；

Q_{11}——一级压缩机气体进口状态下的体积流量，m^3/s；

Q_{12}——二级压缩机气体进口状态下的体积流量，m^3/s。

串联压气站的特性方程可表示为

$$\varepsilon^2 = A - B_0 Q_{11}^2 \tag{5-43}$$

其中

$$A = a_1 a_2, B_0 = a_2 b_{01} + b_{02} \varepsilon_1^{\frac{2(m-1)}{m}} \tag{5-44}$$

式中 m——离心压缩机的多变指数（输送天然气时，m 的值为 1.25～1.35）。

由式（5-43）同样可得出以出口压力 p_2、进口压力 p_1 和工程标准状况下的流量 Q_0 表示的并联压气站特性方程：

$$p_2^2 = Ap_1^2 - BQ_0^2 \tag{5-45}$$

其中

$$B = B_0 \left(\frac{p_0 T_1 Z_1}{T_0} \right)^2 \tag{5-46}$$

3. 输气管道特性方程

$$p_Q^2 = p_Z^2 + CLQ_0^2, C = \frac{\lambda Z \rho_d T}{C_0^2 d_n^5} \tag{5-47}$$

4. 输气管道与压气站的联合工作特性

1）输气管道与一座压气站联合工作时的特性

一条输气管道与一座压气站联合工作时，系统的工作特性如图 5-15 所示。压气站的特性方程为

$$p_2^2 = Ap_1^2 - BQ_0^2 \tag{5-48}$$

管道特性方程为

$$p_Q^2 = p_Z^2 + CLQ_0^2 \tag{5-49}$$

压气站与管道联合工作特性方程为

$$p_Z^2 + CLQ_0^2 = Ap_1^2 - BQ_0^2 \tag{5-50}$$

工作点流量为

$$Q_0 = \sqrt{\frac{Ap_1^2 - p_Z^2}{B + CL}} \tag{5-51}$$

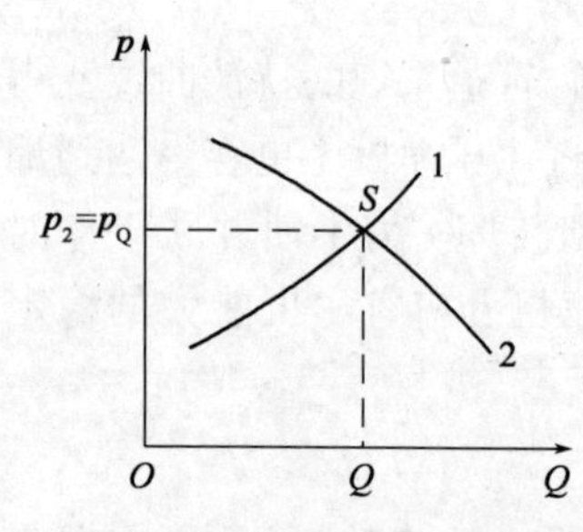

图 5-15 一座压气站工作时输气管道系统的工作特性

1—输气管道的特性曲线；2—压气站的特性曲线；S—输气管道系统的工作点

由于 $A \gg 1$，所以压缩机进口的气体压力 p_1 对系统流量的影响要比终点气体压力 p_Z 的影响大得多。因此，通过降低终点气体压力的方法来增加输气量的效果是不明显的。

2)输气管道与多座压气站联合工作时的特性

一条输气管道与多座压气站联合工作时,系统的工作特性如图 5 – 16 所示。

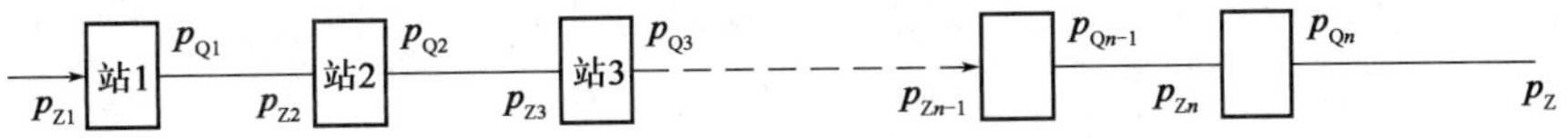

图 5 – 16　多座压气站联合工作时的特性

输气管道沿线有 n 座压气站。各站气体的进站压力分别为 $p_{Z1},p_{Z2},\cdots,p_{Zn}$;出站压力分别为 $p_{Q1},p_{Q2},\cdots,p_{Qn}$;站间距分别为 $L_1,L_2,\cdots,L_{n-1}$;L_n 为输气管道的末段长度。
系统的流量为

$$Q = \sqrt{\frac{(\prod_{i=1}^{n}A_i)p_{Z1}^2 - p_Z^2}{[\sum_{i=2}^{n}(\prod_{j=1}^{n}A_i)(B_{i-1} + C_{i-1}L_{i-1})M^{2(i-2)}] + (B_n + K_nL_n)M^{2(n-1)}}} \tag{5-52}$$

式中　M——各站的自用气系数。

由上式可知:

(1)系统的输气量 Q 主要取决于首站的气体进站压力 p_{Z1},由于 A > >1,所以,p_{Z1} 即使有较小的压降,经过多座压气站的放大作用,也会使整个系统的输气量明显地较少。

(2)输气管道终点压力 p_Z 即使在较大的范围内变化,对系统输气量的影响也不会太大,这为输气管道的末段储气创造了条件。

(3)压气站的数目越多,p_{Z1} 对系统输量的影响越大,p_Z 对系统输量的影响越小。

(4)当其他条件相等的情况下,压气站越向起点靠近,输气管道系统的流量就越大,这是因为当压气站向起点靠近时,压气站进口压力升高,使压气站进口条件下的体积排量减少,压气站的压缩比增加,从而使输气管道系统的输量增加。这种工况的变化如图 5 – 17 所示。

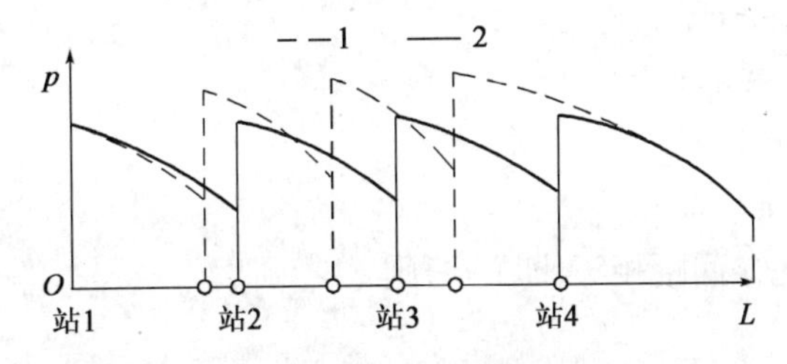

图 5 – 17　压气站向起点移动时输气管工况变化
1—移动后的压力降线;2—移动前的压力降线。

二、输气管道压气站布置

1. 压气站的站间距

为了便于讨论,设全线管道没有进气或分气,且压气站类型相同。
第 $i+1$ 各中间的特性为

$$p_{Qi+1}^2 = Ap_{Zi+1}^2 - BM^{2i}Q^2 \tag{5-53}$$

第 i 个站间管路的特性为

$$p_{Qi}^2 = p_{Zi+1}^2 + C_i L_i M^{2(i-1)} Q^2 \tag{5-54}$$

设在最大流量($Q=Q_{max}$)下,压气站出站压力达到最大工作压力 p_{max},即 $p_{Qi+1}=p_{Qi}=p_{max}$,代入上两式联立得到

$$l_i = \frac{(A-1)p_{max}^2}{AC_i M^{2(i-1)} Q_{max}^2} - \frac{B}{AC} M^2 \tag{5-55}$$

首站出站的最大流量 Q_{max} 与末段的最大流量 Q_{Zmax} 之间存在以下关系

$$Q_{Zmax} = M^{n-1} Q_{max} \tag{5-56}$$

式中 n——压气站数。

于是,站间距可改写成

$$l_i = \frac{(A-1)M^{2(n-1)} p_{max}^2}{AC_i M^{2(i-1)} Q_{Zmax}^2} - \frac{B}{AC_i} M^2 \tag{5-57}$$

若不考虑各站的自用气,$M=1$,且 $C_i=C$,各站间距相等,由式(5-57)得

$$l = \frac{(A-1)p_{max}^2 - BQ_{Zmax}^2}{ACQ_{Zmax}^2} \tag{5-58}$$

2. 压气站数的确定

输气管全线长度为

$$L = l_Z + \sum_{i=1}^{n-1} l_i = l_Z + (n-1)\bar{l} \tag{5-59}$$

压气站数为

$$n = \frac{L - l_Z}{\bar{l}} + 1 \tag{5-60}$$

式中 L——输气管线全长,m;

l_Z——末段管路长度,m;

l_i——第 i 个站间距,m;

$\bar{l}$——平均站间距,m。

由式(5-60),若取各站间距相等,即 $\bar{l}=l$,则

$$n = \frac{L - l_Z}{l} + 1 \tag{5-61}$$

求得 n 后进行化整(一般向大的方向化整)。

三、布置全线压气站的基本步骤

(1)根据末段储气要求确定末段参数 l_Z;

(2)根据任务流量和式(5-60)初步确定压气站数,并化整;

(3)根据式(5-55)或式(5-57)计算各站间的站间距,并布置压气站。

【例5-8】 某输气管道干线全长1234km,任务输气量为 $5\times10^6 m^3/d$,末段管径为 $\phi630mm\times8mm$,其余站间为 $\phi529mm\times7mm$,最大工作压力 $p_{max}=5.5\times10^6 Pa$,进配气站的最低压力 $p_{2min}=10^6 Pa$。试按平均布站的方法布置全线压气站。

已知所输天然气的相对密度 $\rho_d=0.58$,压缩因子 $Z=0.93$,平均温度 $T=288K$;管道的水力

摩阻系数 $\lambda=0.0121$；压气站特性系数 $A=4.5388$，$B=9.479\times10^{9}$；自用气系数 $M=0.995$；$C_0=0.03848$。

解：(1)末段参数。

末段输气量：$Q=5\times10^{6}\text{m}^3/\text{d}=57.87\text{m}^3/\text{s}$

末段管道特性系数：

$$C=\frac{1}{C_0^2}\times\frac{\lambda Z\rho_{\text{d}}T}{d_{\text{n}}^5}=\frac{0.0121\times0.93\times0.58\times288}{0.03848^2\times0.614^5}=14547.11$$

最优末段长度：

$$l_{\text{Z}}=\frac{p_{1\max}^2-p_{2\min}^2}{2CQ^2}=\frac{(5.5\times10^6)^2-(10^6)^2}{2\times14547.11\times57.87^2}=300200.97(\text{m})=300.2(\text{km})$$

(2)压气站数。

其余站间管道特性系数：

$$C=\frac{1}{C_0^2}\times\frac{\lambda Z\rho_{\text{d}}T}{d_{\text{n}}^5}=\frac{0.0121\times0.93\times0.58\times288}{0.03848^2\times0.515^5}=35041.48$$

平均站间距：

$$\bar{l}=\frac{(A-1)P_{\max}^2-BQ_{\text{Zmax}}^2}{ACQ_{\text{Zmax}}^2}$$

$$=\frac{(4.5388-1)\times(5.5\times10^6)^2-9.479\times10^9\times57.87^2}{4.5388\times35041.48\times57.87^2}=141.4(\text{km})$$

压气站数：

$$n=\frac{L-l_{\text{Z}}}{\bar{l}}+1=\frac{1234-300.2}{141.4}+1=7.6$$

按最大值取，故 $n=8$，除末段外尚有 7 个站间。

(3)各站间长度。

$$l_i=\frac{(A-1)M^{2(n-1)}p_{\max}^2}{AC_iM^{2(i-1)}Q_{\text{Zmax}}^2}-\frac{B}{AC_i}M^2$$

$$=\frac{(4.5388-1)\times0.995^{14}\times5.5\times10^{12}}{4.5388\times35041.48\times0.995^{2(i-1)}\times57.87^2}-\frac{9.479\times10^9\times0.995^2}{4.5388\times35041.48}$$

式中，$i=1,2,\cdots,7$。各站间长度计算结果见表 5－7。

表 5－7　各站间长度计算结果

站间 i	1	2	3	4	5	6	7
站间距，km	127.7	129.5	131.4	133.4	135.3	137.3	139.2

技能训练

某输气管道全长 100km，管径为 $\phi426\text{mm}\times7\text{mm}$，集气罐内压力 $p_1=1.47\times10^5\text{Pa}$，$T_1=283\text{K}$，管道终点压力 $p_3\geqslant7.84\times10^5\text{Pa}$，输气的平均温度 $T=308\text{K}$，气体的相对密度 $\rho_{\text{d}}=0.6$，管

路的摩阻系数 $\lambda = 0.01147$，压缩系数 $Z = 0.97$，压缩机在额定转速（$n = 8700r/min$）下的特性参数见表5－8。

表5－8　压缩机在额定转速（n =8700r/min）下的特性参数

测　　点	1	2	3	4	5	6	7	8
流量 Q_1，m^3/min	220	218	214	208	200	187	160	150
流量 Q_1，m^3/min	316800	313920	308160	299520	288000	269280	230400	216000
压缩比 ε	7	8.7	10.44	12.18	13.19	15.65	17.4	17.4

试求：

（1）只开动一台离心式压缩机时的工作参数；

（2）两台离心式压缩机并联运行时的工作参数。

知识拓展

输气站建设管理要求

一、站场建设要求

（1）站场建设应从规划、设计到施工，做到标准化、规范化。工艺生产区与职工生活区必须有足够的安全距离，输气生产的污物排放点、放空点应处于工艺生产区和职工生活区的下风方向。

（2）工艺生产区场地应平阔、整洁。场地宜用粗砂打底，小方水泥块敷设。维修设备的进出车道的宽度及起吊设备的回旋地块应留足够，做成混凝土地面。

（3）站场生活住宅、供水供电工程及通信工程的建设应与站场工艺建设同步进行，按时交付使用。

（4）站场的绿化及绿化布置应因站制宜，符合有关规定。

二、工艺流程要求

1. 工艺流程布置要求

（1）布局总要求是，输气站的工艺流程一般应有汇集、分离、过滤、调压、计量、分配和清管等几部分组成，应布局合理，便于操作和巡回检查。

（2）每套平行排列的计量装置之间间距应留足，便于操作。

（3）计量管道中心线离地面距离高度不小于0.5m。

（4）若有平行排列的计量管，其计量管长度应以最长一套计量管的长度为基准，上、下游控制阀、温度计插孔、计量放空管、节流装置（或孔板阀）及旁通立柱及位置均应排列在相对的同一条横线上。

2. 工艺流程安装要求

（1）输气站内工艺流程的安装必须按标准和设计要求执行。

（2）当计量管管径 DN100 时，宜在上游计量管的直管段上安装一根放空管，其管径在DN40～DN15 之间确定，放空管安装位置可设在上游控制阀后2m 处的管顶部位。

（3）同规格的阀门、调压阀、法兰、节流装置（或孔板阀）等应用统一规格的螺栓，两端突出螺帽部分的螺纹应为2～3 扣。

(4)同一条线上的阀门的安装方向，即手轮、丝杆的朝向应一致。

(5)设备上的名牌应保持本色，完好，不能涂色遮盖住。

(6)站场出入地面管线与地面接触处。

(7)输气干线进、出站压力应安设限压报警装置。

项目二　输气管道的运行管理

输气管道的运行管理主要介绍输气管道的安全投产、输气站设备的操作与维护以及输气管道运行参数的调节与控制等内容。

任务1　输气管道的投产

知识目标

(1)熟悉输气管道安全投产的前期准备工作。

(2)掌握输气管道安全投产的干燥与安全置换。

技能目标

(1)会对输气管道进行干燥。

(2)会对输气管道进行安全置换。

工作过程知识

输气管道安全投产工作可分为分段通球扫线、试压、干燥(采用水试压时必须干燥，气体试压时一般可不用干燥)；然后，再进行全线通球扫线、安全置换等几个阶段。输气管道的通球扫线、试压与输油管道类似，这里不再累述。下面主要介绍输气管道的干燥与安全置换。

一、输气管道的干燥

管道用水试压完成后，部分残余水可能停留在管内壁，管道含水不仅会引起管道内壁和附属设备的腐蚀，使所输送的产品受到污染。更重要的是，天然气在一定温度和压力下，还会和水结合生成水合物，影响输送效率。如果水合物大量形成，还可能造成管道堵塞，从而引起爆炸事故。因此必须除去管道中的游离水及绝大部分水蒸气，即进行除水干燥。

1. 输气管道干燥的要求及标准

根据SY/T 4114—2016《天然气、液化天然气站(厂)干燥施工技术规范》要求，管道干燥结束时，管内空气水露点比输送条件下的最低环境温度低5℃。

国外对新建管道的除水干燥步骤非常重视，要求也很高。有文献报道许多天然气管道公司甚至要求管道干燥后露点要达到－39℃以下，即含水0.11g/m^3(标准状况下)以下。但现在大多数国外天然气管道公司将－20℃作为管道干燥的最终标准。因为国外最新研究证实，在管道干燥至－18℃以下时，管道内壁的腐蚀几乎已经停止，而且再经过投产引入天然气的过程进一步扫除残留的水蒸气，在输送条件下干燥残留的水蒸气已不足以造成析出液态水并进一步生成水合物。

2. 输气管道除水干燥技术

由于除水作业在管道中残留的游离水的多少会直接影响干燥的效果和时间,因此管道干燥不是独立的,而是应包括除水和干燥两个部分。

1)管道除水技术

管道除水是指水压试验后、干燥作业前进行清管扫线,以尽量除去管道中的游离水的过程。除水应达到的效果是管道中大部分水已被除掉,除个别低洼段外,只在管壁上遗留一层薄薄的水膜,水膜厚度 $\delta = 0.05 \sim 0.15\text{mm}$。除水的方式,可用含多个清管器的"清管列车"一次完成,也可用多次发扫线清管器分步完成,采用哪种形式要视管道具体情况而定。对于分段干燥的陆上管道,一般采用多次发扫线清管器的方式进行。

2)管道干燥技术

目前常用的管道干燥技术一般有真空干燥法、干空气(或氮气等)吹扫干燥法、甲醇(或乙二醇等)扫线干燥法三类。

(1)真空干燥法。

水的沸点随压力的降低而降低,在压力很低的情况下,水可以在很低的温度下就沸腾而剧烈蒸发、汽化。真空干燥法就是利用这一原理,不断地用真空泵从管道中往外抽气,降低管道中的压力直至达到管壁环境温度下的饱和蒸汽压,而使除水后残留在管道内壁上的水沸腾而迅速蒸发,以达到干燥的目的。

真空干燥的优点如下:

①可靠性高,管道中所有的水都可以除去;

②能达到很低的露点,在使用氮气扫线时最低能达到 -68℃;

③设备占地小;

④在管道的一端作业,这对于海底管道和多汇管等难以用其他方法干燥的管道非常有利;

⑤不会产生明显的废物;

⑥易于预测进度。

真空干燥技术的缺点主要有:

①干燥的同时不能清洁管道;

②持续的时间很长。

(2)干空气吹扫干燥法。

干空气吹扫干燥法的原理很简单,低露点的空气进入管道后会促使残留在管壁上的水蒸发,湿气由空气流带走,这样源源不断地输入干空气并监测管道出口的空气湿度(或露点),直到其小于预定的值,表明管道已经干燥。另一种判断干燥的方法是同时监测入口和出口的露点,当二者相等时,表明管道已干燥。

优点主要有:

①能达到很高的干燥水平;

②干燥时间相对较短;

③在干燥的同时若采用除尘工艺可使管道在通天然气前达到很高的清洁水平,这一点是其他干燥技术无法做到的;

④设备费用相对较低；

⑤非常安全，干燥的进程易于控制。

缺点主要有：

①对于大口径管道，设备要占用很大面积；

②需要消耗大量的燃油或电力来制取干空气。

用氮气替代干空气做吹扫介质时，干燥原理、过程及控制与干空气法完全一致。只是因为氮气露点可以很低(-90℃)，能带走更多水分。而且氮气是惰性气体，对系统非常安全，并能适应管道投产时置换作业的需要，纯净干燥的氮气是用于管道吹扫和干燥的非常理想的介质。缺点是管线干燥对氮气需求量较大，对设备性能要求很高。常规的制氮方式比较复杂，不太适合野外作业的要求。因此合理选择制氮装置，从而根据制氮装置的能力来确定管道干燥的氮气用量和相应的干燥时间是非常必要的。

(3)甲醇扫线干燥法。

甲醇和乙二醇具有很强的吸水性，常被用于管道干燥，可达到同样目的的还有乙醇、丙醇、三甘醇等。除了吸水性以外，上述的醇类还有一个重要的特性，即在液态水中存在时可降低水合物的形成温度，所以在很多场合，甲醇、乙二醇被用做水合物抑制剂。当甲醇在水中的含量为50%时，就可使水合物的形成温度降低40℃。这在很多情况下足够保证在管道中不形成水合物。

在用甲醇扫线干燥时，一般采用清管列车运送几个批量的甲醇通过管道。清管列车过后在管壁上留下一层含有一定量水的甲醇薄膜。理论上，如果使用足够量的甲醇扫线，保证清管列车通过后这层薄膜中甲醇的浓度大于50%，就可确保管道中不会形成水合物。

优点如下：

①甲醇扫线是最快的干燥方法；

②可干燥的管道的长度仅受限于清管器的性能；

③可用于陆上和海底管道；

④干燥的同时投产；

⑤在低温环境下依然有效。

其不足之处有：

①单独使用这种方法干燥效果不是很好，对于含硫天然气管道不是最佳方法；

②由于甲醇和天然气都极易燃烧，将影响工地上的其他设备工作，尤其是工地必需的热工设备等；

③甲醇的易燃、易爆和剧毒性使运行这种干燥技术的难度和风险比其他干燥技术更大；

④投产后运行之初天然气气质受到影响。

二、输气管道的安全置换

天然气是易燃、易爆的气体，在空气中的爆炸下限只有5%；而投产前的管道中充满着空气，若直接将天然气输入充满空气的管道中，遇到明火、撞击火花、静电火花条件，就会发生后果极其严重的燃烧或爆炸。安全置换就是在确保安全的前提下将管道中的空气置换为天然气，以实现输气管道的安全投产。输气管道投产置换的方法主要有不加隔离器的“气推气”置换方法和加隔离器的“列车式通清管器”置换方法。

1. 不加隔离球的“气推气”置换方法

1) 方法特点

先向管道中注入一定量的氮气，氮气前不加清管器，然后直接注入天然气，三种气体间不用任何隔离措施，而是气体与气体直接接触。该方案中混合段是氮气和空气（或天然气）的混合气体，安全性高，但过程复杂，置换所需时间较长，置换费用较高。

2) 参数确定

氮气的最小理论用量为

$$V_j = 7.85 \times 10^{-4} d^2 L \tag{5-62}$$

式中 V_j——间接置换中氮气的用量，m^3；

d——置换管段的管径，mm；

L——置换管段的长度，km。

实际用量通常为最小理论用量的 1.5～2.0 倍。

2. 加隔离器的“列车式通清管器”置换方法

1) 方法特点

先在首站发球筒中装入清管器，用一定量的液氮推清管器进入管线，形成一定的氮气段长度后，由天然气推第二个清管器进入干线。最后管线中形成空气、氮气段及天然气的置换列车。这样，管道中的两个混合段分别是天然气和氮气的混合气体，避免了天然气和空气的直接接触，提高了置换过程的安全性，比较适合于距离较长的输气管道的投产置换。

2) 参数确定

氮气的用量为

$$V_g = 7.85 \times 10^{-7} d^2 l \tag{5-63}$$

式中 V_g——过渡置换中氮气的用量，m^3。

所需的理论置换时间为

$$t_g = \frac{0.28(d^2/D^2)(L + 0.001l)}{\nu} \tag{5-64}$$

式中 t_g——过渡置换过程所需的理论时间，h。

3. 安全注意事项

(1) 在整个置换过程中禁止在被置换装置上或附近动火，同时禁止高温物体靠近。

(2) 整个装置要有可靠接地，接地电阻小于 100Ω，雷雨天气原则上不能进行置换作业。

(3) 寒冷地区冬季严禁用蒸汽置换，以防蒸汽冻结；管径大于 1m、距离超过 500m 的管道也不宜用蒸汽置换；禁止用高压过热蒸汽进行置换，以防热膨胀易损坏补偿器、支架、法兰等设施。

(4) 置换过程中天然气、惰性气体的逸出点必须在高位，以利于扩散；地下室、空间狭窄、低洼地等通风不良的地方原则上不能作为逸出点，否则必须采取强制通风、疏散人员、专人监护等措施，以防中毒及窒息事故的发生。

(5)大容积的天然气设施必须采用间歇置换法，使被置换介质与置换介质充分混合后排逸，置换次数不宜少于4次，同时必须采用对角采样检测合格，方为置换合格。

(6)多点排逸、多分支管道必须确认各排逸点通畅，全部达标方能视为合格。

知识拓展

干空气吹扫干燥法在涩宁兰输气管道水试压段除水干燥中的应用

甲醇干燥法虽然是速度最快的干燥方法，但由于甲醇的易燃、易爆和剧毒性，储存、运输和使用要求较高，容易对环境造成污染和发生安全事故。

对于真空干燥法和干空气吹扫法，前者的技术要求要比后者高，尤其是对抽气速率的控制比较难，如果太快则容易造成蒸发失热太快而使管道中的水结冰，太慢则效率低，耗能高，干燥时间长。许多文献证实真空干燥一般要比干空气吹扫法用的时间长，从这个角度看，干空气法也比真空法要合适一些。

涩宁兰管道处于我国西北干旱地区，大气露点本身也较低，从客观上也为超干空气的制取创造了便利条件。

一、线路概况

干燥段位于涩宁兰管道第十一标段的水试压段，起始点桩号为D133+163，终止于D159G，沿线穿越冲沟4处，直跨2处，穿越湟水河滩1处。全长9.5km。直径为660mm，管壁厚度为10.3mm，高差为43.795m。管段的纵断面图如图5-18所示。干燥自2001年6月1日到6月9日。

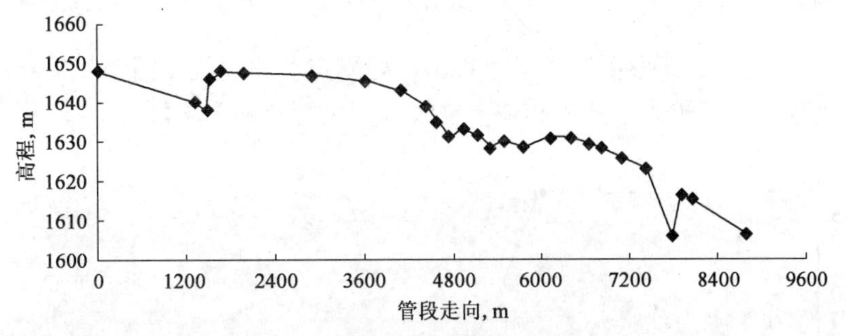

图5-18　涩宁兰输气管道水试压段纵断面图

二、除水干燥过程

第一步：擦拭除水。通过运行多个清管器（机械清管器和泡沫清管器），直到达到未见明水出来。

第二步：干空气吹扫。利用低露点（-40℃）干空气进行低压吹扫，直到达到干燥所需的干燥标准（出口处露点持续在-20℃以下，变化不超过5℃）。

第三步：密闭稳定观察。低露点干空气吹扫结束后，密闭管段，保持管内压力在0.10MPa环境下密封48h观察，结束后测得露点变化不超过5℃即合格，否则应继续进行低露点干空气低压干燥。并重复稳定观察步骤，直到达到要求。

第四步：验收。用露点-40℃以下干燥空气缓慢推动一枚泡沫清管器把管段内的空气推出，在此过程中连续测量出口处排出的空气的露点，若出口处露点升高不超过5℃，认为干燥合格。

三、结果分析

1. 擦拭除水阶段

试压注入水量为3253.4m^3，放水量为2876m^3，发射机械清管器擦拭除水时，前三次机械清管器总排水量为376m^3，第4次后，已无明显的水排出。总计排放游离水量为3252.1622m^3，故仍有1.2378m^3的游离水残留在管道中。继续通机械清管器已无法将其排出，只有通过后面的泡沫清管器和干空气吹扫来完成。

在发射泡沫清管器摊开水膜和扰动并擦拭除水时，推动泡沫清管器运行的空气带出393.4kg的水，泡沫清管器吸水42kg，总计除掉游离水量为435.4kg。可见，泡沫清管器不但具有摊开水膜的作用，其本身也具有一定的吸水能力，是擦拭除水阶段不可或缺的一步。但随着水量的减少，再发射泡沫清管器不会再有很好的除水效果，只有通过后面的干空气吹扫来进一步干燥。

2. 吹扫干燥阶段

本阶段始于6月5日15:44，止于6月7日17:00，除去中间发扰动清管器的准备时间为50min后，吹扫干燥共用时48.4h。该阶段共除水473.8kg。

截至吹扫干燥阶段各阶段带出的水量总计约为1071.4kg，其中推清管器用空气带出总量为555.6kg，泡沫清管器吸出水量约为42kg，干燥吹扫带出水量为473.8kg。这些水约合在该试验段管壁上形成一层厚约0.056mm的水膜。放水、发射清管器排水以及干空气吹扫共计除水量为3253071 .4kg，与试压注入水量3253400kg相差328.6kg。这些水的损失主要是由于客观原因造成，从管道排水到擦拭干燥间隔时间较长，有部分水已经自然蒸发。另外，测量仪表的误差也是一个因素。

3. 除水干燥过程的空气露点变化

涩宁兰输气管道水试压段除水干燥过程出口处露点变化曲线如图5－19所示。从图中可知，除水干燥过程经历了游离水蒸发和被干空气携带出管道两个阶段。

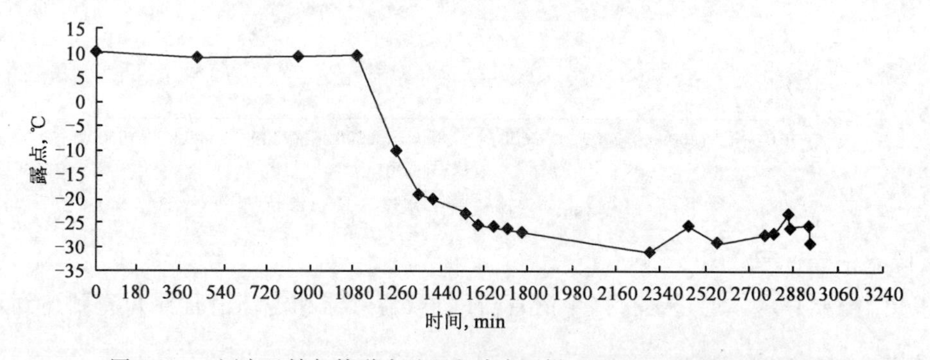

图5－19　涩宁兰输气管道水试压段除水干燥过程出口处露点变化曲线

任务2　输气站设备的操作与维护

☞知识目标

（1）熟悉压缩机的结构及工作原理。

(2)掌握天然气除尘分离设备的作用、结构及工作原理。

(3)掌握调压装置的作用、结构及工作原理。

技能目标

(1)能够对离心式压缩机组进行维护管理。

(2)能够对离心式压缩机组的故障进行判断处理。

(3)能够对天然气除尘分离设备进行日常维护。

(4)能够对调压装置进行操作及维护。

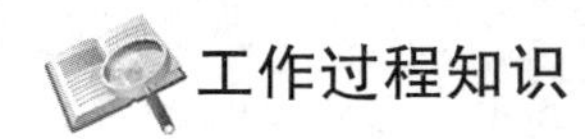

工作过程知识

一、压缩机的运行管理

压缩机是输气站中提高气体压力、输送气体的机器,它是输气管道的心脏,输气系统能否安全可靠地运行,取决于机组的性能和设计。压缩机的类型主要有往复式、离心式和轴流式,输气管道中常用离心式和往复式压缩机。往复式压缩机适用于低排量、高压比(排气压力与进气压力之比)的情况;离心式压缩机适于大排量、低压比的情况。

1. 压缩机的选择

1)往复式压缩机

往复式压缩机的压缩比通常是3:1或4:1。压缩机每级增压不超过7MPa。小型压缩机最高出口压力不超过40MPa,大型压缩机不超过20MPa,流量范围为0.3~85m^3/min(入口状态下体积流量)。

往复式压缩机的转速为125~514r/min,综合绝热效率为0.75~0.85。由于往复式压缩机具有效率高、压力范围宽、流量调节方便等特点,在气田集输和储气库上得到广泛应用。在流量不大于$8\times10^6m^3/a$,而压比较高的输气管线上也可使用。

往复式压缩机的特点是结构复杂、体积大、维修工作量大、吸排气阀易磨损、零部件更换频繁。

2)离心式压缩机

离心式压缩机适用于吸气量为14~5660m^3/min(吸入状态下的体积流量)的情况,每级的最高压力受出口温度(205~232℃)的限制。为了提高压比,离心式压缩机的叶轮最多达6~8级,每级压比在1.1~1.5之间,小型离心式压缩机最高出口压力可达68MPa,对大型机则只能达到17~20MPa,离心式压缩机的结构如图5-20所示。

离心式压缩机的特点是排量大,结构紧凑,摩擦部件少,工作时较平稳,无流量脉冲现象,操作灵活,易于实现自动控制,维修工作量大大低于往复式压缩机。其缺点是效率较低,只能达到75%~78%,而且偏离工作点越远,效率降得越多,当流量降到某一数值时会发生喘振现象,高效工作区范围窄,相对往复式压缩机来说调节较困难。

由于干线输气管的管径和流量日益增大,以及离心式压缩机本身的优点,使得离心式压缩机在输气干线上占有绝对优势。

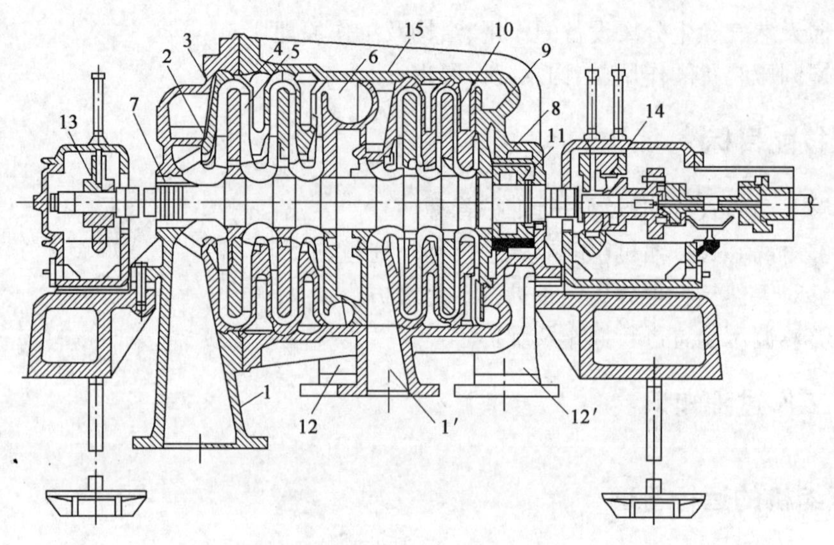

图 5-20　离心式压缩机结构图

1,1′—吸入室;2—叶轮;3—扩压器;4—弯道;5—回流器;6—蜗壳;7,8—前、后轴封;
9—级间密封;10—叶轮进口密封;11—平衡盘;12,12′—排出管;
13—径向轴封;14—径向推力轴承;15—机壳

2. 离心式压缩机组的运行管理

1)运行前的准备与检查

(1)驱动机及齿轮变速器应进行单独试车和串联试车,并经验收合格,达到完好备用状态。装好驱动机、齿轮变速器和压缩机之间的联轴器,并复测转子之间的对中,使之完全符合要求。

(2)机组油系统清洗调整已合格,油质化验合乎要求,储油量适中。检查主油箱、油过滤器、油冷却器,油箱油位不足则应加油。检查油温若低于 24℃,则应使用加热器,使油温达到 24℃以上。油冷却器和油过滤器也应充满油,放出空气,油冷却器与过滤器的切换位置应切换到需要投用的一侧。检查主油泵和辅助油泵,确认工作正常,转向正确。油温度计、压力表应当齐全,量程合格,工作正常。用干燥的氮气充入蓄压器中,使蓄压器内气体压力保持在规定数值之内。调整油路系统各处油压,达到设计要求。检查油系统各种联锁装置运行正常,确保机组的安全。

(3)压缩机各入口滤网应干净,无损坏,入口过滤器滤件已换新,过滤器合格。

(4)压缩机缸体及管道排液阀门已打开,排尽冷凝液后关小,待充气后关闭。

(5)压缩机各段中间冷却器引水建立冷却水循环,排尽空气并投入运行。

(6)工艺管道系统应完好,盲板已全部拆除并已复位,不允许由于管路的膨胀收缩和振动以后严重影响到汽缸本体。

(7)将工艺气体管道上的阀门按启动要求调到一定位置,一般压缩机的进出口阀门应关闭,防喘振用的回流阀或放空阀应全开,通工艺系统的出口阀也应全闭。各类阀门的开关应灵活准确,无卡涩。

(8)确认压缩机管道及附属设备上的安全阀和防爆板已装放齐全,安全阀调教整定,符合要求,防爆板规格符合要求。

(9)压缩机及其附属机械上的仪表装设齐全,量程、温度、压力及精确度等级均符合要求,重要仪表应有校验合格证明书。检查电气线路和仪表空气系统是否完好。仪表阀门应灵活准确,自动控制保安系统经校验合格,确保动作准确无误。

(10)机组所有联锁已进行试验调整,各整合值皆已符合要求。防喘振保护控制系统已调校试验合格,各放空阀、防喘回流阀应开关迅速,无卡涩。

(11)根据分析确认压缩机出入阀门前后的工艺系统内的气体成分已符合设计要求或用氮气置换合格。

(12)检查机组转子能否顺利转动,不得有摩擦和卡涩现象。

2)电动机驱动机组的启停

一般电动机驱使的离心式压缩机组的结构系统及开停车操作都比较简单,其运行的要点如下:

(1)启动前应做好一切准备工作,其中主要包括润滑和密封供油系统进入工作状态,油箱液位在正常位置,通过冷却水或加热器把油温保持到规定值。全部管道均已吹洗合格,滤网已清洗更换并确认压差无异常现象,备用设备已处于备用状态,蓄压器已充入规定压力,密封油高位液罐的液面、压力都已调整完毕,各种阀门均已处于正确位置,报警装置齐全合格。

(2)启动油系统,调整油温油压,检查过滤器的油压降、高位油箱油位,通过窥镜检查支持轴承和止推轴承的回油情况,检查调节动力油和密封油系统,启动辅助油泵,停主油泵,交替开停。

(3)动机与齿轮变速器(或压缩机)脱开,由电气人员负责进行检查与单体试运。一般首先冲动电动机10~15s,检查声音与旋转方向,有无冲击碰撞现象,然后连续运转8h,检查电动、电压指示和电动机的振动、电动机温度、轴承温度和油压是否达到电动机试车规程的各项要求。

(4)电动机与齿轮变速器的串联试运,一般首先冲动10~15s,检查齿轮副啮合时有无冲击杂音;运转5min,检查运转声音,有无振动和发热情况,检查各轴承的供油和温度上升情况;运转30min,进行全面检查;运转4h,再次进行全面检查,各项指标均应符合要求。

(5)工艺气体进行置换。当工艺气体与空气不允许混合时,在油系统正常运行后就可应用氮气置换空气,要求压缩机系统内的气体含氧量小于0.5%。然后再使用工艺气体置换氮气达到气体的要求,并将工艺气体加压到规定的入口压力,加压要缓慢,并使密封油压与气体压力相适应。

(6)机组启动前必须进行盘车,确认无异常现象之后才能开车。为了防止在启动过程中电动机负荷过大,应关闭吸入阀进行启动,同时全部打开旁路阀,使压缩机不承受排气管路的负荷。

(7)压缩机无负荷运转前,应将进气管路上的阀门开启15°~20°;将排气管路上的闸阀关闭,将放空管路上的手动放空阀和回流管路上的回流阀打开,打开冷却系统的阀门。启动一般分几个阶段,首先冲动10~15s,检查变速器和压缩机内部声音,有无振动;检查推力轴承的窜动;然后再次启动,当压缩机达到额定转速后,连续运转5min,检查运转有无杂音;检查轴承温度和油温;运转30min,检查压缩机振动幅值、运转声音、油温、油压和轴承温度;连续运转8h,进行全面检查,待机组无异常现象后,才允许逐渐增加负荷。

(8)压缩机的加负荷。压缩机启动达到额定转速后,首先应无负荷运转1h,检查无问题后则按规程进行加负荷。在满负荷后设计压力下必须连续运转24h才算试运合格。压缩机加负荷的重要步骤是慢慢开大进气管路上的节流阀,使其吸入量增加,同时逐渐关闭手动放空阀和回流阀,使压力逐渐上升,按规定时间将负荷加满。加负荷应按制造厂所规定的曲线进行,按电流表与仪表指示同时加量加压,防止脉动和超负荷。加压力要注意压力表,当达到设计压力时,立即停止关闭放空阀或回流阀,不允许压力超过设计值。从加负荷开始,每隔30min应做一次检查并记录,并对运行中发生的问题及可疑处进行调查处理。

(9)压缩机的停机。正常运行中接到停机通知后,联系上下工序,做好准备,首先打开放空阀或回流阀，少开防喘振阀，关闭工艺管路闸阀，与工艺系统脱开，压缩机进行自循环。电动机停机后启动盘车器并进行气体置换，运行几小时后再停密封油和润滑油系统。

3. 离心式压缩机组的维护

1) 日常维护

每日检查数次机组的运行参数，按时填写运行记录，检查项目包括：进、出口工艺气体的参数（温度、压力和流量以及气体的成分组成和湿度等）；机组的振动值、轴位移和轴向推力；油系统的温度、压力、轴承温度、冷却水温度、储油箱油位、油冷却器和过滤器的前后压差；冷凝水的排放、循环水的供应以及系统的泄漏情况；应用探测棒听测轴承及机壳内有无异声。

每2～3天检查一次冷凝液位。每2～3周检查一次润滑油是否需要补充或更换。每月分析一次机组的振动趋势，看有无异常趋向；分析轴承温度趋势；分析酸性油排放情况，看排放量有无突变；分析判定润滑油质量情况。

每3个月对仪表工作情况做一次校对，对润滑油品质进行光谱分析和铁谱分析，分析其密度、黏度、氧化度、闪点、水分和碱性度等。

机组清洗时间间隔为500h。机组空气过滤器滤芯的反吹原则上每15天一次，由站运行人员根据天气情况确定具体的时间，如遇到沙尘天气，待天气晴朗后对停运和运行的机组进行反吹一次，每次反吹完成后做好记录。

保持各零部件的清洁，不允许有油污、灰尘、异物等在机体上。各零部件必须齐全完整，指示仪表灵敏可靠。定期检查、清洗油过滤器，保证油压的稳定。长期停车时，每24h盘动转子180°一次。

按时填写运行记录，做到齐全、准确、整洁。

2) 监视运行工况

机组在正常运行中，要不断地监视运行工况的变化，经常与前后工序联系，注意工艺系统参数和负荷的变化，根据需要缓慢地调整负荷，变转速机租应“升压先升速”，“降速先降压”。经常观测机组运行工况电视屏幕监视系统，注意运行工况点的变化趋势，防止机组发生喘振。

另外，在机组运行中，应尽量避免带负荷紧急停机，只有发生运行规程规定的情况才能紧急停机。

4. 离心式压缩机组常见故障原因及处理

离心式压缩机的性能受吸入压力、吸入温度、吸入流量、进气相对分子质量及进气组成和原动机的转速和控制特性的影响。一般多种原因互相影响发生故障或事故的情况最为常见，现将离心式压缩机的常见故障的原因及处理措施列于表5－9至表5－15中。

表5－9　压缩机性能达不到要求

原因	处理措施
设计错误	审查原始设计，检查技术参数是否符合要求，发现问题应与卖方和制造厂家交涉，采取补救措施
制造错误	检查原设计及制造工艺要求，检查材质及其加工精度，发现问题及时与卖房和制造厂家交涉
气体性能差异	检查气体的各种性能差异参数，如与原设计的气体性能相差很大，必须影响压缩机性能指标
运行条件变化	应查明变化原因
沉积夹杂物	检查在气体流道和叶轮以及汽缸中是否有夹杂物，如有则应清除
间隙过大	检查各部间隙，不符合要求者必须清除

表 5-10　压缩机流量和排出压力不足

原因	处理措施
通流量有问题	将排气压力与流量同压缩机特性曲线相比较、研究,看是否符合以便发现问题
压缩机逆转	检查旋转方向,应与压缩机壳体上的箭头标志方向相一致
吸气压力低	和说明书对照,查明原因
相对分子质量不符	检查实际气体的相对分子质量和化学成分的组成,与说明书的规定数值对照,如果实际相对分子质量比规定值小,则排气压力就不足
运行转速低	检查运行转速,与说明书对照,如转速低,应提升原动机转速
自排气侧向吸气侧的循环量增大	检查循环气量,检查外部配管,检查循环气阀开度,循环量太大时应调整
压力计或流量计故障	检查各计量仪表,发现问题应进行调校、修理或更换

表 5-11　压缩机启动时流量、压力为零

原因	处理措施
转动系统故障,如叶轮键、连接轴等装错或未装	拆开检查,并修复有关部件
吸气阀和排气阀关闭	检查阀门,并正确打开到合适位置

表 5-12　排出压力波动

原因	处理措施
流量过小	增大流量,必要时在排出管安上旁通管补充流量
流量调节阀故障	检查流量调节阀,发现问题及时解决

表 5-13　流量降低

原因	处理措施
进口导叶位置不当	检查进口导叶及其定位器是否正常,特别是检查进口导叶的实际位置是否与指示器读数一致,如有不当,应重新调整进口导叶和定位器
防喘阀及放空阀不正常	检查防喘振的传感器及放空阀是否正常,如有不当应校正调整,使之工作平稳,无振动摆振,防止漏气
压缩机喘振	检查压缩机是否喘振,流量是否足以使压缩机脱离喘振区,特别是要使每级进口温度都正常
密封间隙过大	按规定调整密封间隙或更换密封
进口过滤器堵塞	检查进口压力,注意气体过滤器是否堵塞,清洗过滤器

表 5-14　气体温度高

原因	处理措施
冷却水量不足	检查冷却水流量、压力和温度是否正常,重新调整水压、水温、加大冷却水泵
冷却器冷却能力下降	检查冷却水量,冷却器管中的水流速应小于2m/s
冷却管表面积污垢	检查冷却器温差,看冷却管是否由于结垢而使冷却效果下降,清洗冷却器芯子
冷却管破裂或管子与管板间的配合松动	堵塞已损坏管子的两端或用胀管器将松动的管端胀紧
冷却器水侧通道积有气泡	检查冷却器水侧通道是否有气泡产生,打开放气阀把气体排出
运行点过分偏离设计点	检查实际运行点是否过分偏离规定的操作点,适当调整运行工况

表 5-15 压缩机的异常振动和异常噪声

原因	处理措施
机组找正精度被破坏，不对中	检查机组振动情况，轴向振幅大，振动频率与转速相同，有时为其2倍、3倍或更高。卸下联轴器，使原动机单独转动，如果原动机无异常振动，则可能为不对中，应重新找正
转子不平衡	检查振动情况，若径向振幅大，振动频率为 n，振幅与不平衡量及 n^2 成正比，此时应检查转子，看是否有污垢或破损，必要时转子重新做动平衡
转子叶轮的摩擦与损坏	检查转子叶轮，看有无摩擦和损坏，必要时进行修复与更换
主轴弯曲	检查主轴是否弯曲，必要时校正直轴
联轴器的故障或不平衡	检查联轴器并拆下，检查动平衡情况，并加以修复
轴承不正常	检查轴承径向间隙，并进行调整，检查轴承盖与轴承瓦背之间的过盈量，如过小则应加大；若轴承合金损坏，则换瓦
密封不良	密封片摩擦，振动图线不规律，启动或停机时能听到金属摩擦声；修复或更换密封环
齿轮增速器齿轮啮合不良	检查齿轮增速器齿轮啮合情况，若振动较小，但振动频率较高，是齿数的倍数，噪声有节奏地变化，则应重新校正啮合齿轮之间的不平行度
地脚螺栓松动，地基不坚	修补地基，把紧地脚螺栓

二、除尘分离设备的运行管理

从气井中出来的天然气常带有一部分液体和固态杂质，如凝析油、游离水或地层水、灰层等。天然气在长距离输送中，由于压力和温度的下降，天然气中会有水泡凝析为液态水，天然气中残存的酸性气体及水会腐蚀管内壁，产生腐蚀物质，同时加速管道及设备的腐蚀，降低管道的生产效率。如果气体中固体杂质的含量达到 5～7mg/m^3，一条新管道投产两个月后，管道的输送效率将降低 3%～5%；如果达到 30mg/m^3，管道将会在几个小时内因燃气压缩机组叶轮严重冲蚀而丧失正常工作能力。因此，为了生产和经济等方面的要求，必须将这些杂质加以分离，达到所规定的标准，各国对杂质的含量有严格的规定。我国城镇燃气设计规范规定：在天然气交接点的压力和温度条件下，天然气的烃露点应比最低环境温度低 5℃；天然气中不应有固态、液态或胶状物质。

为了达到上述对油（液）气混合物分离的要求，在工程上常采用不同形式的分离装置。恰当地选择分离器是非常重要的。如果这一过程设备选择不当，将限制或减少整个系统的处理能力。所以选择分离设备时，需考虑天然气携带的杂质成分、输送压力和流量的稳定性、波动幅度等因素。满足输出气质要求的前提下，应力求其结构可靠、分离效果好，没有需经常更换和清洗的部件，天然气通过分离设备时压力损失也不能太大，不需要经常更换和清洗部件。输气管道常用的除尘分离设备有多管式旋风分离器和气体过滤分离器。

1. 多管式旋风分离器

多管式旋风分离器主要由多个旋风子组成，如图 5-21 所示。气体通过入口导流产生高速旋转运动并产生离心力，由于粉尘颗粒和液滴的密度大于天然气，所以受到的离心力也大于天然气，在离心力的作用下，粉尘颗粒和液滴向旋风管的边缘处聚结，并在轴向速度和重力的作用下向下流落，进入集尘室。天然气则向旋风管的中心聚集，在压力差的作用下向上运动，从排气口排出，从而实现天然气与粉尘和液滴的分离。

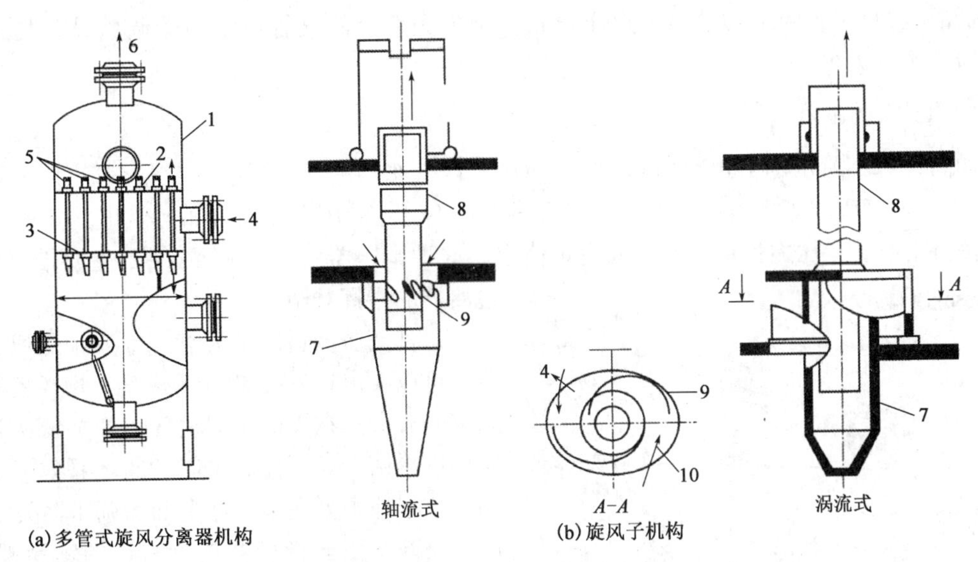

图5－21　多管式旋风分离器结构及其旋风子结构

1—筒体；2—上隔板；3—下隔板；4—天然气进口管；5—旋风子；6—天然气出口管；7—外管；8—内管(气体出口管)；9—导向叶片或螺旋片；10—天然气进口

多管式旋风分离器的分离效果受气体性质、工作参数的影响较大，在运行良好的情况下可基本除净直径大于5μm的尘粒和液滴。由于单台旋风多管分离器的处理量有限，在工程上通常采用多台并联的形式运行。旋风多管分离器多用在输气管道干线的增压站和分输站中。

2. 过滤分离器

过滤分离器的核心部件是聚结滤芯，靠滤芯的拦截过滤、聚结、沉降和分离这4个过程来除去气体中的固体杂质和液体颗粒，其结构如图5－22所示。过滤分离器的处理量大，分离效果主要取决于聚结滤芯，受气体性质的工作参数影响小，通常情况下优于旋风多管式分离器，多用于输气管道干线的用户分输站中。

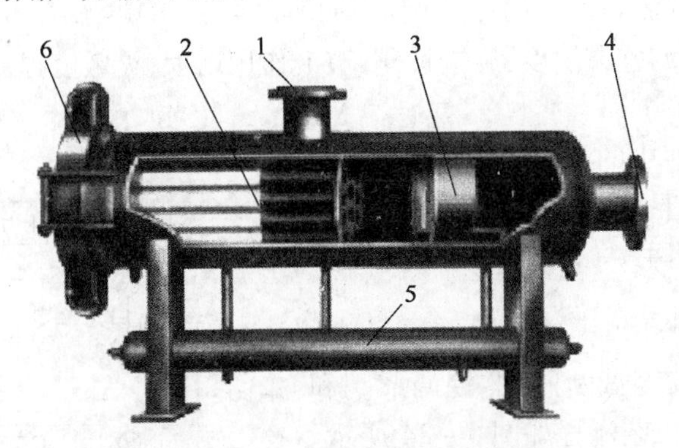

图5－22　过滤分离器结构

1—天然气进口；2—聚结滤芯；3—捕雾器；4—天然气出口；5—凝液筒；6—快开法兰

三、调压装置运行管理

输气管道压力工况是利用调压器来控制的，调压器的作用是根据天然气的需用情况将天然气调至不同压力。长输管道的调压器一般安装在分输站，所有调压器均是将较高的压力降至较低的压力,因此调压器是一个降压设备。国内大型天然气管道常用的调压设备是 RMG 调压器及调压火车。

1. RMG 调压器

如图 5－23 所示的 RMG 调压器广泛使用于西气东输一线、二线,陕京输气管线一线、二线,涩宁兰输气管线等大型和特大型输气管线上。不管上游压力和流量如何变化,这种调压器都能保持下游管道压力稳定在预先的设定值上。这种调压器由一个主网、一个上游带有网眼过渡器的指挥器组成。

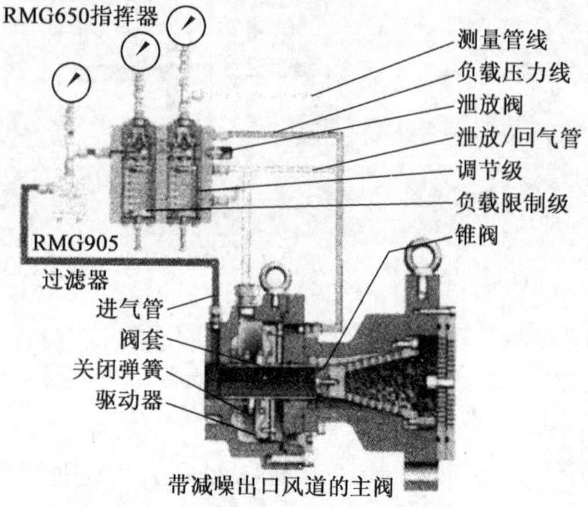

这种调压器适用于天然气或其他无腐蚀介质。可以在出口安装噪声衰减器。指挥器控制系统的放大阀在零流量时关闭。泄放阀为调节阀提供平衡。最终控制主阀的关闭弹簧紧压住阀套牢牢地顶紧在锥形体上确保调压器关闭。

松开调压器指挥器调整螺钉的锁紧螺母,然后顺时针慢慢向里旋进调整螺钉,将使指挥器膜片上移,远离喷嘴,上游气体进入指挥器,作为调压器的启动压力,启动压力克服压紧调压阀的阀筒的弹簧力使阀筒向左运动开启调压阀。

图 5－23　RMG 调压器结构

RMG 调压器下游气体压力通过下游压力检测点检测,其压力气体通过测量脉动管线进入指挥器,指挥器控制系统里的两个薄膜将实际气体压力与指挥器弹簧设定的预定压力设定值比较,产生一个启动压力进入调节薄膜,调节调节阀开启位置,使出口压力达到设定值。如果下游用户用气量增大,将导致下游气体压力下降,引起指挥器放大阀开启,引起启动压力增大,在调压阀薄膜作用下,调压阀阀筒左移,流通面积加大,直到重新使出口压力回到设定值。如果下游用户用气量减少,调压阀将向反方向运动。

为减轻由于下游气流频繁波动导致调压阀膜片共振, RMG 调压阀设置了灵敏度调节针阀,可在一定范围内可调整灵敏度:旋进针阀,节流作用增大,灵敏度提高;旋出针阀,节流作用减小,灵敏度降低。

为了保证下游管道中的噪声不超过规定值,调压阀的调压范围应有一个限定,可根据调压阀的直径查看相应的说明书。

2. 调压火车(三阀式调压装置)

调压火车一般由安全截断阀、监控调节阀和主调压阀串联组成,其工艺流程如图 5－24 所示。安全截断阀和主调压阀通常采用电动阀,监控调压阀采用自立式调压阀。每套装置设置两路,一套运行,一套备用。

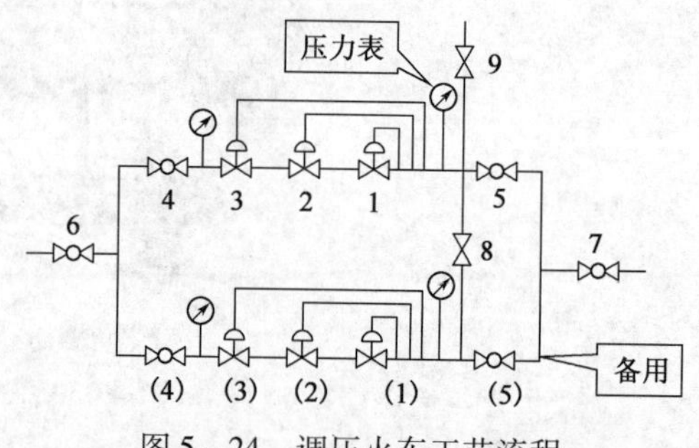

图 5－24　调压火车工艺流程

1,(1)—主调压器;2,(2)—监控调压器;3,(3)—安全截断阀;4,(4)—上游球阀;5,(5)—下游球阀;6,(6)—上、下游截断球阀;8,9—泄压阀

在正常工况下,主调压阀起定值控制作用,监控调压阀根据阀后压力变化改变阀的开度,起随动校正作用,使压力出现变化时阀后压力很快恢

复至设定值。

在主调压阀发生故障时，监控调压阀接替调压，如果监控调压阀也发生故障，安全截断阀将自动关闭，从而保证下游管道及设备的安全。

四、安全保护设施运行管理

根据输气管道设计规范规定，输气管道和站场必须设置安全泄放设施，主要规定有：

(1)泄压安全阀的定压值应等于或小于受压设备和管道的设计压力。

(2)单个泄压安全阀的泄放直径应按背压不大于该阀泄放压力的10%来确定。但不应小于安全阀的出口管径；多个安全阀的泄放管，应按所有安全阀同时泄放时产生的背压不大于其中任何一个安全阀泄放压力的10%来确定，且泄放管截面积不应小于各支线截面积之和。

(3)泄压放控设施应分别设置在进站截断阀之前和出站截断阀之后。放空管应能迅速放空输气干线两截断阀之间管段内的气体，其直径通常为干线直径的1/3～1/2，且放空管应与放空阀等径。

(4)站内的受压设备和容器应按现行的安全规定设置安全阀。安全阀泄放的气体可引入同级压力放空管线。站内高、低压放空应按压力等级分别设置放空管，并应直接与火炬或放空竖管连通。

1. 常用安全泄放设施

输气管道常用安全泄放设施主要有安全阀和放空火炬。

1)安全阀

安全阀安装于被保护管线和设备的压力最高点。输气管道中常用的弹簧式安全阀结构如图5－25所示。管道在正常压力下工作时，阀门弹簧的预设力大于管道内介质的压力，阀门关闭；当管道或设备憋压，介质压力升高到超过阀门弹簧的预设力时，介质压力顶开阀门，排放介质泄压。

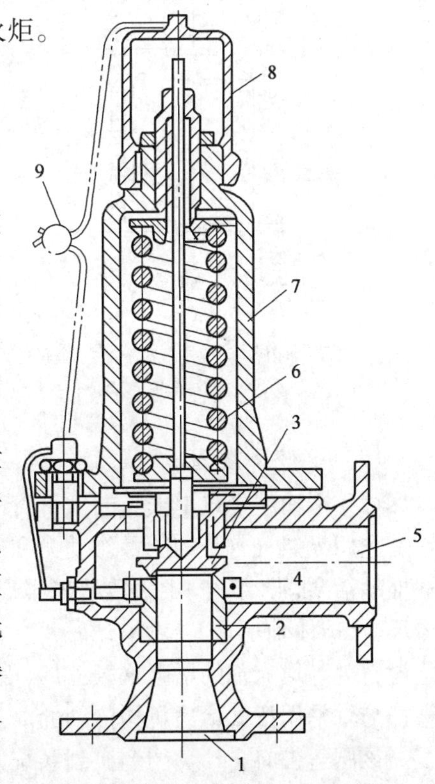

图5－25　弹簧式安全阀的结构

1—介质进口；2—阀座；3—阀瓣；4—调节圈；5—介质排出品；6—弹簧；7—阀盖；8—保护罩；9—铅封

2)放空火炬

放空火炬的作用是在输气站场或输气干线需要泄放时，能够快速、安全地放空站内或管道内的天然气，并在需要时将泄放出的天然气燃烧。放空火炬设自动电点火装置和火炬头，不点长明灯，少量放空时放空火炬不点火，事故大量放空时可进行点火放空。火炬头为无烟燃烧型，其耐温大于800℃。电点火装置为高空防爆火炬点火器，能实现现场手动和自动点火功能。放空火炬的结构如图5－26所示。

2. 干线切断阀

干线切断阀的驱动方式有电动、气动、电液联动和气液联动等类型，各种驱动装置上往往同时配有手动机构以备基本驱动机构失灵时使用。

1)电液联动控制阀

电液联动机构是由电动机—油泵机组提供动力的液压装置。动力机组一般与阀体分离。与电动机构相比,它的优点是传动平稳、工作可靠、容易控制。图5-27为一种简单的电液联动装置的控制系统。阀门的拨叉滑块由两个油缸推动,阀门开关用改变电动机转向或供油方向的办法实现。动力系统的运转由阀的限位开关控制。系统中设有手摇泵,供断电时使用。

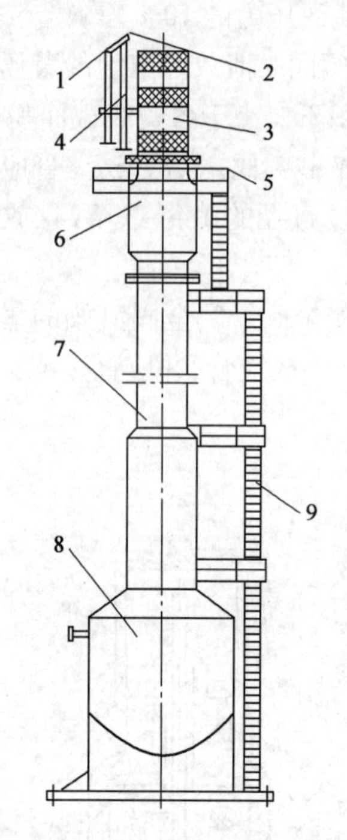

图5-26 放空火炬的结构

1—长明灯;2—长电偶;3—火炬头;4—点火枪;
5—操作平台;6—密封器;7—竖筒;
8—分液罐;9—人梯

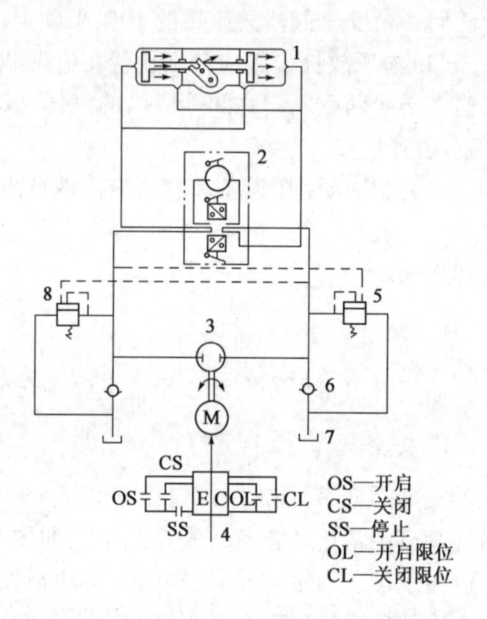

图5-27 电液联动装置的控制系统结构

1—驱动机构;2—手摇泵;3—齿轮泵与电动机;
4—转换开关;5—限压阀;6—单向阀;
7—油箱;8——顺序阀

2)气液联动球阀

近年来输气干线上安装的大部分是气液联动球阀,如图5-28是国产Q867 F-64 DN700。它是利用天然气自身的能量作动力和信号,由天然气挤压工作液(变压器油或机油)进入工作缸推动活塞,带动球阀主轴转动来实现阀的开关。这种球阀中体为焊接件,球体侧向推力由中体承受,球体轴承为F4型滑动轴承。球体用不锈钢材料整体铸造(内衬碳素钢套)。密封圈是含石墨等填充剂的增强聚氯乙烯,由平板弹簧产生预紧力。执行机构为气—液联合驱动,活塞杆与轴是用拨叉增力机构传动的。

该阀还带有自动关闭的控制系统及手压泵操作机构,在管道破裂或其他原因使输气压力降至给定值时阀能自动关闭。在无天然气气源时也可使用手压泵系统开关球阀。

3)气液联动驱动装置的故障诊断及处理

气液联动驱动装置的故障诊断及处理见表5-16。

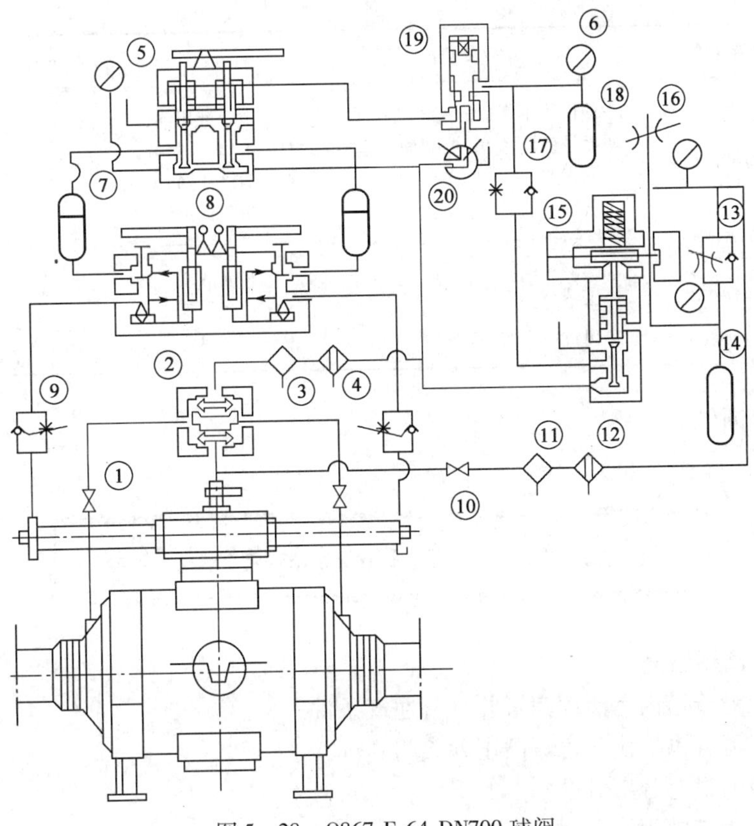

图 5－28　Q867 F-64 DN700 球阀

1,10—截止阀;2—压力选择阀;3,11—分水器;4,12—过滤器;5—开关控制阀;6—压力表;
7—气液罐;8—手揿泵;9—止回节流阀;13,17—节流止回阀;14—对比罐;15—主控阀;
16—测试排气阀;18—延时阀;19—蓄时罐;20—三通球阀

表 5－16　气液联动驱动装置的故障诊断及处理

序号	故障现象	故障可能原因	故障处理方法
1	装置不动作	速度控制阀没有打开; 动力气压力低或动力气源没有打开; 气路通道堵塞; 阀门阻力矩过大或阀门内部或装置内部卡死	调节速度控制阀到一定开度; 打开动力气源检查动力气压,尝试用手泵操作; 检查气路并清除障碍; 充分清洗阀门,润滑阀门,进一步确认
2	控制箱无法读取数据	控制箱电路板损坏; 控制箱或笔记本电脑接口没有正确连接; 控制软件损坏	更换电路板; 检查电缆和接口的连接; 重新安装控制软件
3	装置动作缓慢	速度控制阀开度过小; 阀门或执行器扭矩过大; 气源压力过低; 气路通道异物堆积	调节速度控制阀的开度; 充分清洗阀门或执行器; 增加气源压力; 清洗气路通道中的滤芯和其他组件
4	执行器运行不稳或爬行	执行器缺油、有气体	排出执行器中气体和泡沫,补充液压油至合适的液位

续表

序号	故障现象	故障可能原因	故障处理方法
5	执行器动作过慢	使用了不合适的液压油； 系统管路堵塞，控制滤网上有污物、润滑脂、杂物调试不当而导致的动力气有节流、压力低	更换液压油； 解堵，重新调试； 清洗滤网； 重新调试
6	手泵操作不动	缺液压油； 手泵故障； 执行器内漏	补充液压油，排空； 检修手泵； 检修执行器

技能训练

技能训练1　过滤分离器操作与维护

一、过滤分离器通气

(1)确认上游管道内已清理完毕并具备通气条件；

(2)确认过滤分离器快开盲板已正确关闭到位；

(3)关闭所有过滤分离器设备上的阀门；

(4)开启压力表针阀；

(5)微启上游阀门，通气30s，使设备内升压至0.01MPa左右；

(6)确认快开盲板的安全连锁装置的阀杆已顶出就位，如未顶出，则需检查安全连锁装置，直至通气时阀杆可以顶出；

(7)缓慢打开过渡分离器上游截断阀门，直至压力平稳；

(8)缓慢开启过滤分离器下游截断阀；

(9)开启液位计等阀门。

二、过滤分离器切断

(1)当有特殊情况出现需关闭过渡分离器(紧急情况或清洗、更换滤芯)时，启动切断程序；

(2)逐渐关闭过滤分离器上游截断网，减少气流量，直至完全关闭；

(3)关闭过滤分离器下流截断阀；

(4)打开放空调，排净过滤分离器内燃气；

(5)打开所有排污阀，排净积存的液体及过渡出来的污物。

三、过滤分离器维护

(1)定期排污：当设备上液位计量程达到一半时，应该开启排污阀进行排污，排污物应按应当地法规进行妥善处理；

(2)滤芯的清洗或更换：当差压计的差压值达到0.1MPa时，建议清洗或更换渡芯，渡芯的更换步骤为：

①切断过滤分离器，开启快开盲板；

②取出滤芯进行清洗或更换；

③关闭快开盲板。

技能训练 2　调压火车的操作与维护

一、调压火车启动

可以采用先高压后低压、先工作后备用的原则进行。

1. 安全切断压力设定

安全切断阀的切断压力设定程序：

(1)关闭上下游阀门，放空调压装置中的天然气（如管道内有气，只要用放空阀 9 安全泄放管道气体，达到比设定压力低 5% 就可以），关闭放空阀。

(2)顺时针完全拧进安全切断阀切断压力调整螺钉，全开安全截断阀。

(3)缓慢打开上游阀门，使系统供气，全开主调压器，缓慢调整监控调压器，使检测到的出口压力达到安全切断目标值。

(4)逆时针缓慢旋转切断压力调整螺钉，直至安全切断阀切断为止。此时的出口压力目标值即为安全切断阀切断压力，最后锁紧切断压力调整螺钉的锁紧螺母。

(5)用放空阀 9 安全泄放管道气体，达到比设定压力低 5% 时关闭放空阀。将监控调压器设定值适当调低 5% 左右。

(6)手动全开安全截断阀，缓慢调节监控调压器设定值，如果正好调整到安全阀关闭压力时安全截断阀自动关闭，说明调整值正确，否则重新调整。

2. 监控调压器出口压力设定

(1)关闭安全截断阀，用放空阀 9 安全泄放管道气体，达到比监控调压器设定压力低 5% 即可，关闭放空网，同时将监控调压阀出口压力适当调小到比待设定值低 5% ~ 10%。

(2)手动打开安全截断阀，使其处于开启状态。确认进站天然气压力在调压装置允许的范围内。

(3)先松开监控调压器指挥器调整螺钉的锁紧螺母，然后顺时针慢慢向里旋进调整螺钉，每次以 1/4 圈为一步。观察下游出口压力，直至达到需要的压力值为止。最后拧紧调整螺钉的锁紧螺母。

(4)如果是要降低出口的检测压力，则先松开调压器指挥器调整螺钉的锁紧螺母，然后逆时针慢慢向外旋出调整螺钉，每次以 1/4 圈为一步。观察下游出口压力，直至达到需要的压力值为止。最后拧紧调整螺钉的锁紧螺母。

3. 主调压器出口压力设定

(1)关闭安全截断阀，用放空阀 9 安全泄放管道气体，达到比主调压器设定压力低 5% 即可，关闭放空阀，适当关闭主调压器（比设定值低 5% ~ 10% 即可）。

(2)手动打开安全截断阀，使其处于开启状态。确认进站天然气压力在调压装置允许的范围内。

(3)先松开主调压器指挥器调整螺钉的锁紧螺母，然后顺时针慢慢向里旋进调整螺钉，每次以 1/4 圈为一步。观察下游出口压力，直至达到需要的压力值为止。最后拧紧调整螺钉的锁紧螺母。

(4)如果是要降低出口的检测压力,则先松开调压器指挥器调整螺钉的锁紧螺母,然后逆时针慢慢向外旋出调整螺钉,每次以 1/4 圈为一步。观察下游出口压力,直至达到需要的压力值为止。最后拧紧调整螺钉的锁紧螺母。

(5)最后手动关闭工作管路的安全截断阀,按上述方法调整调压火车备用调压回路各设备到规定值。至此,调压火车已经启动。开启工作调压回路安全阀,打开下游出站阀门,如果压力稍有下降,适当调整主调压器至规定值。调压火车投运。

二、调压火车维护保养

1. 指挥器维护

指挥器在正常使用中不需要维护,除非在发生故障时,需要进行解体检修。在拆解时应对每个零件进行标记,以更有利于维护。在安装时膜片应处于合适的位置 。

指挥器入口处安装有过滤器,根据气质情况及时更换。

2. 调压器维护

调压器的典型维护是更换膜片。以 RMG512b 为例,更换膜片拆解调压器的步骤如下:

(1)拆除调压器上游方向的有关部件;

(2)卸掉套筒螺栓;

(3)从出口处沿轴向方向取出调压器;

(4)在新膜片周边轻涂上润滑脂,正确装入支撑位置,防止划伤表面;

(5)按拆卸相反顺序安装调压器。

3. 安全截断阀维护

在正常运行中不需要维护,除非发生故障时进行检修,或者是卷簧出现腐蚀时进行更换。

任务 3　输气管道运行参数调节

知识目标

(1)掌握基本参数对输气管道工况的影响。

(2)掌握输气管道事故工况分析方法。

(3)掌握输气管道运行参数的调节方法。

技能目标

能够对输气管道常见事故进行正确的判断处理。

工作过程知识

输气管道的工况在运行中不会是一成不变的,其压力、流量受客观条件的影响,随客观条件而变化。为了推导和计算方便,下面的工况均以各站流量在正常运行时相同、各压气站类型相同、站间管路相同为基础。

一、基本参数对输气管道工况的影响

1. 管径对流量的影响

当输气管的其他条件相同时,直径分别为 d_1 和 d_2 的管道的流量分别为

$$Q_1 = C_0\left[\frac{(p_Q^2 - p_Z^2)d_1^5}{\lambda Z \rho_d TL}\right]^{0.5} \tag{5-65}$$

$$Q_2 = C_0\left[\frac{(p_Q^2 - p_Z^2)d_2^5}{\lambda Z \rho_d TL}\right]^{0.5} \tag{5-66}$$

故

$$\frac{Q_1}{Q_2} = \left(\frac{d_1}{d_2}\right)^{2.5} \tag{5-67}$$

式(5-67)说明输气管的输量与管径的2.5次方成正比。若管径增大一倍，$d_2 = 2d_1$，则有

$$Q_2 = 2^{2.5}Q_1 = 5.66Q_1 \tag{5-68}$$

即流量是原来流量是原来的5.66倍。由此可见，加大直径是增加输气管流量的好办法，也是输气管向大口径发展的主要原因。

2. 管道长度(或站间距)L对流量的影响

当其他条件不变而L改变时，

$$\frac{Q_1}{Q_2} = \left(\frac{L_2}{L_1}\right)^{0.5} \tag{5-69}$$

即输气管道的流量与计算段长度的0.5次方成反比。若长度缩短一半，例如在两个压缩机之间再增设一个压气站($L_2 = \frac{1}{2}L_1$)，则流量

$$Q_2 = \sqrt{2}Q_1 \cong 1.41Q_1 \tag{5-70}$$

即倍增压气站，输气量增加41%。

3. 温度对流量的影响

当其他条件不变，而T改变时：

$$\frac{Q_1}{Q_2} = \left(\frac{T_2}{T_1}\right)^{0.5} \tag{5-71}$$

即输气管道的流量与绝对温度的0.5次方成反比。也就是说，输气管道中气体的温度越低，输气量越大。因此，冷却气体也是增加输气管道输量的办法之一。但必须指出的是，公式中的T是以绝对温度表示的气体的平均温度，即$T = 273.15 + t_{pj}$，273.15是一个较大的基数，且数值又大，t_{pj}只是T值中得一个比较小的数值。因此，总的讲，冷却气体对输气量的增加并不显著。如当气体温度从50℃降低到20℃时，管道的输气能力只增加5%；而且，低温还会带来气体水合物的生成问题。所以，在应用中一般不采取降低输送温度的办法来提高输送能力。

4. 提高起点压力或降低终点压力对流量的影响

由输气管道的质量流量计算公式$Q = C_0\sqrt{\dfrac{[p_Q^2 - p_Z^2(1 + as_Z)]d_n^5}{\lambda Z\rho_d TL[1 + \dfrac{a}{2L}\sum\limits_{i-1}^{Z}(s_i + s_{i-1})l_i]}}$可知，增加起点压力或降低终点压力都能增加流量，但效果是否一样呢？

终点压力不变，起点压力增加δ_p，压力平方差为

$$(p_Q + \delta_P)^2 - p_Z^2 = p_Q^2 + 2p_Q\delta_P + \delta_P^2 - p_Z^2 \quad (5-72)$$

起点压力不变，终点压力减少 δ_P，压力平方差为

$$p_Q^2 - (p_Z - \delta_P)^2 = p_Q^2 + 2p_Z\delta_P - \delta_P^2 - p_Z^2 \quad (5-73)$$

两式右端相减，得

$$2\delta_P(p_Q - p_Z) + 2\delta_P^2 > 0 \quad (5-74)$$

式(5-74)说明，改变相同的 δ_P 时，提高起点压力对流量增大的影响大于降低终点压力的影响，提高起点压力比降低终点有利。

二、输气管道事故工况分析

1. 压气站停运对输气管道工况的影响

干线压气站某一个站(如C站)停止运行时整个系统的流量下降。停止运行的站离首站越近(C越小)，输气管道的输气量下降越多。

当第一个站停运时流量下降数值用下式计算

$$\frac{Q_1}{Q} = \frac{p_{Z1}}{p_{Q1}} = \frac{1}{\varepsilon_1} \quad (5-75)$$

式中 Q_1、Q——第一站停运后和停运前管道中气体流量，m^3/s；

p_{Z1}、p_{Q1}——第一站进站、出站压力，MPa；

ε_1——第一站出进站压力比。

最后一个压气站停止运行对管道输气量影响最小，当压气站足够多时，最后一个压气站停运对输气管道的输气量实际上并不会产生多大影响。第C压气站停运后，停运站前面的各站进出站压力都将上升，离停运站越近压力上升越多。

如果原来输气管C站在接近于管子强度的允许压力下工作，C站停运后就有可能在某些站的出口，特别是C-1站的出站处，发生超压。这就需要进行调节，使C-1站的进出站压力在允许压力以下工作。第C压气站停运后，停运站后面的各站进出站压力都将下降，离停运站越近压力下降越多。

能量分析：站数减少一个，输量减少，ε 上升，各站给气体的压能增加，停运站间管线长度增加一倍，摩阻增大。

2. 管路部分阻塞对输气管道工况的影响

局部阻力增加，造成 Q 下降，和停运一站相近似。堵塞点前，各站进出口压力均上升；堵塞点后，各站进出口压力均下降。越靠近堵塞点，进出口站压力变化越大。

3. 定期分气或集气对输气管道工况的影响

管路定期分气时，分气点以前的流量要增长，大于原来的正常流量；分气点之后，流量将要下降，小于原来的液量，而且，这种趋势将随分气量的增大而增长。

定期分气将造成全线压力下降，越接近分气点的地方，压力下降得越多，距分气点越远下降越少。

对于定期集气则得到几乎与定期分气相反的结论：集气点以前，流量将比集气之前的流量

减小,定期集气点之后流量将要增加;定期集气之后,全线压力将要上升,越接近集气点,压力上升得越多,距集气点越远上升越少。

无论是定期分气或者是定期集气引起的工况变化,如果超出压缩机或管路的允许值,都必须进行调节。

4. 末站关阀对输气管道工况的影响

末站因某种原因停止用气或关阀,全线压力都要上升。压力上升速度由管容和进气量决定。越靠近末站压力上升越快、越多,首站最高压力为压气机极限压力。这时要注意管线中点、管线变壁厚起点、管线起点和最低洼处的压力不要超过管线材料允许最大压力。解决方法是提前关闭首站或相应站的压气机。

末站关阀的同时,全线压气机关闭,末站压力上升,起点压力下降,都向压力平均值靠拢。

三、输气管道运行参数调节

当有计划地改变输量或发生故障时,全线流量和压力将会发生变化。当这一变化超过一定范围时,可能会导致压缩机喘振、管线超压等,危及管线或压气站的安全。因此,必须设置自动调节。

输气管道运行参数的调节包括调节输气系统的两大部分:管路特性和压气站特性。

1. 调节管路特性

对于新设计而言,可以通过改变管径、增设副管、变径,如果有分支管路,可进行不同的管径组合等达到调节管路特性的目的。

对于运行操作管理来说,主要通过调节干线阀门开度、调节各支管流量的方法改变管路特性。

2. 调节压气站特性

这里介绍离心式压缩机组压气站的调节。

压缩机在运行时,管网的流量、压力是不断变化的,要求压缩机的流量、排气压力也随之变化,也就是要不断改变压缩机的运行工况,这就是压缩机的调节。由于压缩机运行工况是由压缩机本身和管网性能共同决定的,所以改变运行工况既可以用改变压缩机性能曲线,也可以用改变管网性能来实现。离心式压缩机可采用以下调节方法。

1)改变转速调节

随着转速的改变,压缩机的特性曲线也相应改变,工作点随之改变,流量相应得到改变,如图5-29所示。

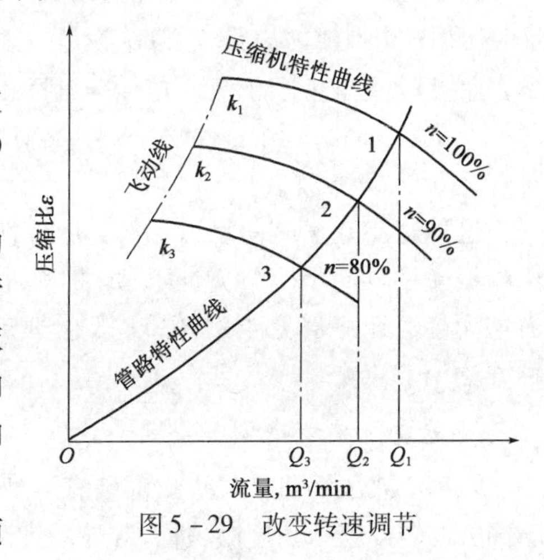

图5-29 改变转速调节

当压缩机转速降低时,每级叶轮对气体所做的功及有效能量头都要降低。性能曲线就要下降,在管路特性曲线不变的情况下,压缩机的工作点将由1依此移动到2和3,流量相应地将由 Q_1 依此降为 Q_2 和 Q_3,同时驼峰点也将向左下方移动,由 K_1 变为 K_2 和 K_3,喘振区逐渐缩小。

改变转速调节流量,在压缩机工作转速远离额定转速时,不会产生太大的能量损失,是较经济和最省功耗的调节方法。

2) 出口节流调节

出口节流调节时通过改变压缩机出口阀的开度,改变管道特性,实现压缩机的运行参数调节。

压缩机出口排气阀关小一些,则管路性能曲线就会变陡,如图 5-30 所示。

设原来压缩机工作点 1,当排气阀关小节流时,则工作点由 1 移到 2,相应的排气量将由 Q_1 减小为 Q_2。

这种调节方法不改变压缩机的性能曲线,驼峰点 K 位置不变,喘振区的范围不变,并可保持调节前、后的吸入压力不变。这种方法虽然简便,但节流阻力将耗掉一部分能量,使功率消耗增大,不经济。适用于小型离心压缩机。

3) 进口节流调节

进口节流调节时通过改变压缩机进口阀的开度,改变气体的进口状态参数,从而改变压缩机的特性,实现压缩机的运行参数调节,如图5-31所示。

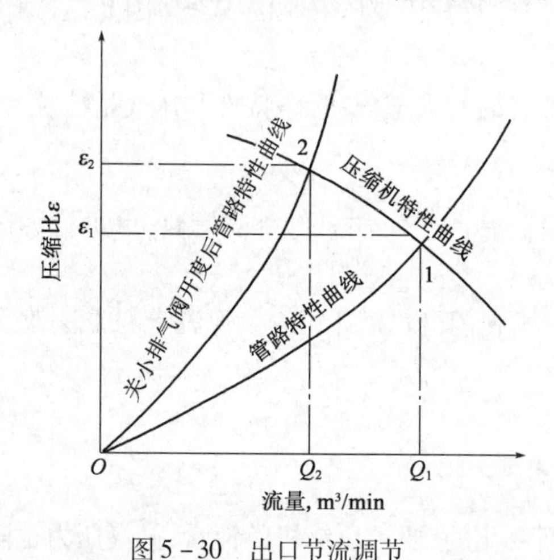

图 5-30 出口节流调节

1,2—不同节流下的管道特性曲线;3—压缩机特性曲线

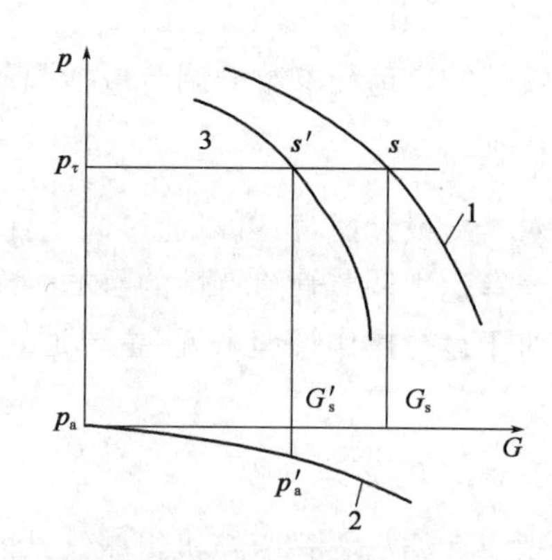

图 5-31 进口节流调节

调节前压缩机特性曲线为 1,这时进口节流阀处于全开位置,节流阀的损失可以忽略不计,这时压缩机进口压力为 p_a,近似认为是一条水平线。如果调节阀关小,进气压力 p_a 随流量的关系为曲线 2。这时同一转速下的压缩机特性曲线则变为曲线 3,它可以通过作图法得到。进口阀每一个开度,都有一条阻力特性曲线(类似曲线 2)和相应的压缩机特性曲线(类似曲线 3)与之对应。

这种调节方法简便易行,并且进气节流调节使压缩机的性能曲线向小流量方向移动,使喘振流量也向小流量方向移动,扩大了稳定工作范围。调节气量范围较大,虽然节流阻力增大会消耗一部分能量,但较其他调节方法所耗能要小,因此大多数离心压缩机常用这种方法调节流量。

4) 进口气流旋绕调节

在离心式压缩机叶轮进口前装有可绕叶片本身轴线转动的导向叶片,那么当导向叶片沿不同方向转动某一角度时,进入叶轮的气流将发生绕转。气流沿着叶轮旋转方向旋绕为正旋绕,压力比随正旋绕的增加而降低,特性曲线向左下方偏移。气流旋绕与叶轮旋转方向相反为负旋绕,压力比增大,特性曲线向右上方偏移,改变了压缩机的性能。压力比或流量需要较小的场合采用正旋绕调节;反之,用负旋绕调节。

这种调节方法比进口节流调节的效率高、经济性好,但结构复杂,而且只能在第1级叶轮进口前设置。

5)旁路回流调节

当生产要求的气量比压缩机排气量小时,将多余的部分气体冷却后反送到压缩机进口的调节方法称为旁路回流调节。这种调节方法不改变压缩机的特性,而是用回流解决流量的不平衡,浪费了压缩机压缩这部分回流气体所需的能量,经济性最差。该法在调节流量方面很少使用,而常作为一种反喘振的措施。

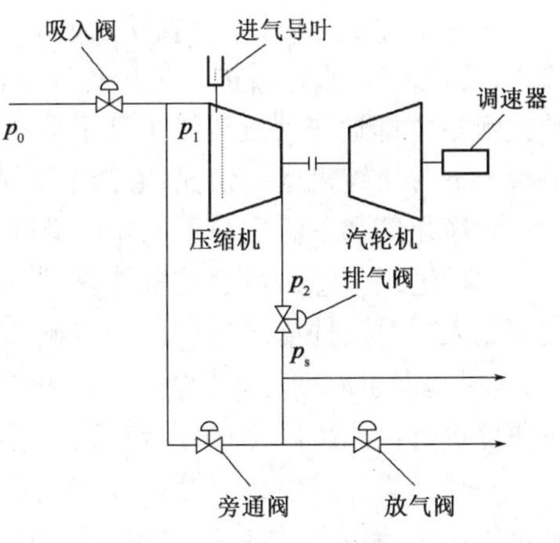

图5-32　组合控制调节

离心式压缩机的流量调节,叙述了改变转速、出口节流、进口节流、进口节流旋绕、旁路回流五种方式。可将上述五种方式组合起来进行调节和控制流量。其流程如图5-32所示。

目前,定转速电动机驱动的压缩机多采用进口节流调节,变转速工业汽轮机驱动的压缩机多采用变转速调节,其他调节方法应用较少。

知识拓展

输气管道常见事故的处理

一、站场内天然气泄漏事故的处理

(1)站场出现大面积泄漏时,调度中心、站场值班人员和现场作业人员可直接启动ESD(紧急停车系统)装置,并按照汇报流程汇报现场有关情况。

(2)若进出站阀门已关闭,紧急放空阀门已打开,则按放空流程进行放空操作。

(3)若远程操作无法关闭ESD,在生产区域可以进入的情况下,值班员现场手动关闭站控ESD,打开紧急放空阀,按放空流程进行放空操作;在生产区域无法进入的情况下,则到站外关闭进出站球阀,并通知管道公司调度对上下游阀室采取相应措施。

(4)当天然气大量泄漏时,值班员应对值班室内天然气浓度进行检测,必要时立即切断电源,并对现场流程切断情况进行确认。

(5)如有必要,现场人员或指挥人员立即向公安、消防、医疗急救等有关部门求援。

(6)在现场进行检测,在以事故中心点外320m的道路上设置警戒带,消除警戒区内火源;经管道公司应急指挥中心批准后,请求地方政府协助进行警戒和人员疏散;地方政府到达后,协助地方政府进行警戒疏散。

(7)若现场情况无法控制,组织现场人员进行撤离。

(8)根据事故现场情况,选择采用穿孔补焊或换管的抢修方案,并在现场应急指挥部统一指挥下实施抢修作业。

(9)作业过程中对作业区域内的天然气浓度进行实时监测,如应急抢险过程中出现异常情况应紧急疏散。

(10)恢复通气,恢复地貌。

二、火灾事故处理

1. 站外管道火灾爆炸

接到事件信息后,如事故发生地上下游有RTU(远程控制单元)阀室,调控中心进行远程关闭,通知RTU阀室看护人员进行确认(若调控中心远程关闭失效,则由阀室看护人员实施手动关断);立即通知就近巡线工到手动截断阀室关闭手动截断阀;调控中心根据事件所在发生地和上下游压缩机运行情况,通知上下游压气站调整压缩机运行,采取气量协调处理措施并通知上游净化厂和下游用户采取相应措施。

立即组织应急人员赶赴事件现场,安排有关人员赶赴事件发生地上下游阀室;最先到达事故现场人员对事件情况进行进一步确认并汇报,如有必要,在第一时间内通知事发地乡村委会、居民远离事故现场。指挥人员立即向公安、消防、医疗急救等有关部门求援,并请求地方政府协助进行人员疏散;对事件现场进行警戒,设立隔离区警示标志。

当输气管道发生火灾爆炸时,根据现场着火的能量、面积、风向等情况由现场安全环保组确定隔离区,对警戒区内的可燃气体进行动态监测,及时调整警戒范围,疏散警戒线内的无关人员,禁止无关车辆进入并消灭火源。

管理人员、地方政府及相关部门工作人员到达现场后,相互配合,进行全员疏散。疏散原则是:疏散路线以公路为疏散主路线;在最大限度地避开危险源的前提下,从需疏散人员所处位置到主路线的最近距离为疏散支路线。地方政府到达后,执行地方政府的疏散程序。

当事件威胁到运输干线时,通知有关部门暂停公路、铁路和河流的交通运行;外来车辆未经允许一律在警戒线以外沿路边停放,保持道路的畅通。

2. 输气站场火灾爆炸

站场出现大面积泄漏时,调度中心、站场值班人员和现场作业人员可直接启动ESD装置,并按照汇报流程汇报现场有关情况;立即与调控中心联系,确认事故点上下游截断阀是否关闭,如未关闭,立即请求调控中心远程关闭RTU阀或指挥就近工作人员实施手动关断;值班员立即切断电源,并对现场流程切断情况进行确认;站场及管理人员向消防、公安、医疗急救等有关部门求援,迅速使受伤、中毒人员脱离现场,采取必要急救措施,并送往医院抢救;若火灾扩散到整个站区,现场情况无法控制,组织现场人员撤离。

3. 火灾抢险步骤

使用消防设施、器材对初起火灾进行扑救;立即使用站内消火栓对附近管道、设备设施采取降温、隔离措施防止火势蔓延和次生火灾爆炸发生;在事故段两侧阀室事故段管线进行放空点火。在力所能及的情况下,采取必要措施控制火势扩大,防止对周边居民设施、建筑物、工厂、林地、自然保护区造成更大影响乃至发生次生灾害。当协议单位、地方消防队抵达现场时,应服从消防机构的指挥,全力配合消防人员进行灭火。火势完全扑灭后,要对管线进一步冷却,驱散周围可燃余气。现场救援、灭火完毕后,对事故段管线进行换管抢修。

4. 紧急灭火的方法

(1)当设备、管线发生火灾时,应迅速采取切断气源或降低压力的方法控制火势,安排专人监控管内压力,保证压力保持在300~500kPa,保持好事故现场,防止产生次生灾害。

(2)地下管道着火时,用压力大于0.68MPa的高速水流、高速蒸汽或惰性气体的气流喷射火焰,可取得较好的灭火效果;也可用施工现场的泥土(有条件的最好用黄沙)迅速地回填覆盖已着火的管道沟槽,待火势减小后配合灭火器灭火。火苗扑灭后,要用木塞、湿布或黏土等临时封堵漏气口。

三、冰堵事故的处理

1.冰堵事故原因

冬季投产时,气井或净化厂内的水分带入管线,水分在沿线低洼处的管道下方积聚结冰造成冰堵;高压输送天然气时管道内形成水化物造成冰堵;节流调节引起温降使管道内形成水化物造成冰堵。

2.冰堵位置确定

可采用分段测试站间压力值的方法进行判断,也可用测定进出站压力的方法进行测定。若进站压力迅速下降,则为进站前管线冰堵;若进出站压力迅速上升,则为出站后管线冰堵;若分离器、汇管气流声音突然减弱也可怀疑该处冰堵。

3.防止冰堵措施

监督、检测进入管线的天然气质量,由供气方定期提供气质化验单(内容有天然气露点、水分、天然气成分等),防止水及污物的进入;根据异常输气运行参数分析产生的原因和可能出现的情况,及时对参数进行调节;天然气进入干线之前进行脱水,消除形成水化物的条件;在压降大的部位及局部转弯处设置管道外壁电伴热。

4.冰堵处理措施

向输气管道中注入化学反应剂,吸收天然气的水分,降低天然气的露点;对于场站的调压阀、分离器、除尘器等易产生冰堵部位加热;如果压力变化是产生冰堵的原因,应尽快根据压降分析找出冰堵点,并关断冰堵点前后干线截断阀,放空冰堵管段,减压降解水合物冰堵;对于冰堵严重的管段,可开挖进行外部加热,化解水合物。

四、中毒事故的处理

1.中毒原因

在天然气的开采、处理、运输、销售、利用的各个环节,都存在天然气中毒的可能,特别是在天然气管道或设施的抢修时,由于情况紧急、条件限制,出现抢修人员天然气中毒的可能性更大。

2.防止措施

天然气设施的抢修宜在降低压力或切断气源后进行,并采取措施避免抢修现场天然气大量泄漏。抢修作业点应设置有害气体浓度检测与报警装置,当有害气体浓度在爆炸和中毒浓度范围内时,必须强制通风,降低浓度后方可作业。保持抢修现场的空气流通,操作人员必须戴防毒面具,防毒面具的进气口设在漏气点的上风口。当抢修现场无法消除漏气现象或不能切断气源时,应及时通知消防部门做好事故现场的安全防护工作,操作现场必须有专人负责监护,并及时轮换操作人员。

3.中毒后的急救和护理

当发现有人天然气中毒时,应及时向急救中心求救,并采取下列措施:

迅速把中毒者从天然气污染处救出,使其平躺于通风处,并敞开领子、胸衣,解下裤带,解除一切有碍呼吸的障碍;中毒者处于半昏迷状态时,可使其闻氨水、喝浓茶、咖啡等,不能让其入睡;中毒者失去知觉时,消除口中异物,用纱布擦拭口腔,并连续做人工呼吸直至苏醒或送入医院为止;中毒恢复知觉后,让其保持安静,如果中毒者身体发冷,可用热水袋、热毛巾等取暖。

典型案例

陕京输气管道

一、管道概况

陕京（陕西—北京）输气管道包括陕京一线、陕京二线、陕京三线，以及配套的大港储气库和华北储气库、永唐秦（永清—唐山—秦皇岛）管道等，形成一个管网系统，总里程约3404km，途经陕西、山西、河北三省及北京、天津两市。陕京管道年设计输气能力约为$350\times10^8m^3$，储气库日调峰能力达到$3000\times10^4m^3$，管网共设工艺站场35座。

陕京一线西起陕西省靖边县，东至北京市，管道全长912.5km，管径660mm，1997年建成投产，后期陆续建成大港储气库及配套管线；陕京二线起自西气东输陕西靖边县，终点位于北京市大兴区，管道全长约935km，管径1016mm，2005年建成投产，2009年永唐秦支线管道建成投产；陕京三线起自陕西榆林，管道大部分与陕京二线并行敷设，并行段主要分布在山西省、河北省境内，三线全长为896km，管径为1016mm。

陕京三线依托陕京二线的站场，并进行扩建，工程于2010年建成投产。陕京一线设计压力6.3MPa，陕京二线、陕京三线、永唐秦管道设计压力均为10MPa。

陕京输气管道系统气源来自陕西靖边和榆林，同时可以接收西气东输一线、二线的转供气。陕京管道系统主要向京津及华北地区输送天然气，并通过安平站经冀宁（安平—泰兴）管道向山东供气，通过秦皇岛站向东北地区供气。

二、管道输送特点

由于华北地区的特殊性，人口密度大，气温寒冷，造成了天然气总需求量大、季节性供气峰值偏差大的特点。目前华北地区采暖季（1～3月、11～12月）五个月总用气量占年用气量的55%～75%左右。近年来，北京市新增了大量以供热和发电为主的天然气用户，冬季天然气用量迅猛增长，全市天然气需求季节性波动明显，天然气供需基本处于以供定销的紧平衡状态，如何调峰成为陕京输气管网运行的核心问题。针对市场特点，陕京输气管道系统主要采取以下5种方式调峰，保障北京及环渤海地区供气平稳、有序。

1. 管网系统互补

陕京输气管道的特点之一是管网的复杂性和互补性。其中，陕京二线联络着西气东输一线、西气东输二线管道和冀宁联络线、永唐秦管道，可实现西气东输管道与陕京输气管道系统互相调配天然气；冀宁联络线连接泰青威（泰安—青岛—威海）管线，向山东地区供气；永唐秦输气管道是陕京二线的支线工程，除与陕京二线连接外，还连接着东北天然气管网；大港储气库是陕京输气系统的调峰库。通过这样的管网系统，陕京输气管道利用多气源互补互备，实现安全供气。

2. 储气库调峰

地下储气库作为天然气管道季节调峰的主要手段，得到广泛应用。地下储气库具有储气量大、调峰作用强、安全可靠、成本低、管理与维护简单等许多优点，是一种经济、合理、有效的储气设施。

陕京管道配套的地下储气库包括大港储气库和华北储气库。大港储气库作为陕京输气管道重要的调峰气源，主要承担季节调峰任务，设计总有效工作气量$30.3\times10^8m^3/a$，最大日调峰气量

为 $2800 \times 10^4 m^3/d$。华北储气库设计总有效工作气量 $7.54 \times 10^8 m^3/a$,最大日调峰气量为 $600 \times 10^4 m^3/d$。2007 年,大港储气库工作气量达到 $16 \times 10^8 m^3$,占管输气量的 6%,极大地缓解了北京冬季季节调峰压力。

3. 液化天然气接收站调峰

液化天然气(LNG)接收站接收海上船运的进口液化天然气,气化后作为天然气消费市场的气源,也可作为主干天然气管道的调峰气源。陕京输气管道一直以来向秦沈线(秦皇岛—沈阳)输送天然气,冬季最高可达 $600 \times 10^4 m^3/d$。2011 年,大连 LNG 接收站投产运营后,当年冬季向沈阳最大供气量达 $550 \times 10^4 m^3/d$,大大缓解了陕京管道冬季调峰压力。同时,江苏 LNG 接收站通过冀宁线向山东供气,间接为陕京输气管道向北京及华北地区供气提供了保障。

4. 气源调峰

调整气源供气量是天然气管道的调峰方式之一。对于已经达到或接近设计输量运行的天然气管道,若通过调整气源供气量调峰,还必须扩大相应的输气能力。陕京输气管道在气源和输气能力两方面采取措施保障供气。

(1)气源方面。在陕京管道主气源地——长庆气田大面积提产。同时,中亚天然气、青海油田的天然气作为陕京管道的补充气源。从中亚地区进口的天然气通过西气东输二线转输至陕京输气管道。青海油田的天然气经涩宁兰(涩北—西宁—兰州)管道送至兰州,通过兰银(兰州—银川)线进入西气东输管道,再由冀宁线转送陕京输气管道。

(2)输气能力。从 1997 年陕京一线建成至今,随着市场的扩大和气源的增加,陕京输气管道的输气能力相应地增大。陕京三线投产后,形成了三条干线天然气管道向环渤海地区输气。

5. 管道储存调峰

管道储存调峰是利用天然气的压缩性及其在高压下与理想气体的偏差,通过调节管道工作压力进行调峰供气。在供气量较少时,将管道末段的工作压力逐渐升高到最后一个压气站允许的最高压力,把天然气储存在输气干线末段。用气高峰时,储存段工作压力可降至允许的最低压力,增加天然气输出。管道容量较小,管道调压储气主要供城市昼夜或小时调峰用。管存调峰只能作为一项辅助调峰措施。

三、管道的社会效益

陕京输气管道系统投产十多年来,经过逐步配套完善,目前已经发展成为具有三条干线、多个气源的我国第一条高压输配气系统。截至 2010 年年底,陕京输气管道累计向京津等地输送的天然气相当于 $8816 \times 10^4 t$ 煤炭,减少二氧化碳排放约 $3 \times 10^8 t$。天然气在北京市能源结构中的比例由陕气进京前的 0.4% 提高到 2008 年的 8%。目前,北京市空气中二氧化硫、一氧化碳、二氧化氮年均浓度已达到国家标准和国际卫生组织的指导值。

课后练习

一、思考题

1. 长距离输气管道由哪些部分组成?
2. 输气管道包括哪些流态,如何进行划分?
3. 如何计算输气管道的输气量?地形变化对输气管道的输气量有何影响?
4. 如何确定输气管道的温降规律?
5. 输气管道温降与输油管道温降有什么不同?

6. 天然气水合物的性质是什么？如何判断输气管道中是否有水合物形成？

7. 输气管道形成水合物的条件是什么？如何预防输气管道中水合物形成？

8. 输气管道末端储气的作用是什么？

9. 输气管道巡线检查包括哪些内容？

10. 输气站的组成及功能有哪些？

11. 设计输气站工艺流程应考虑哪些原则？

12. 首站、中间站和末站的主要工艺流程分别是什么？

13. 什么情况下采用多台压缩机串联？什么情况下采用多台压缩机并联？试写出两台相同压缩机串联或并联后的特性方程。

14. 管道直径 d，长度 L，气体平均温度 T 分别对流量 Q 有何影响？

15. 输气管道中间某站停运后，沿线各站压力、流量如何变化？

16. 输气管道某处分气或集气时，沿线各站压力、流量如何变化？

17. 输气管道运行参数有哪些调节方式？

18. 输气管道的常见事故有哪些？

19. 输气管道投产为什么要进行除水干燥？输气管道除水干燥技术有哪些？

20. 输气管道投产中的安全置换有哪些方式？

二、计算题

1. 某输气管线，全长 55km，采用 $\phi426\times7$mm 螺旋焊接管，起点压力 20×10^5Pa，终点压力 7×10^5Pa，输气温度 $T=288$K，天然气相对密度 0.56，水力摩阻系数 1.059×10^{-2}，压缩系数 $Z=0.99$，求：

(1) 该管道的平均压力；

(2) 该管道的输气量。

2. 某输气管线，管长 114.5km，采用 $\phi1020\times16$mm 管材，管道起点压力 10MPa，终点压力 4MPa，平均地温 $T=300$K，天然气相对密度 0.6，水力摩阻系数 0.01，压缩系数 $Z=0.95$，根据以下几种地形条件分别求出输气量：

(1) $S_Q=S_Z$；

(2) $S_Q=0$，$S_Z=-800$m；

(3) $S_Q=0$，$S_Z=800$m；

(4) $S_Q=0$，$S_1=200$m，$S_2=-400$m，$S_3=-200$m，$S_4=-500$m，$S_5=-300$m，$S_Z=-800$m，$L_1=20$km，$L_2=30$km，$L_3=20$km，$L_4=20$km，$L_5=10$km，$L_Z=14.5$km。

3. 某天然气管道输量为 6.2×10^5m^3/d，输气温度 $T=283$K，天然气相对密度 0.6，水力摩阻系数 0.013，压缩系数 $Z=0.93$，最后一个压气站出口最高压力不能超过 5 MPa，城市配气站进站压力不能低于 1.2 MPa，要求末段最大储气量为日输量的 30%，求满足储气要求的输气管道末端最优管径和最优长度。

4. 输气管道与一座压气站联合工作，管长 300km，管径 $\phi529\times9$mm，压缩机特性方程 $p_2^2=594p_1^2-4.3056\times10^{-9}Q^2$，压缩机入口压力 2.5×10^5Pa，温度 $T=288$K，管路终点压力 5×10^5Pa，平均输气温度 $T=313$K，天然气相对密度 0.7，压缩系数 $Z=0.9$，管路摩阻系数 0.015，求：

(1) 只开动一台压缩机时的工作点流量；

(2) 两台压缩机并联与管路联合工作时的工作点流量。

5. 如图所示，已知压气站方程 $p_2^2=2.3p_1^2-3.48\times10^7Q^2$，管路方程 $p_Q^2-p_Z^2=1000Q^2L/d^{5.2}$。式中单位 Q 为 m^3/s，p 为 Pa，L 为 m，D 为 m。$L_a=260km$，$L_b=145km$，$D_a=1m$，$T=293K$，$Z=0.9$，压气站入口压力保持不变，为 5.2MPa。

(1)压气站仅向 A 城供气，当管 A 终点压力 $p_{za}=1.5MPa$ 时，求压气站出口压力和城市 A 的供气量 Q_a。

(2)管线 B 建成后，压气站同时向城市 A 和城市 B 供气，站流量增大为原流量的 1.2 倍，A 城的供气量减少为原流量的 98.2%。求：管路 A 终点压力 p_{za}；若管 B 终点压力 $p_{zb}=1MPa$，B 城供气量和管 B 的直径。

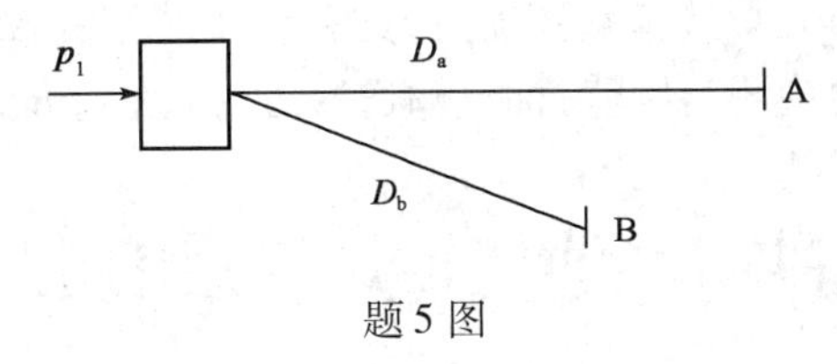

题 5 图

学习情境六　油气输送管道的检测与维修

输油气管道具有管径大、运距长、压力高和输量大等特点。管道系统包括管道、站场、通信系统等，是一项巨大而复杂的工程。油气管道一旦发生泄漏，会对环境和人员产生严重的后果。因此，管道的安全运行日益受到人们的重视。先进的管道泄漏自动监测技术，可以及时发现泄漏，迅速采取措施，从而大大减少漏油损失，具有明显的经济效益和社会效益。本学习情境主要介绍油气输送管道的检测与维修，油气输送管道的风险评价以及完整性管理方法。

项目一　油气输送管道的检测

知识目标

掌握输油气管道检测的常用方法。

技能目标

会应用负压波检测技术、智能清管器检测技术，检测管道的泄漏点。

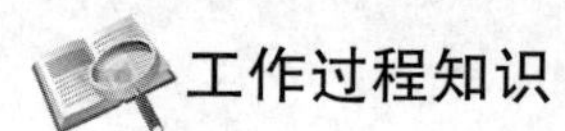

工作过程知识

一、负压波检测技术

1. 检测原理

基于瞬态负压波的检漏技术原理如图 6 - 1 所示，当管道某处发生泄漏时，漏点处流体的压力和密度突然降低的变化信息将以负压波的形式同时向管道的上、下游传播。在管道两端安装压力传感器，利用检测到的泄漏信息，就可以判断泄漏的发生。另外，还可根据负压波传播到管道两端的时间差进行漏点定位。

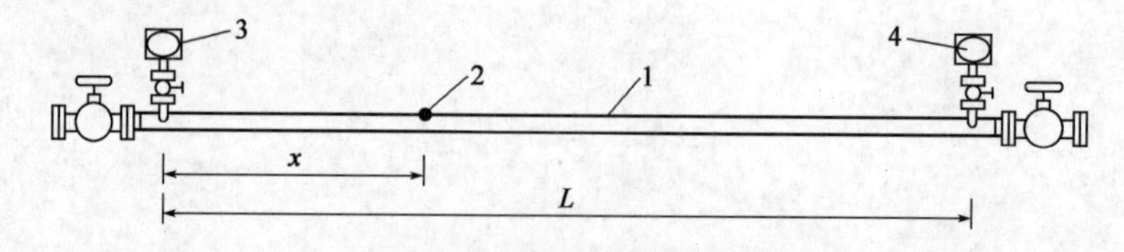

图 6 - 1　管道负压波检漏原理

1—管道；2—漏油点；3—上游传感器；4—下游传感器

根据负压波在管道中的传播速度，介质在管道中的流速，上、下游传感器接收负压波的时间差等参数，可得泄漏点距上游传感器的距离为

$$x = \frac{L(a - v) + (a^2 - v^2) \times \Delta t}{2a} \tag{6 - 1}$$

式中　x——泄漏点离上游泵站的距离，m；

v——管道中介质的流动速度，m/s；

Δt——上游和下游传感器接收到负压波信号的时间差，s；

L——泄漏点前后两站之间的距离，m；

a——负压波在管道中的传播速度，m/s。

a 的值与液体的压缩性、管壁的弹性、液体中夹带气体的多少和性质等因素有关，可由下式计算：

$$a = \frac{1}{\sqrt{\rho\left(\frac{1}{K} + \frac{d_n C}{E\delta} + \frac{RTm_u}{Mp^2}\right)}} \tag{6-2}$$

式中 K——输送油品的体积弹性模量，kPa；

p——输送油品的绝对压力，kPa；

T——输送油品的绝对温度，K；

E——管材的弹性模量，kPa；

d_n——管道的内径，mm；

δ——管道的壁厚，mm；

C——管道的约束系数（其值参照本书学习情境二中项目二的任务4）；

M——输送液体中夹带气体的摩尔质量，kg/kmol；

m_u——单位体积液体中夹带气体的质量，kg/m^3；

R——摩尔气体常数，$R = 8.314$kJ/（kmol·K）。

2. 数据处理

负压波检漏的关键是正确确定负压波信号传到上、下游压力传感器的时间差，并有效地消除由于管道的调泵、调阀、越站、反输等工况变化造成的信号干扰。目前，较为通用的方法是利用小波变换方法，编制计算机管道泄漏检测系统软件，对负压波信号进行变换、分析、校正、滤波等一系列处理，从而输出正确的检测报告。常用的管道泄漏检测系统软件按照功能可分为6个模块，如图6-2所示。

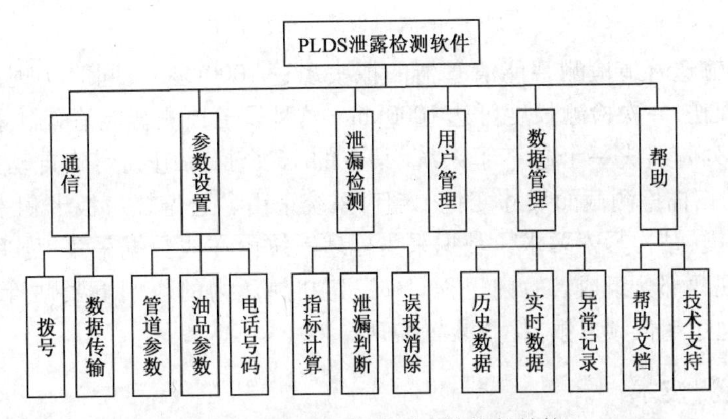

图6-2 管道泄漏检测系统软件结构

通信模块负责上位机与下位机的数据通信，通过公用电话网实现点对多数据的传输。上位机向下位机定时发送传输命令，并接收下位机数据。

参数设置模块负责对泄漏检测系统的必要数据进行设置。需要设置的参数主要包括管道参数、油品性质参数、环境参数、报警门限、仪表量程和各个泵站的通信电话号码等。

泄漏检测模块是泄漏检测系统的核心，主要完成数据的分析、滤波和处理，泄漏的判定和误报的消除等工作。其过程是：首先对采集到的负压波信息进行滤波，消除噪声，然后再进行小波变换，将变换系数值与设定值作比较，若超过设定值，还要对超值的原因进行分析判断。当判断为管道泄漏时，发出泄漏报警信号。

用户管理模块将用户分为多个等级进行管理，不同等级的用户可以对泄漏检测系统进行相应权限的操作与维护。

数据管理模块对系统储存的历史数据进行管理，这些数据主要包括管道参数、通信异常记录、压力异常记录和泄漏报警等。

帮助模块为用户提供操作帮助和技术支持等。

二、智能清管器检测技术

智能清管器检测技术是将高度自动化的智能清管器放置于运行的油气输送管道中，使其在管道内介质压差的推动下在管道内行走，从而对管道的完整性进行检测的一种技术。根据检测评价的方式不同，目前常用的有漏磁检测智能清管器和超声波检测智能清管器两种。漏磁检测智能清管器的主要特点是不需要耦合介质，对管道的裂纹探伤检测准确，常用于长距离天然气输送管道的完整性检测；超声波检测智能清管器的主要特点是在耦合介质中检测管壁厚度比较灵敏，常用于长距离石油输送管道的完整性检测。

智能清管器是一个由机械、电子、计算机等技术集成的复杂系统。它主要由穿过式探头阵列环、多通道高集成宽频超声波系统、数据采集处理自动存储、缺陷定位、电源、多节机体结构等子系统组成，如图 6-3 所示。

图 6-3　管道检测智能清管器

先进的油气输送管道检测智能清管器的探头多达 1000 多个，同时实现高精度的腐蚀测厚、测径和裂纹探伤，一次检测长度可达 1000km。这种管道检测智能清管器采用 20 个宽频液浸超声探头局部列阵组成一个超声子系统，其中的 16 个探头组成列阵自动扫描检测管道壁厚，4 个探头自动扫描检测截面尺寸变化。超声系统采用多通道超声板卡积木式组合，板卡设计与插件满足抗震、结构紧凑要求。数据采集处理系统由在线数据采集、处理、压缩和离线数据处理、图像再现两部分组成。管内里程轮在一定机械压力的作用下紧贴管道内壁旋转。管道内、外的通信通过超低频发射、接收装置实现。

三、其他检测技术

1. 人工方法

由专人沿着管道线路查看管道及周围情况，确定有无泄漏发生；或者在管道沿线设立标志桩，公布管道公司号码，管道泄漏时由附近居民打电话报警。这种方法直接准确，不受管道自动化程度及通信系统的限制，但时效性较差。

2. 仪器直接检漏法

利用传感器检测管道内介质的声速、温度、压力值或管道周围地温、湿度值,并将数据传到控制中心,由中心计算机进行判断,发现异常后报警。

3. 专用电缆检测法

在管道沿线敷设特殊电缆,它具有传感器与数据传输双重功能。当管道发生变形、穿孔泄漏、人为破坏等物理干扰现象时,将引起管道周围或管道内介质参数(管道震动、介质声速、管道压力等)的变化,被传感器采集并传输到控制中心,由计算机根据参数的变化进行判断。这种方法可以实时、连续地对管道进行监测。此法虽然对微量泄漏比较敏感,但设备不具有通用性,需要沿管道敷设专用电缆和购置发射机、接收机、专用计算机等硬件设备,同时要求管道沿线必须有电源供应,投资较大。

4. 外夹式超声波检测法

在管道上游和下游分别设置压力传感器、温度传感器、外夹式超声波流量计,分别测量管道压力、温度和流量参数。站控 PLC 系统采集数据并传输到控制中心计算机。根据质量平衡法,通过温度和压力补偿,可以精确测量管道输入、输出流量,由计算机判断管道泄漏事故的发生。超声波流量计通过测量管道内介质声速变化对泄漏点定位。

5. 管道检测模型软件分析法

管道状态可以由管道内介质的压力、温度、流量等一系列参数描述,管道流体运动则可以由一系列数学方程进行描述。已知管道的纵断面数据、管径、壁厚、地温、传感器精度、阀门种类、机泵特性等,有连续性方程、动量方程、能量方程、状态方程等建立管道检测数学模型。模型软件计算管道流量和压力的理论值后与实际测量值比较,差值超过报警线,系统就报警提示泄漏事故发生。这种方法是根据理论计算值来进行判断的,理论计算值取决于数学模型的精确度,数学模型则需要根据特定管道的统计数据和测量数据建立与完善。

技能训练

管道内检测操作

一、管道调查

(1)管线基本情况调查。

(2)流程改造:

①安装收发球筒及管道清洗附属装置(装置正后方需留出 3m 的空间,便于安装或取出检测设备);

②对局部管道弯头进行整改,使之具备 2D 的施工条件;

③对管道附属设备(如阀门等)进行改造,使之具备检测条件。

二、试通球

为了保证智能内管检测的成功实施,在投放检测器之前需要进行清管。特别是对于长期未清过管的管道,清管程序需要更加严谨。前期先投放密度小、硬度低的泡沫清球,随后根据通球情况逐步增大泡沫清管器的密度，可以初步了解管道最小直径和清洁程度，为下步清管器类型和清管程序的选择提供基础信息。

试通球依靠背压（水、气、油等介质）作为动力，也可采用其他辅助方式。在发球端放球，收球端出球。发射端和接收端保持通信联络，通过调整背压的大小控制探球的运行速度，通球次数为4～5次。探球到达终点后，接收组观察探球是否完整，若完整用增大10～20mm探球再进行一次，直到探球有损伤，以此探球尺寸确定清管器尺寸。

三、检测前清洗

管道清洗的目的是净化管道、设备和工艺，以循序渐进的方法从输油、输气管道中去除污物、沉淀物、氧化铁堆积物，对于减缓内腐蚀、提高管道输送量、保障管道安全运营都有十分重要的作用。同时也为检测做好准备，增加检测精度。

四、管道几何变形检测

管道几何变形检测装置结构如图6－4所示。该装置测量管道因施工及使用过程中产生的变形，对管道阀门、三通、弯头等管件进行测量标识，对上述管件及管道变形给予量化尺寸，并完成几何检测报告。几何检测报告包括：

（1）初步几何检测报告。在完成几何检测之后，几何检测技术人员进行数据分析得出初步分析结果。

（2）特征点报告。确认凹陷、椭圆变径、弯头和内径变形的尺寸，探测并测量管道内径变形、弯曲和褶皱，检测出管道内部污物。

（3）弯头报告。几何检测工具能准确测量弯头角度和弯头半径，其车载的陀螺仪采用三轴向方位计算弯头角度。

五、管道漏磁检测

漏磁缺陷检测装置如图6－5所示。漏磁检测步骤是：

（1）对缺陷检测装置标定；

（2）将缺陷检测装置放入投放装置内，接收端准备好检测装置的接收等工作；

（3）检测装置通电，同时开始计时；

（4）打开清管流程，检测装置在压差的驱动下启动，以0.5～1km/h的速度运行，并开始检测；

（5）检测装置在管道内运行检测的过程中，要通过投放装置上的压力表变化、检测时间等实时跟踪，并按时间顺序详细记录所有事件，做好应急准备；

（6）检测装置到达接收端后，关闭清管，待卸压后，打开快开盲板，将检测装置取出，断电，并初步进行清洗；

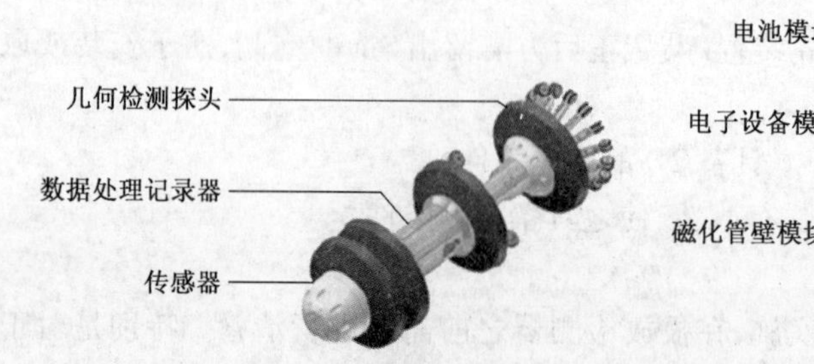

图6－4　管道几何变形检测装置结构图

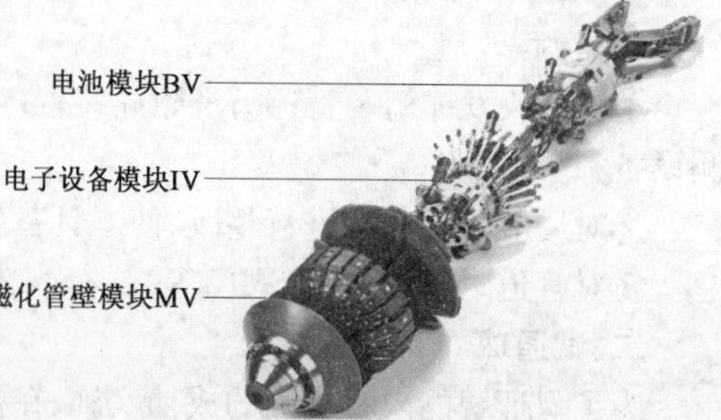

图6－5　漏磁缺陷检测装置

(7)检查检测装置有无损伤等情况发生；

(8)读取数据进行分析。

项目二　油气输送管道的维修

知识目标

掌握输油气管道常用的几种维修技术。

技能目标

能够采用适宜的维修补强技术，对油气输送管道进行维修。

工作过程知识

一、维修补强技术

管道的维修补强技术是保证管道完整性和延长管道使用寿命的重要手段。目前，常用的管道维修补强方法主要有焊接维修补强、夹具维修补强和纤维复合材料补强三种类型。在实施焊接维修作业时，要特别注意焊接时的外部条件，特别是空气湿度和环境温度，避免因空气湿度大引起的氢脆破坏和因环境温度低引起的冷脆破坏。对运行的输油管道实施焊接时，必须将输送压力降到设计压力的1/3以下；对运行的天然气输送管道实施焊接时，必须在停输泄压后进行。

1. 焊接维修补强

焊接维修补强是在含缺陷的管道上面焊接补强金属，从而恢复管道的服役强度。根据焊接的形式不同，可分为堆焊、打补丁和打套筒三种方式。

1)堆焊

堆焊是直接在管道表面的缺陷处施焊的补强方法，如图6－6所示。这种方法只适用于缺陷深度较小、金属损失量不大的单点缺陷的补强。使用该方法时，应先检查缺陷的类型，对于较深、较大或裂纹型缺陷等都不能使用堆焊，同时，要严格按照焊接规程选用与管道母材相匹配的焊条，确定焊接电压和电流。

2)打补丁

打补丁是在管道表面的缺陷处焊接补片金属的补强方法，如图6－7所示。这种方法适用

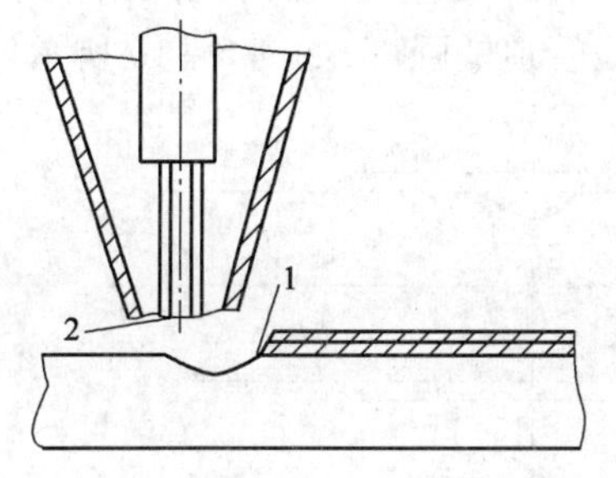

图6－6　金属表面的堆焊补强

1—补强部位；2—焊条

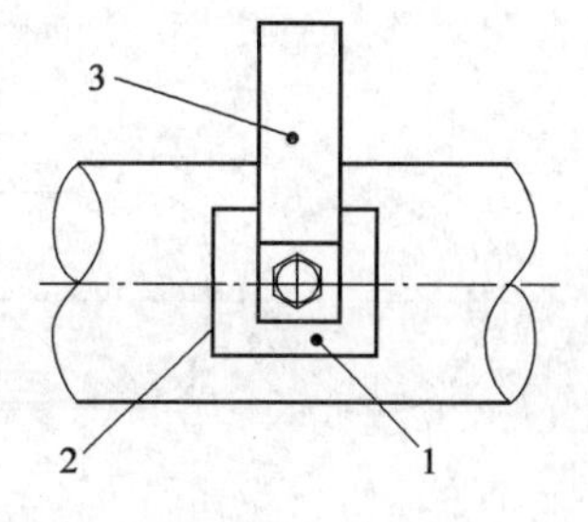

图6－7　管道的打补丁补强

1—补强金属；2—焊缝；3—箍紧器

于小面积多点缺陷的补强。焊接时,将预制好的与管道母材相匹配的补片金属用箍紧器固定在补强位置,采用填角焊,并严格按照焊接规程选用焊条,确定焊接电压和电流。

3)打套筒

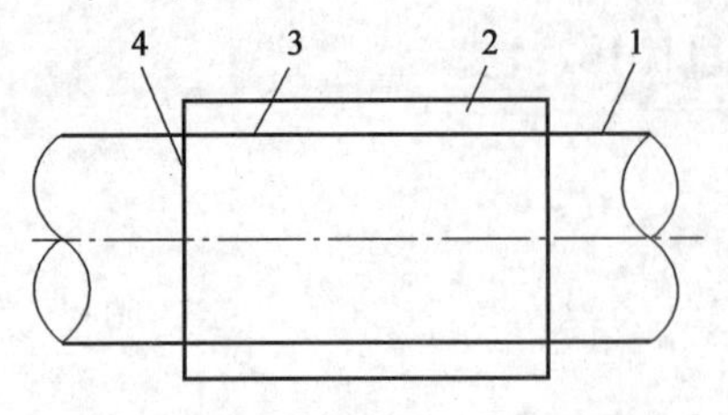

图 6-8 管道的打套筒补强

1—管道;2—套筒;3—轴向焊缝;4—环向焊缝

打套筒是将两个半圆形钢管包在管道表面的缺陷处进行焊接补强的方法,如图 6-8 所示。这种方法适用于大面积缺陷的维修补强。焊接时半圆补强管的边缘同所补管子间应有紧密的配合,不得横跨管道的环焊缝。先焊轴向焊缝,再焊环向焊缝,并严格按照焊接规程选用焊条,确定焊接电压和电流。

2. 夹具维修补强

夹具维修补强方法是将一定结构的机械夹具固定于管道的缺陷段,使其恢复服役强度。这种方法的优点是不用在服役管道上施焊,施工方便、快捷、安全,避免了焊接可能造成的焊穿、氢脆和冷脆等风险。

这种方法适用于管道存在凹坑等机械损伤(无裂纹),管道单点腐蚀严重(一般超过管道壁厚的 2/3)以及管道的临时抢修等情况。

为了保证套筒与管道之间的密封性,通常是在套筒与管道中间留有一定的间隙,间隙内填充环氧树脂等密封材料,如图 6-9 所示。在临时性的低压力管道的维修时,也可以在套筒与管道中间垫一层橡胶类软垫子。

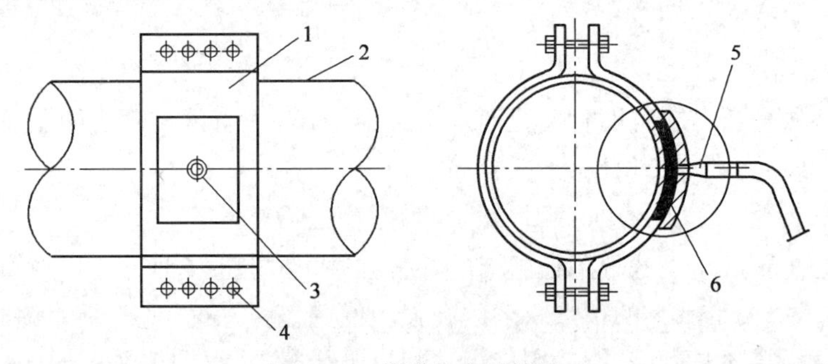

图 6-9 管道的夹具补强

1—夹具;2—管道;3—注胶孔;4—夹具螺钉;5—注胶枪;6—密封胶

3. 纤维复合材料补强

纤维复合材料补强是利用纤维材料在纤维方向的高强度特性,利用黏结树脂在服役管道外边包覆一个复合材料修复管道层,从而恢复服役管道的强度,如图 6-10 所示。

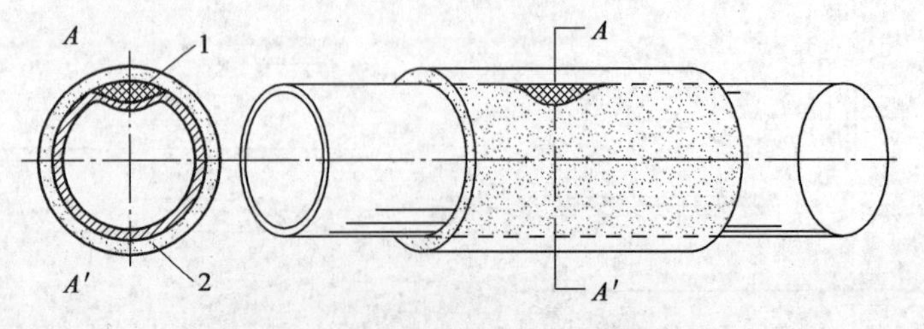

图 6-10 管道的纤维复合材料补强

1—补强位置;2—纤维复合材料;AA'—剖视图

目前,应用于油气输送管道补强的纤维复合材料主要有玻璃纤维复合材料和碳纤维复合材料。碳纤维复合材料具有更多的优势,主要表现在:

(1)碳纤维复合材料与钢管具有非常优良的变形协调性。碳纤维的弹性模量与钢材的弹性模量十分接近。

(2)碳纤维的形变量较大(一般大于1.4%),该值远大于管道自身的变形。

(3)湿法缠绕碳纤维的柔韧性好,对于具有较高焊缝余高和错边严重的螺旋焊缝、环焊缝等具有很好的施工操作性。

(4)碳纤维抗老化性能强,补强后的强度基本不随时间变化。

(5)碳纤维复合材料可以轴向和环向交错组合敷设。这样,便于使补强层形成一个整体,既可以有效承受环向应力,又可以有效承受轴向应力。这种方法特别适用于大面积腐蚀的长缺陷补强。

4. 几种管道补强方法的对比

表6-1是几种常见管道补强方法对比。

表6-1　几种常见管道补强方法对比

补强方法	堆焊	打补丁	打套筒	夹具	夹具注胶	玻璃纤维	碳纤维
要求与特点	需降压至2.0MPa,存在焊穿、氢脆和冷脆的风险性	需降压至2.0MPa,存在焊穿、氢脆和冷脆的风险性	需降压至2.0MPa,存在焊穿、氢脆和冷脆的风险性	不需降压,无焊穿、氢脆和冷脆的风险性	不需降压,无焊穿、氢脆和冷脆的风险性	不需降压,无焊穿、氢脆和冷脆的风险性	不需降压,无焊穿、氢脆和冷脆的风险性
服役寿命	取决于防腐效果	取决于防腐效果	取决于防腐效果	取决于密封条寿命	取决于防腐效果	取决于强度随时间的衰减程度	强度不随时间衰减,寿命长
补强效果	取决于焊接材料与管道材料的匹配	要注意焊接下面部分与管体的贴紧度	要注意套筒与管体的贴紧度	取决于夹具和管体的贴紧度	取决于填充密封材料的性能	弹性模量较低,管体产生塑性变形后才能达到补强要求	弹性模量与管道一致,管体一旦承压便可达到补强效果
施工方法	焊接材料和工艺要求严格	焊接材料和工艺要求严格	焊接材料和工艺要求严格	表面清洗干净即可,施工相对简单	施工工艺较复杂,施工后防腐麻烦	施工工艺较简单	施工工艺较简单
维修费用	低	相对较低	相对较低	相对较高	较高	适中,成本较低	适中,成本较高
适用范围	深度25%壁厚以下的小缺陷、体积型缺陷	小面积多个点腐蚀的体积型缺陷	大面积腐蚀减薄的体积型缺陷	管道的抢修	大面积腐蚀缺陷	各种体积型腐蚀缺陷	各种体积型、裂纹型及大面积腐蚀缺陷
发展趋势	欧美禁止使用	欧美禁止使用	欧美禁止使用	临时抢修可采用	大面积腐蚀可采用	可供选择的方法之一	主要发展方向
选用排序	6	7	5	4	2	3	1

二、不停输维修技术

油气输送管道的不停输维修技术是指管道在运行状态下，利用物理机械手段，将需要维修的管段从管道中隔离出来，进行维修更换作业的技术。目前常用管道带压开孔，封堵、维修技术，其工艺流程是：开挖作业坑→焊接封堵三通、旁通三通→开孔→导通旁通线→管线封堵作业→管线维修改造→解除封堵三通→拆除封堵三通→管线恢复，如图6－11所示。

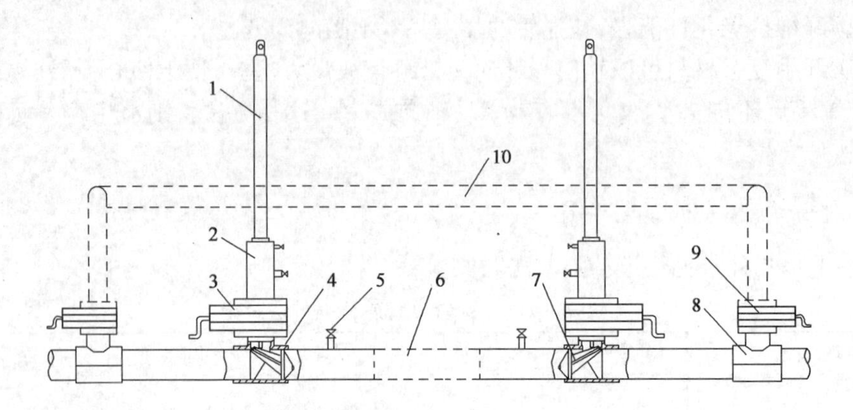

图6－11　管道不停输维修工艺原理图

1—封堵器；2—封堵结合器；3—封堵夹板阀；4—封堵三通；5—压力平衡短节；6—维修改造管段；7—封堵头；8—旁通三通；9—旁通夹板阀；10—旁通管道

这是一种安全、环保、经济、高效的管道不停输维、抢修技术，适用于原油、成品油、化工介质、天然气等多种介质输送管线的正常维修改造和突发事故的抢修（如带压抢修、更换腐蚀管段、加装装置、分输改造等作业）。

1. 焊接封堵三通、旁通三通和压力平衡短节

管道不停输维修作业的第一步是在需要维修的管段两侧焊接封堵三通、压力的旁通三通。这些焊接作业都是在管道运行状态下完成的，焊接难度大，技术要求高；焊条性能、焊接电流、焊接速度、预热温度等都要严格控制；对管线的工作压力、流速以及管道的壁厚等参数也要事先掌握；要防止焊接时烧穿管壁，引起管壁变形、褶皱等。通常的焊接顺序是先焊轴向直焊缝，再焊环向角焊缝，两道环向角焊缝不能同时焊接。

封堵三通是安装封堵夹板阀的等径三通，旁通三通是安装旁通夹板阀的异径三通，如图6－12所示。

压力平衡短节通常是将直径为50mm的短管直接焊接于管壁上，用于安装泄压阀。

由于焊接于管道上的三通和短管在维修结束后将保留在管道上，所以，要求它们具有足够的安全性，其设计寿命应等于或大于管道的使用寿命。

2. 安装封堵夹板阀、旁通夹板阀和压力平衡阀

三通和短管焊好后，就要在三通和短管上安装相应的控制阀。封堵三通和旁通三通上安装专用夹板阀，平衡短管上安装球阀或闸阀。夹板阀是一种特制的阀门，如图6－13所示。这种阀门的轴向尺寸比传统的阀门要小75%左右。

图 6－12　封堵三通与旁通三通

图 6－13　专用夹板阀

3. 安装开孔机

在安装好的阀门上安装相应的开孔机,如图 6－14 所示。

开孔机安装于相应的阀门之后,在运行的管道上实施带开孔作业的装置,主要由传动轴、开孔刀、驱动机及操作台等构件组成,如图 6－15 所示。常用的有 2400、1200、760、660、T101、CH24、CI36、T203 等型号和规格的开孔机,可以进行 DN25 ～DN1500 范围内各种管道的开孔作业。

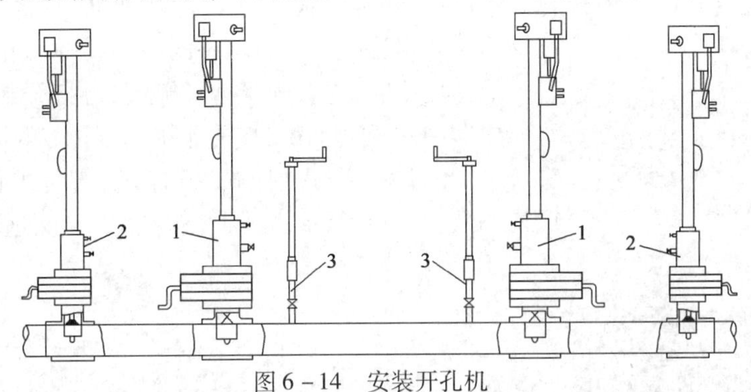

图 6－14　安装开孔机

1—封堵开孔器;2—旁通开孔器;3—平衡管开孔器

开孔刀构件由中心钻、齿形开孔刀、U 形卡环等组成,如图 6－16 所示。U 形卡环装于中心钻与齿形开孔刀之间,防止齿形开孔刀切割下的马鞍型钢板掉入管道内。

图 6－15　开孔机结构

1—开孔刀;2—连接法兰;3—传动轴套筒;4—人梯;5—操作台;6—驱动机

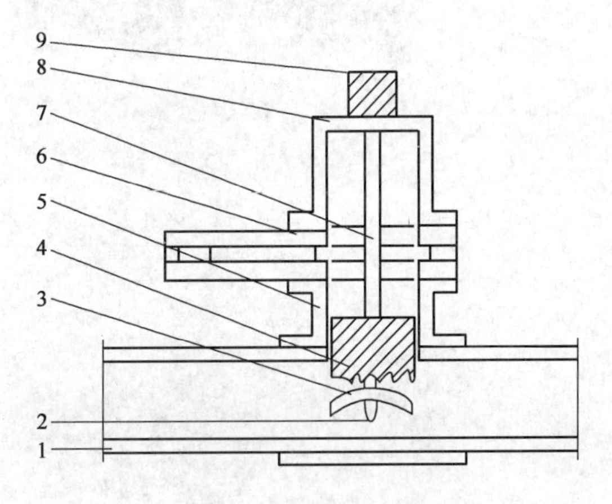

图 6－16　开孔刀结构

1—管道;2—中心钻;3—U 形卡环;4—齿形开孔刀;5—三通;6—夹板阀;7—传动轴;8—连接器,9—传动轴套筒

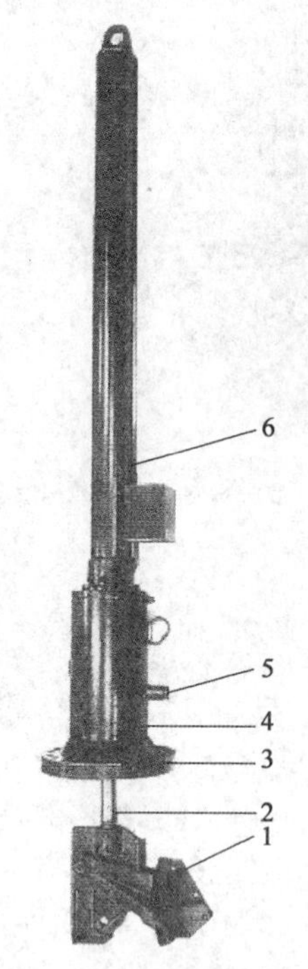

图 6－17　封堵机结构

1—封堵头；2—连接杆；3—连接法兰；4—连接器；5—压力平衡管连接孔；6—连接杆套筒

4. 开孔

在开孔前，应对焊接到管线上的三通和组装到管线上的阀门、开孔机等部件进行整体试压。试压合格后可进行开孔作业。开孔顺序为先开旁通孔，再开封堵孔和压力平衡孔。

在开旁通孔的同时进行旁通管线的预制、试压；旁通孔开好后关闭夹板阀，卸连接旁通管线；旁通管线连好并检查无误后，先缓慢打开上游旁通阀，检查旁通管线无异常时，缓慢打开下游旁通阀，旁通管线接通。旁通管线运行正常后，开封堵孔和压力平衡孔；孔开好后，关闭封堵孔夹板阀和压力平衡孔球阀，卸掉开孔机。

5. 封堵

在进行封堵作业时，要控制输送管道中液态介质的流速不大于 2.5m/s，气态介质输送流速不大于 5m/s。控制好管道运行参数后，在封堵夹板阀上安装封堵机，并将封堵机和压力平衡阀连接。封堵机是下封堵头的专用装置，如图 6－17 所示。

下封堵头时，先打开压力平衡阀，再打开封堵夹板阀，使封堵连接器中的压力平衡，按先下游、后上游的顺序依次下封堵头。常用的封堵头有悬挂式、折叠式、圆筒式和胶囊式等多种形式，如图 6－18 所示。其中，悬挂式封堵头适用于多种介质管

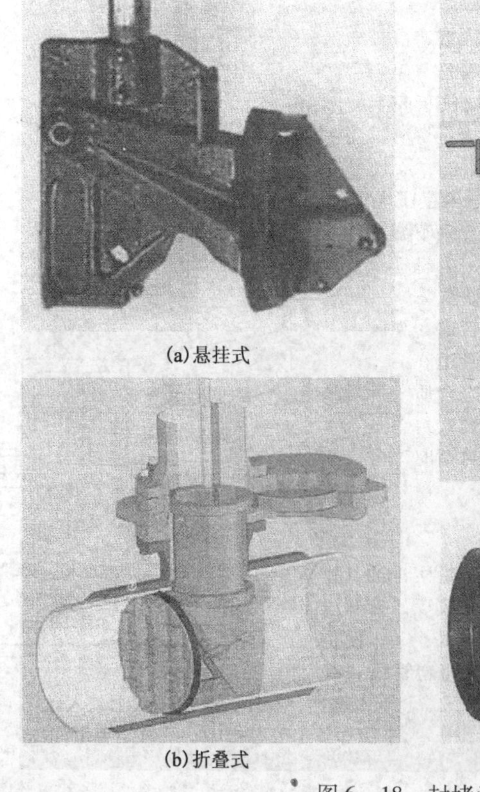

(a) 悬挂式

(b) 折叠式

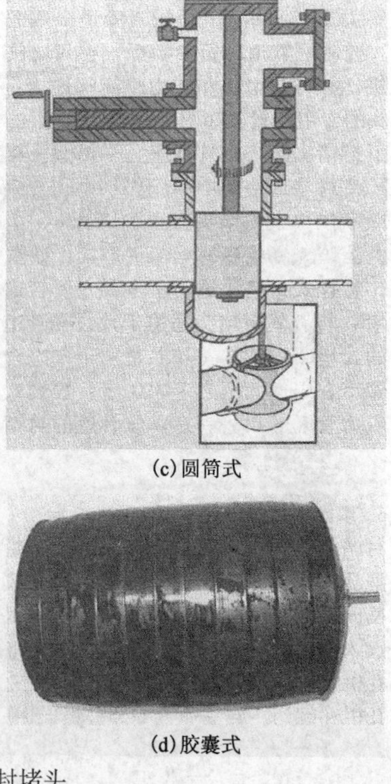

(c) 圆筒式

(d) 胶囊式

图 6－18　封堵头

道在高压下的封堵；折叠式封堵头适用于大口径管道在中、低压力下的封堵；圆筒式封堵头适用于气态介质或混合介质的管道在中、低压力下的封堵；胶囊式封堵头适用于低压力管道的封堵。在对高压管道进行封堵时，为了加强封堵效果，常采用二级封堵，上一级采用悬挂式封堵头，下一级采用胶囊式封堵头。

6. 维修与恢复

封堵合格后，对需要维修、更换的管段排油（排气）泄压后，实施维修作业。维修作业完成后，打开压力平衡阀，平衡封堵头两侧压力，提取封堵头，使主管线投入运行；关闭旁通夹板阀，拆除旁通线；装上开孔机，安装割下的马鞍形钢板并在三通上压入塞柄，在压力平衡短管上旋入丝堵；卸下开孔机和阀门，在三通上安装盲板，在压力平衡短管上安装螺帽，维修结束，如图6－19。

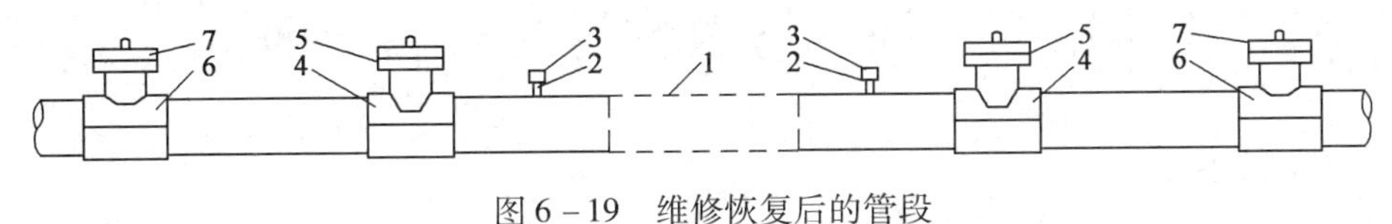

图6－19　维修恢复后的管段

1—维修的管段；2—压力平衡短管；3—管帽；4—封堵三通；
5—封堵三通盲板；6—旁通三通；7—旁通三通盲板

三、海底管道的维修技术

海底管道的维修可分为水上维修和水下维修两大类，其中水下维修又可分为水下干式维修和水下湿式维修。

1. 海底管道的水上维修

海底管道的水上维修是把水下管道切断或切除水下管道破损段，将管道的两个管端吊出水面，实施维修作业后再把管道放回海底，其步骤如图6－20所示。水上维修方式不需要特种维修设备，施工速度较快，易于保证维修质量，但需进行吊装计算，需要专门的施工作业铺管船。这种方法一般只适用于较浅海域的管道维修。

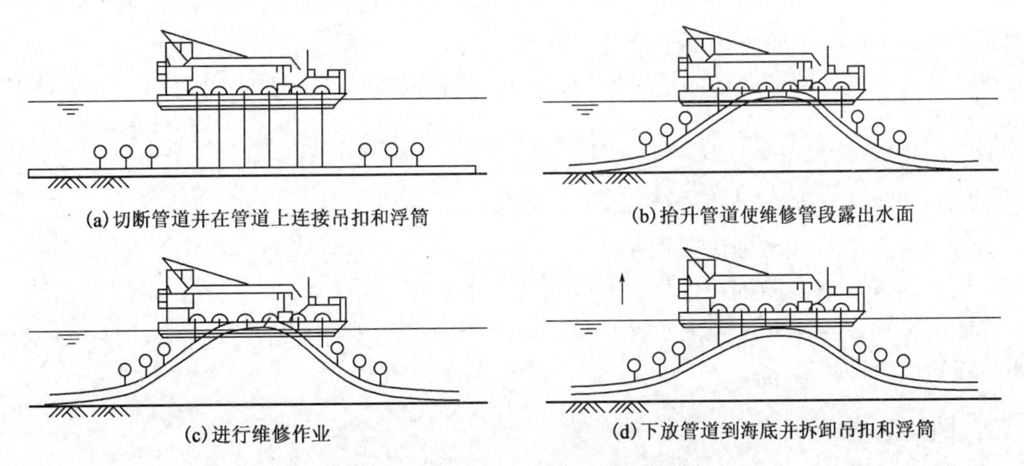

图6－20　海底管道的水上维修步骤

2. 海底管道的水下干式维修

水下干式维修是在水下需要维修的管段处安装水下安装焊接工作舱。工作舱内配有动力电源、照明、通信、高压水喷射、起重、气源、焊接施工设备和生命支持系统等设施，并注入与海域水深相同压力的高压气体。形成干式工作环境后，即可进行管道的修复作业。

这种方法的维修效果好，可保证管道原有的整体性能不改变，但系统比较复杂，维修费用较高，并需配备水下切割工具、大型起重工作船等特种设备和具有干式高压焊接资质的潜水员。这种方法多用于不能在水面焊接，又要求原有管道整体性能不改变的海底管道的维修。

3. 海底管道的水下湿式维修

水下湿式维修是由维修人员直接潜入海底，对管道实施维修的方法，可分为不停产开孔维修、外卡维修和法兰连接维修等。其基本方法与地上管道的封堵与维修技术相同，所不同的是选择适合于海底环境的施工工艺和维修管件，如水下三通、水下法兰、水下连接器等。

项目三　油气管道输送的风险管理

知识目标

了解油气管道输送风险评估与控制的内容及方法。

技能目标

能够借助风险管理方法，对油气输送管道进行风险分析。

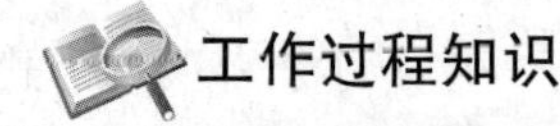

工作过程知识

一、风险管理的定义

风险管理起始于 20 世纪 70 年代，首先应用于航空、航天业，至 20 世纪 90 年代逐渐应用于石油化工、压力容器和油气输送管道。随着对安全、环境要求的提高和市场竞争不断激烈，各国对油气输送管道的风险管理越来越重视。

风险管理就是综合考虑事故（失效）的损失和控制事故发生所需要的费用，以达到在可能接受的风险情况下，采取经济有效的措施控制风险的一门学科。风险管理包括风险评估、风险控制和风险管理的功能监测这三个环节。

风险管理中风险的定义是失效后果和失效可能性的乘积，对于某一种可能的失效情况的风险值可表示为

$$K_S = C_S F_S \tag{6-3}$$

式中　K_S——第 S 种失效的风险值；

C_S——第 S 种失效的失效后果；

F_S——第 S 种失效的可能性。

如何定量计算各种失效情况下的 C 和 F 是一个非常复杂的问题，式（6－3）的意义仅在于阐明风险的概念。

二、风险评估

1. 油气输送管道事故原因和事故率

1）事故原因

油气输送管道的事故原因可分为两大类：一类是由于外部干扰、人为破坏和自然灾害等外

部因素引起的；另一类是由于管道腐蚀、结构缺陷原因逐步发展到极限而引起的。

西欧在1970—1992年间和美国在1970—1984年间油气输送管道事故发生的原因统计见表6－2。可以说，有些事故原因对管道的潜在危害从管道的投入运行之日起就存在并开始发展了；有些危害可能在直接或间接的检查和检测中被发现了；有些危害可能在维修或更换时消除了。风险评估的作用是确定花费多大的代价把事故发生的概率降到何种程度才是值得的和必需的。

表6－2　美国与西欧油气管道事故原因统计

事故发生的原因	美国输气管道	西欧输气管道	西欧输油管道
外部干扰和破坏	53.5%	50%	50%
管道内外腐蚀	16.6%	16%	21%
施工、材料与结构缺陷	21.7%	20%	20%
地层移动、水淹等自然灾害	8.2%	6%	4%
其他（包括误操作）	8.2%	8%	5%

2）事故率

事故率是指每1000km管道在一年中发生事故的次数。各国对事故的界定不同，各类事故的危害程度和可能发生的概率也不一样。如在西欧，只要发生所输介质的泄漏就认为是事故；而在美国，不仅要有所输介质的泄漏，还要有人员伤亡，或造成的经济损失超过5万美元时，才认定为事故。

2. 风险分析的具体步骤

1）风险来源

建立风险评估模型的基本方法是将可引起管道失效的各种因素分类细化，根据不同因素的重要程度赋予不同的分值，通过计算管道的风险总分值，确定其风险程度。油气输送管道中常见的风险来源分类见表6－3。

表6－3　油气输送管道中常见的风险来源分类

第三方损坏	管道内外腐蚀	设计因素	误操作因素
①覆盖层深度 ②人口密度 ③地震等自然灾害 ④地面设施 ⑤沿线传呼系统 ⑥公众教育 ⑦管道的检测 ⑧巡线频率	①设施情况 ②大气腐蚀性 ③土壤腐蚀性 ④介质腐蚀性 ⑤防腐层状况 ⑥管道使用年限 ⑦阴极保护情况 ⑧应力及疲劳腐蚀 ⑨测试桩及探测器 ⑩检测周期	①管道强度安全因素 ②系统安全因素 ③管材疲劳事故 ④潜在水击影响 ⑤系统静态水压试验 ⑥土壤移动危害 ⑦设计审查	①危险识别 ②最大操作压力 ③安全系统的设置和安全计划 ④施工过程检查 ⑤材料的选择、检验和搬运 ⑥焊接工艺、回填状况 ⑦操作规程和人员培训 ⑧SCADA和通信系统 ⑨防止误操作的设施 ⑩定期检查和维修计划

2）失效的可能性评估

管道失效的可能性评估是通过赋分系统完成的。赋分系统设定每一类失效的总分为100分，根据失效因素的可能性大小和对管道破坏的影响程度，对同一类失效中的不同失效因素给定不同的赋分值范围（如0～20分），越是重要的因素，其分值范围越大。若某种因素不可能发生，就评定为最高分，可能发生的程度越大，赋分越低，最差的情况为0分。

在给某一具体的失效因素赋分时,可采用半定量的评价方式。根据失效因素特征的不同将各种可能发生的失效因素分成两类来分析:一类是客观条件决定的、人为难以改变的因素,如土壤的腐蚀性、管道使用年限等;另一类是人为可以控制改善的,如可以通过增加巡线频率或缩短检查周期来减小失效概率的因素。根据失效因素的不同,有的需要凭经验赋值,有的则可通过计算赋值,更多的是根据经验,结合计算,综合分析赋值。

在对油气输送管道进行评估赋值时,通常是根据具体情况将管道分成若干段来分别赋值,计算每段管道的失效总赋分。分值越低的管道,失效的可能性越大。

3)失效后果严重性评估

管道失效总赋分的大小反映了失效可能性的大小,但还不能反映失效后危害的严重性。失效后果的严重性用泄漏影响系数来衡量,泄漏影响系数是产品危害与扩散因数的比值:

$$泄漏影响系数=\frac{产品危害}{扩散因数} \tag{6-4}$$

泄漏影响系数越大,失效后果越严重。产品危害分为急性危害和慢性危害两种。急性危害是指突发性的,直接危害人员及环境的情况。如天然气泄漏引起的火灾和爆炸,管道介质有毒造成的危害等。急性危害按被输介质的易燃性(N_f)、化学反应性(N_r)和毒性(N_h)来赋分,急性危害的分值 = $N_f + N_r + N_h$。慢性危害是指泄漏的产品在周围扩散,污染大气、水流和土壤,随着泄漏的持续,危害会进一步蔓延。可按环境保护、赔偿和责任的综合性法规来赋分。总的产品危害的分值等于急性危害分值和慢性危害分值之和。

扩散因数为泄漏评分和人口评分的比值,即

$$扩散因数=\frac{泄漏评分}{人口评分} \tag{6-5}$$

人口评分可根据人口密度来赋值,人口密度越大,赋值越大;泄漏评分原则上根据泄漏程度赋值,泄漏越严重,赋值越小。

4)风险赋分

管道的风险赋分等于失效总赋分与泄漏影响系数的比值:

$$风险赋分=\frac{失效总赋分}{泄漏影响系数} \tag{6-6}$$

风险赋分越小,管道的风险性越高。通过以上评估过程得到的管道风险评价,虽然还不能直接得出管道风险概率的具体数值,但它给出了油气输送管道风险评估的基本思路,也有助于管道运营人员判断所管理的管道潜在危害的最大区域在哪里,哪些管道需要加强检测,是否有必要在检测的基础上进一步进行定量风险分析,采取哪些措施可以降低风险,降低风险的代价有多高等等。

三、风险控制

风险评估的目的是为了降低风险。针对最大允许风险,预防失效是降低风险的根本措施。在进行管道的风险控制时,首先要根据风险评估的结果对各管段进行排序,找出最危险的管段;再对危险管段的各个失效因素进行排序,确定需进一步检测的失效因素和预防措施。通过进一步对失效因素的检测和定量的风险评估,确定该管段的剩余寿命,找出避免风险、延长寿命的措施,并比较控制风险的费用。

1. 管道的服役寿命

一条长距离油气输送管道是由若干设备组成的。管道的服役寿命是由组成管道的各设备的寿命决定的。设备寿命是指无故障工作的时间,也称平均寿命。对于不可修复的设备,寿命指失效发生前的平均工作时间,其表达式为

$$T_B = \frac{1}{N}\sum_{i=1}^{N} t_i \tag{6-7}$$

式中 T_B——不可修复设备的平均寿命,h;

N——不可修复设备总台数,台;

t_i——第 i 台设备在失效前的工作时间,h。

对于可修复的设备,寿命指相邻两次失效之间的平均工作时间,其表达式为

$$T_K = \frac{1}{\sum_{i=1}^{N} n_i}\sum_{i=1}^{N}\sum_{j=1}^{n_i} t_{i,j} \tag{6-8}$$

式中 T_K——可修复 N 台设备的平均寿命,h;

n_i——第 i 台设备的故障率;

$t_{i,j}$——第 i 台设备从第 $j-1$ 次失效到第 j 次失效之间的工作时间,h。

2. 管道的剩余寿命

(1)基于腐蚀的发展,计算管道的剩余寿命,有

$$T_f = 0.85 \times A \times \frac{\delta}{v} \tag{6-9}$$

其中 A = 计算失效压力 ÷ 最大操作压力

式中 T_f——管道的剩余寿命,年;

δ——管道的壁厚,mm;

v——管壁的腐蚀速率,mm/年;

A——安全余量。

(2)基于最大允许风险,计算管道的剩余寿命,有

$$T_f = a \times \frac{\delta - \delta_{min}}{v} \tag{6-10}$$

式中 a——比例系数,与腐蚀程度和泄漏概率有关,可参照有关资料取值;

δ——管道的当前壁厚,mm;

δ_{min}——管道允许的最小壁厚,mm。

对 δ_{min},有

$$\delta_{min} = \frac{pD}{\sigma} \tag{6-11}$$

式中 P——管道的运行压力, N/m^2;

D——管道的外径,mm;

σ——管材的屈服强度,N/m^2。

(3)基于实际腐蚀检测数据计算管道的剩余寿命:

①如果没有发现腐蚀,不需要计算剩余寿命,剩余寿命按新管道取值;

②将维修中发现的最大残余缺陷尺寸视为未开挖管道中最严重的缺陷尺寸;

③使用实际测量数据或快速评估方法估计腐蚀增长速率,以此计算管道寿命;

④考虑安全系数,在许多国家的标准中推荐维修周期取管道剩余寿命的一半。

3. 管道维修的分类

管道维修可分为三类：

(1)事后维修，即出现事故后才进行维修；

(2)预防维修，即在事故出现前就进行维修，可分为定期维修和视情维修两种，定期维修按固定时间间隔维修，视情维修根据实际需要维修；

(3)可靠性维修，按可靠性理论来科学安排维修时间和维修内容。

4. 最佳维修时间

可利用多种目标函数确定最佳维修时间，其中主要的有两种：

(1)按最大可靠度确定。定期进行预防维修，在未到维修期而发生的故障，采用事后维修。

(2)按最小费用确定。维修费用包括预防维修费用 C_p 和事后维修费用 C_c。最佳预防维修时间间隔 T 按修理型事后维修和更新型事后维修分别计算。

知识拓展

油气管道的完整性管理

油气管道完整性管理起源于20世纪70年代初，当时欧美等工业发达国家的油气长输管道已经逐渐老化，安全事故频发，造成了巨大的经济损失和人员伤亡。美国率先通过借鉴经济学和航空等工业领域的风险分析技术对油气管道实施风险管理，以期最大限度地减少油气管道的事故发生率，并尽可能地延长管道的使用寿命，合理地分配有限的管道维护费用，逐步形成了管道完整性管理的法律法规、标准规范和系统的完整性管理模式。管道完整性管理模式在美国、英国、加拿大、俄罗斯等国得到高度重视，在保证管道安全方面发挥了重要作用。

近年来，我国发生了几次管道事故，使管道管理者深刻认识到管道安全管理中存在的问题和不足，以及与国外先进的管道安全管理水平的差距，迫切希望采用新的模式以减少事故的发生，保证管道的安全。那么，开展管道完整性管理模式已成为最佳的选择。

一、管道完整性管理概念

管道完整性管理(pipeline integrity management，PIM)是一种以预防为主的基于管道风险管理的安全管理模式，通过一系列管理活动对影响管道完整性的潜在因素进行识别和评价，并予以治理，通过采取各种风险消减措施将风险控制在合理、可承受范围内，确保管道功能完好、结构无缺损，从而达到管道经济平稳、安全运行的目的。其实质在于对不断变化的管道面临的风险因素实时进行识别与评价，及时调整当前采用的防范措施。因此，管道完整性管理与传统的管道管理方法本质区别在于变被动维护为主动预防，做到预防为主、防患未然。

1. 管道完整性的内涵

油气管道的完整性是指管道始终处于安全可靠的服役状态，包括以下内涵：

(1)管道始终处于安全可靠的工作状态；

(2)管道在物理和功能上是完整的，管道处于受控状态；

(3)管道运营商已经并仍将不断采取行动防止管道事故的发生；

(4)管道完整性与管道的设计、施工、运行、维护、检修和管理的各个过程是密切相关的。

2. 管道完整性的原则

(1)在设计、建设和运行新管道系统时，应融入管道完整性管理的理念和做法；

(2)结合管道的特点,进行动态的完整性管理;

(3)要建立负责进行管道完整性管理的机构、制定管理流程,并辅以必要的手段;

(4)要对所有与管道完整性管理相关的信息进行分析和整合;

(5)必须持续不断地对管道进行完整性管理;

(6)应当不断在管道完整性管理过程中采用各种新技术。

3. 管道完整性管理的内容

管道完整性管理是指对所有管道完整性的因素进行综合的、一体化的管理,包括以下方面内容:

(1)建立完整的管理机构,拟定工作计划、工作流程和工作程序文件;

(2)进行管道风险分析,了解事故发生的可能性和将导致的后果,制定预防和应急措施;

(3)定期进行管道完整性检测和完整性评价,了解管道可能发生事故的原因和部位;

(4)采取修复或减轻失效威胁的措施;

(5)检查、衡量完整性管理的效果,确定再评价的周期;

(6)开展培训教育工作,不断提高管理和操作人员的素质。

管道完整性管理是一个连续的、循环进行的管道监控管理过程,需要在一定的时间间隔后,再次进行管道检测、风险评价及采取措施减轻风险,以达到持续减少和预防事故的发生,经济合理地保证安全运行。

4. 管道完整性管理的特点

管道完整性管理体系体现了安全管理的时间完整性、数据完整性和管理过程完整性以及灵活性的特点。

1)时间完整性

管道完整性管理需要从管道规划、建设到运行维护、检修的全过程实施完整性管理,贯穿于管道的整个寿命周期,体现了时间完整性。

2)数据完整性

要求从数据的收集、整合、数据库设计、数据的管理及升级等环节,保证数据的完整、准确,为风险评价、完整性评价结果的准确、可靠提供重要基础。特别是对在役管道的检测,可以给管道的完整性评价提供最直接的依据。

3)管理过程完整性

风险评价和完整性评价是管道完整性管理的关键组成部分,要根据规定的剩余寿命预测及完整性管理效果评估的结果,确定再次检测、评价的周期,每隔一定时间后再次循环上述步骤。

此外,还要根据危险因素的变化及完整性管理效果测试情况,对管理程序进行必要修改,以适应管道实际情况。持续改进、定期循环、不断改善的方法体现了安全管理过程的完整性。

4)灵活性

管道完整性管理要适应每条管道及其管理者的特定条件。管道的条件不同是指管道的设计、运行条件不同。随着环境的变化、资料的更新、评价技术的发展,管道完整性管理的内容也会随之变化。

二、管道完整性管理技术

1. 数据采集

管道完整性数据采集主要是对管道的历史数据进行恢复、对建设和运行期间的数据进行采集,是管道完整性管理采取的第一步,也是最为关键的一个环节。

2. 管道风险评价

管道风险评价是指对影响管道安全运行的有害因素进行识别,并对事故发生的可能性和后果大小进行评价,进而计算风险大小并提出有效的风险控制措施的过程。风险评价工作是开展完整性管理的核心环节,通过风险评价可以了解管道的各种危害因素,明确管道管理的重点,从而有利于实现风险的预控,保障管道的安全运行。通常根据结果的量化程度将管道风险评价方法分为定性、半定量和定量方法三种。

3. 完整性评价

完整性评价是基于风险评价的结果,对高风险段管道的缺陷进行检测,对缺陷的剩余强度和剩余寿命进行评估,并预测缺陷导致管道失效的发展趋势。完整性评价方法主要有内检测法、压力试验法和直接评价法三种。

4. 效能评价

效能评价是指对管道完整性管理系统进行综合分析,将系统的任务要求与工作性能进行全面比较,得出表示系统优劣程度的指标结果,针对发现的管理方面的不足及时制定改进方案,确保管理系统的有效性和时效性。

三、管道完整性管理程序

1. B31.8S 推荐的输气管道完整性管理的程序

美国国家标准 ASME B31.8S 提出了两种管道完整性管理的方法。一是基于规范预测的完整性管理方法;二是基于管道性能评价的完整性管理方法。基于规范预测的完整性管理方法适用于资料、数据较少的情况下,这种方法按预期的最坏的发展可能,确定管道的检测、评价周期,以弥补数据不足和分析较粗略的影响;基于管道性能评价的完整性管理方法需要更多的数据资料以完成较大范围的风险分析和评价,如果没有进行充分的调查,完成适当的完整性评价以获取所需的管道状况的信息,就难以实施这一方法。该完整性管理程序使经营者在检测周期、检测工具、预防和减轻风险的措施等方面的选择上有更大的灵活性。此种方法所得结论的可信度应当等于或高于基于规范预测的完整性管理方法。

图 6-21 为 B31.8S 推荐的输气管道完整性管理程序。管道的完整性管理就是图中所示内容的周而复始、不断完善的过程。

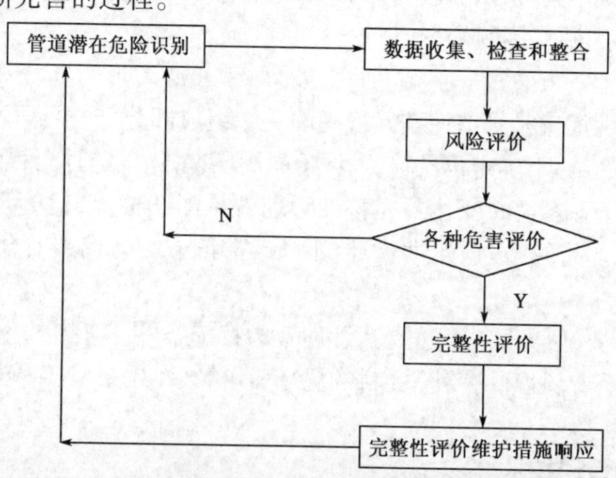

图 6-21　ASME B31.8S 输气管道完整性管理流程图

2. API St. 1160 推荐的输油管道完整性管理程序

如图 6-22 所示,管道完整性管理程序的各个环节都有其特定的含义和内容。

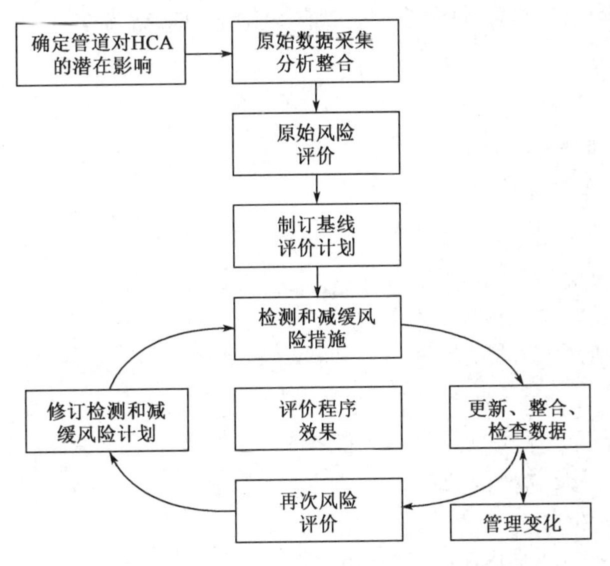

图 6－22　API St. 1160 的管道系统完整性管理流程图

图 6－22 中 HCA 是指管道泄漏可能产生重大有害影响的地区，如人口密集地区、通航河流、环境对漏油敏感的地区等。

不完整的数据会导致评价结果的误差和不确定性，甚至严重错误。与管道运行条件及环境条件有关的数据也会随时间变化。因此，必须对收集的数据进行研究分析和整合。原始风险评价也称初次风险评价，是在较少的数据资料的基础上进行的，需要根据资料的数量、质量情况，选择合适的评价方法。

通过初步评价得到管道系统重大风险的性质和定位，筛选出应优先进行完整性评价的管段。基线评价实质上是初次的管段完整性管理过程，其内容包括初次进行数据收集、风险评价、管段检测、完整性评价、预防和减轻风险的措施。基线评价计划要确定检测什么、怎样检测和何时检测，可以采用的检测方法有在线内检测、试压和其他技术综合应用。

完整性评价包括评价检测结果、评价管道缺陷类型和程度、分析管道完整性情况。根据分析评价结果，优先对分析较高的管段实施预防和减轻风险的措施。一般可采用效益与费用的比值来选择较优的措施，同时还要考虑到不能遗漏对重大风险的控制。

管道完整性管理是一个连续的、循环进行的管道监控管理过程。需要在一定的时间间隔后，对数据升级、再次进行风险评价、管道检测、完整性评价及减轻风险的措施，以反映目前的实际情况并进一步改善管道安全。

四、管道风险管理与管道完整性管理的异同点

目前，在役管道管理技术可分为两类：一是以完整性评价技术为核心的完整性管理，二是以风险评价为核心的风险管理。完整性针对的是管道全部运行要素，考虑的是保证管道持续运行的需要；风险管理针对管段整体中有风险的项目，考虑失效后果，基本方法是计算失效概率。

完整性管理是一种主动预防的管理方法。完整性管理十分注重管理过程的持续性，强调在管道生命周期内的设计、建造、运行直至报废等各个阶段都要进行持续不断的管理。

风险管理主要是在管道运行期间，更注重管道当前的安全状况，强调对当前管道可能存在的风险进行识别、风险评价，对不同的风险及后果应用风险接受判据，采取有针对性的风险控制措施，使风险减低到可以接受的措施。管道的风险管理有逐渐融合到完整性管理的趋势。

课后练习

1. 如何理解油气输送管道风险管理？
2. 如何建立油气输送管道风险评估模型？
3. 如何确立油气输送管道的剩余寿命？
4. 油气输送管道维修主要分哪几种类型？
5. 油气输送管道负压波检漏的原理是什么？
6. 油气输送管道的智能清管器检漏有几种常见类型？
7. 管道焊接维修补强有哪几种方式？简述它们的适用范围。
8. 影响管道夹具维修补强的补强效果的因素有哪些？
9. 管道不停输维修是如何实现的？
10. 管道带压开孔机的结构有哪些组成部分？
11. 常用的管道带压封存堵头有哪几种形式？
12. 海底管道的维修有哪几种方式？
13. 如何理解管道的完整性管理？

参考文献

[1] 李玉星，姚光镇. 输气管道设计与管理. 东营：中国石油大学出版社，2009.
[2] 王树立，赵会军. 输气管道设计与管理. 北京：化学工业出版社，2011.
[3] 王光然. 油气管道输送. 北京：石油工业出版社，2012.
[4] 黄春芳. 天然气管道输送技术. 北京：中国石化出版社，2009.
[5] 黄维和. 油气管道输送技术. 北京：石油工业出版社，2012.
[6] 中国石油天然气集团公司职业技能鉴定指导中心. 输气工. 北京：石油工业出版社，2013.
[7] 中国石油管道公司. 油气管道运行工艺. 北京：石油工业出版社，2010.
[8] 杨筱蘅. 输油管道设计与管理. 东营：中国石油大学出版社. 2006.
[9] 长输油管道工艺设计编委会. 长输油气管道工艺设计. 北京：石油工业出版社，2012.
[10] 中国石油天然气集团公司职业技能鉴定指导中心. 输油工（上、下册）. 北京：石油工业出版社，2006.
[11] 黄春芳. 石油管道输送技术. 北京：中国石化出版社，2008.
[12] 输油管道工程设计规范：GB 50253—2014. 北京：中国计划出版社，2014.
[13] 中国石油管道公司. 油气管道完整性管理技术. 北京：石油工业出版社，2010.
[14] 张玲，吴全. 国外油气管道完整性管理体系综述. 石油规划设计. 2008，4.